獻給李婉菁（1962-2017）

二人相憶，二憶念深，如是乃至，從生至生，同於形影，不相乖異。
————《大佛頂首楞嚴經‧大勢至菩薩念佛圓通章》

劉順仁，2017 年 6 月 25 日，三峽「西蓮淨苑」皈依於惠敏法師座下後，
攝於鄰近法鼓山天南寺蓮花池。

財報 就像 一本故事書

最新增訂版

劉順仁 著

「問責與領導」系列叢書 1

目次

聽劉老師說財報故事——
從戰情儀表板到宇宙重力波

逢甲大學人言講座教授
台灣董事學會理事長

許士軍

人生如戲，人愛看戲；戲都是故事——不管真實或虛擬的。

記得好多年前一次大學入學考試中，國文作文題目居然就是「假如教室像電影院」，意即上課要像看電影，因此教師就要能說戲講故事。恰好目前我們手中這本書，書名就是《財報就像一本故事書》，二者異曲同工。在本書中，劉教授再次施展他的講故事功力，讓讀者在不知不覺中，領悟到財報的妙用和重要意義；更難得的是，從這些故事中所學到的，不僅是財報或會計原則而已，而是進入經營智慧的層次。

從某種觀點，本書作者劉順仁教授也不像刻板印象中的學院派教授——儘管他的學術背景和生涯基本上仍可歸入這一派——凡是讀

過他近年許多著作的讀者，都會發現他的特色就和書中描述的亞馬遜（Amazon）創辦人傑夫·貝佐斯（Jeff Bezos）一樣，都是說故事的高手。差別在於，一個是藉由二十年的說故事，創建了一家世界上呼風喚雨的網路頂尖企業；而劉順仁教授卻是經由他的指下神功，將原本枯燥難懂的專業知識，轉化為一本本讀起來令人愛不釋手的好書。

講故事的高手

講到說故事，讀者一定會驚奇作者知識之淵博，以及聯想力之豐富。譬如講到財報如何受產業特性之影響時，書中舉出中國貴州茅台酒、美國零售龍頭沃爾瑪以及電腦業的戴爾；講到企業為了因應時代環境，而採取不同對策時，引用了中古時代義大利的梅迪奇家族（Medici），如何配合當時視利息為罪惡之宗教倫理，能在生意上不收利息，卻以其他方式獲取更大利益的巧妙安排。

又如講到企業尋求「保護自己」之道時，書中引用了奧斯卡得獎影片《登峰造擊》（*Million Dollar Baby*）中，天才女侍變為所向無敵的拳擊選手的故事。最後，卻不幸地由於她沒有留意教練之提醒，好好保護自己，以至於遭到對手暗算，落得悲慘結局。

此處只是舉出書裡所講故事中的少數幾個例子而已。書中還有其他許許多多妙趣橫生或意味深長的故事，就讓讀者自己去發現和欣賞罷！

故事背後的嚴謹結構

不過，在此要特別指出，儘管作者利用大量的歷史事蹟、文學掌故、科學原理、甚至神話傳說，生動活潑地以講故事襯托出財報的意義和精神，但它絕非一本單純的故事書或軼事集。反之，在這些趣味橫生的故事背後，有其嚴謹的理論結構。全書計有四篇十四章，以各篇言，「心法篇」乃說明財報的基本意義和它在企業經營上的角色，屬於導論性質；其次「招式篇」乃就財表的主要形態，包括損益表、資產負債表、權益變動表和現金流量表，分章說明其原理與應用；至於第三篇為「進階篇」，從整體觀點聚焦說明各種報表與公司經營品質及競爭力間的關係；最後一篇「財報外一章」，則藉由台積電這家公司向法人說故事此一具體事例，說明財報在面對公司主要投資者時，如何發揮其「問責」（accountability）的重要功能。最後這篇文字，由台積電財務長何麗梅女士現身說法，客串演出；也可視為繼本書的精彩演出之後，應觀眾要求的「安可」之作，置於全書最後，更有畫龍點睛之妙。

基本上，財報本身，如書中所說，乃用以反映公司經營狀況，其作用有如「戰情儀表板」，能將一家公司所有各種業務活動，依所謂「產、銷、人、發、財」之類的功能，予以有條不紊地整合呈現，使經營者對公司繁複多變的活動統籌兼顧，產生企業經營上的「綜效」（synergy）。這說明了為何編製財報以及看懂財報，乃是 MBA 學生必修的功課。

小故事和大故事

　　然而，在這個層次上的財報，是由一些冷冰冰的數字所呈現的會計邏輯系統，以此面貌呈現的財報，主要屬於作業和功能層次的經營狀況；不可否認地，它們是理性的、具體的和可靠的，有其功能和作用。但是劉教授在這本書中告訴讀者，從這一層次去瞭解財報，所獲知的公司經營狀況是刻板和表面的，只算是「小故事」的情節。這就好像人們只看到人的骨骼結構，卻看不到西施和東施之間無形的巨大差別一樣。

　　作者強調，財報本身不是經營的終點，而是起點。因為真正重要的，乃是這些報表故事背後的策略、願景、文化和統理這些因素。換句話說，經營者應以財報為起點，探究其背後的來龍去脈，從而思考未來該怎麼做，帶動公司因應改變、創造商機。能做到這點，才算掌握了書中所說的「大故事」。

　　問題是，如何以財報為起點，進而追根究柢，發掘關鍵因素和採取對策，這中間的關係是十分微妙而複雜的，有些甚至微弱到難以察覺的程度。在這方面，作者居然會聯想到以天文物理學中人們發現「宇宙重力波」的故事加以比擬。這種奔放不羈的聯想力，不禁令人拍案稱奇。

如何發現重力波

　　本書之價值與可貴，也就在於它企圖帶領讀者去發掘財報背後的這種重力波的存在。

在此只舉出書中一個極佳的例子，就是作者為了說明企業在經營做法和表現的特色，居然可以追溯到股權設計上。在此所舉的案例，包括：Google採取的雙層股權結構，沃爾瑪過半股權歸於華頓家族（Walton family）三個董事手中，而中國華為的股權約98.6％由工會持有；諸如此類不同的股權設計上。事實上，此因素對於公司保持經營決策權之穩定，還有對於弱勢小股東和員工利益的照顧等多方面，都會產生根本影響，最後反映到財報上。這種微妙的關係，就像重力波一樣，是不易覺察的。

資產、盈餘和創新

由於對財報採取這種深入探測，使得本書雖以「財報」為名，但實際上，財報只是一個窗口；從這窗口所看到的，主要屬於小故事的層次。如今在劉老師的帶領下，我們得以從這窗口進入企業內部，這時我們所看到的，乃是企業經營的大千世界，其間不但氣象萬千，且其縱深和廣度已涵蓋至企業經營的整體。難得的是，在這整體中，又有其軸心和聚焦。譬如以本書第四篇為例，就是以「品質與競爭力」為軸心，並從此軸心說明資產、盈餘和創新三方面和競爭力間的關聯性，且提出許多發人深省的見解──或警語。

譬如談到資產時，書中固然肯定企業藉由資產創造未來實質上現金流量的重要功能；但也指出，資產所帶來的危險還高於負債，此即所謂「負債通常不會變壞，資產通常只會變壞」的道理，譬如資產中的應收帳款或存貨數字便可能是華而不實的。

如果再對資產進一步分析，書中指出，隨著今後知識經濟、數位網絡的發展，在資產中的無形資產，即可能在量或質上，較有形資產更為重要，法國路易威登公司的財報所揭露的，就給讀者一個顯而易見的例子。書中也比較當年美國商船之所以在競爭上勝過歐洲商船，所仰賴的不是商船的實體，而是美國水手在心理上的品質。

　　無怪乎，在有關資產的討論中，書中最後直指企業經營的核心，在於企業家精神和良好的管理制度，而不在資產。劉教授說，「離開了這些，有形資產便很容易變成流沙。」讀到這些句子，多麼清新而有震撼力。

　　再講到盈餘時，書中一方面提出盈餘的品質在於可持續性、可預測性和穩定性；但另一方面，書中卻一反傳統上所謂經營企業以追求最大利潤為目標的觀念，告訴讀者，經營管理不是盈餘管理，所謂追求最大的利潤，往往代表一種虛幻的想法——每股盈餘的數字就是一種迷思。

專注精神的故事

　　談競爭力，必然離不開創新。誠然，在今後世界中，創新已獲公認為任何企業救亡圖存必經之道，也是本書中所稱競爭力的一個根源。但在這方面，書中探討創新，遠遠超過一般財報所抵達的深度。譬如書中指出「專注精神」對創新的重要性，並特別舉文藝復興時代米開朗基羅大師的故事，以極為生動而詳盡的描述，說明什麼是「專注精神」。有關這一故事，劉教授還現身說法，道出當年自己瞻仰大師作品聖殤像

時，內心湧現的感動與尊敬，使他遲遲不願離去。相信許多人讀到此處，心中映現的，是一位來自亞洲的會計學教授佇立在雕像前的身影，這也是一幅多麼感人的場景。

在同一章內，劉教授又以棒球選手為例，說出所謂的「專注精神」，就是在於「一次專注一球」的心態。他說：一個打擊者最緊張的處境，就是在第九局最後一個打次當頭；這時，他面對兩好三壞滿球數，自己的球隊落後對手一分，他這最後一擊，就決定了整個比賽的勝負。這時這位運動員最需要的，無疑地，也就是「專注」。

一則亞運棒球比賽的即興故事

在此處特別提起這一棒球事例，是有特別理由的。因為就在 2018 年 8 月 26 日晚間，也是這篇序寫到此處時，電視正轉播在印尼巨港亞運會進行的一場賽事，此時中華台北棒球隊所面對的，乃是精銳盡出的韓國國家隊，兩隊戰績一直處於膠著狀態。由於當時我隊也只勝一分，隨時都有被韓國隊逆轉的可能，整個球場可說是充滿了令人窒息的氣氛。這一情況一直維持到九局終了，中華台北隊獲勝，球員互相擁抱歡呼，在電視前的觀眾也才敢放心地鬆了一口氣。在這過程中，每一位上場的隊員所表現的，就是書中所描述的「專注精神」。這一事例，更可以說是活生生地讓人體會了什麼是專注精神的一個故事。

一篇心得報告

整體說來，本書絕非僅是一本好的教科書而已，它所帶給讀者的，除了極大的樂趣外，特別重要的，乃在於它極有可能改變許多人對於會計的刻板印象和態度。

回想多年來所接觸到的商科同學中，對會計課程感到畏懼者，不在少數。有的是一開始就沒搞清楚借方或貸方的基本意義和差別；恐怕更多的，是來自對於會計學的刻板印象──就好像有些同學聽到數學就內心生畏一樣。對於這類同學，最好的解方，就是建議他們先讀一讀劉順仁教授的著作──如果可能，先不要讓他們知道，他所讀的是屬於哪一學科的書。

行筆至此，最後要表達的，就是在過去幾年間，順仁兄接連出版的幾本大作，個人也非常榮幸地承蒙他的邀約，為新著提供短序，因而享有先睹為快的樂趣。但更重要的，是每次拜讀他的著作，等於是給個人一個極佳的學習機會，得以瞭解新知，啟迪觀念，可謂收穫豐碩。因此在這心情下提筆寫作，序中所言者，只能說是個人心得報告，對於原作可說並無增益之處。至於其中乖誤，恐在所難免，尚祈順仁兄多所教正也。

緣起──把「問責」練成絕招

　　「會計」（accounting）是工具，「問責」（accountability）是目的；以「會計」培養能「問責」的領導人才（accountable leaders），是「會計」教育的目標。何謂「問責」？簡單來說，問責是「誠信無欺，創造價值；忠於所謀，為所當為；拿出辦法，交出成果。」而「會計」是以數字作為工具，協助組織做出成果、溝通成果。「問責」無法透過抽象的觀念來理解，必須在真實的組織、豐富的情境、複雜的行為中，用心衡量思辨。

　　台灣大學會計學系由 2018 年 8 月起，開始推動「培育問責領袖計畫」（Growing Accountable Leaders Project）。此計畫的第一步，是出版「問責與領導系列叢書」，將一般人望之生畏的會計學知識，轉化為明白易讀的文字、生動活潑的故事、及深入淺出的經營管理智慧，讓讀者可以充分消化吸收，把「問責」練成絕招。

「問責」四層面

「問責」的實踐，建立在四個不同層面的「問」。

- 自問：誠信利他，創造價值，責無旁貸。
- 問他：有智有謀，有體有用，有巨有細。
- 被問：有憑有據，有短有長，有形無形。
- 互問：有人有己，有偏有全，有疑有解。

當您讀完此書之後，請回顧這「四問」，當能心領神會。

五式練一招

要深入透徹任何學問，進而把一招練成絕招，《中庸》所闡述的「五式練一招」，依然歷久彌新：

博學之，審問之，慎思之，明辨之，篤行之。有弗學，學之弗能弗措也；有弗問，問之弗知弗措也；有弗思，思之弗得弗措也；有弗辨，辨之弗明弗措也；有弗行，行之弗篤弗措也。人一能之，己百之。人十能之，己千之。果能此道矣，雖愚必明，雖柔必強。

練「問責」這一招的「五式」，分別是：

博學： 財報是企業共同的語言，透過財報可以廣泛學習各行各業的

經營管理。看自己、看顧客、看競爭對手、看顧客的顧客、看競爭對手的競爭對手，日積月累自然能夠博學。

審問：針對每一個財報數字，都要審慎的問：這個數字背後的經濟意涵是什麼？可能的衡量誤差有多大？什麼人在什麼時候會造假扭曲？

慎思：針對每一個由許多數字所形成的「財報故事」，都要謹慎的思考：這個故事的情節是否邏輯合理、前後一致？這個故事沒有說出來的假設條件是什麼？這個故事在短、中、長期裡可能的發展是什麼？最壞的發展又是什麼？

明辨：明確的比較辨別，是商業智謀的開端。明辨自己過去的財報故事與現在的財報故事；明辨自己的財報故事與顧客或競爭對手的財報故事。在諸多明辨中，培養根據事實獨立判斷的思辨能力。

篤行：透過財報數字檢驗所採取的行動方案是否有效。有效，繼續精進發展；無效，迅速檢討改正；不確定，持續警醒驗證。

而這「五式」，要靠現代數位科技才能發揮的淋漓盡致。曾經，「會計智慧」（Accounting Intelligence）是最古老的 AI，會計學學位早就在全球各個大學中被頒發。如今，「人工智慧」（Artificial Intelligence）是最先進的 AI，而全球第一個「人工智慧」學位，2018年才由在美國以資訊科學著稱的卡內基梅農大學（Carnegie-Mellon

University, CMU）正式設立，未來想必更加普遍。

　　可以預見，要能緊密結合最古老 AI 與最先進 AI，才能真正地把「問責」練成絕招。

前言——淬煉說故事的力量

把「問責」練成絕招。在「問責」這套武功中，最重要的一招，是以誠信為本的「商業智謀」；而淬煉「商業智謀」的起點，是學會「用財報說故事」。

說故事決定生死

財報就像一本故事書，創業家說它，經理人寫它，投資人讀它。它顯現企業經營團隊商業智謀的高低，衡量企業競爭力的強弱，也刻劃企業的起伏興衰。

傑夫‧貝佐斯（Jeff Bezos），亞馬遜（Amazon）的創辦人兼執行長，是當今用財報說故事的頂尖高手。他領導經營團隊，用長達二十年的時間，示範創業家「用財報說故事」的四大要點：

1. 說故事的心態要真實誠懇，內外行不欺。
2. 說故事的結構要簡單易懂，前後一致。

3. 說故事的情節要豐富多元，但短期中不要有意外。

4. 所說的故事，長期中最好猜不到結局，餘韻無窮。

　　2017 年 3 月 14 日，貝佐斯在美國西雅圖員工大會的 Q&A 時段中，大聲唸出一位員工寫的提問卡：「傑夫，Day 2 究竟長的像什麼樣子？」念完，一陣哄堂大笑。因為從 1997 年亞馬遜上市以來，貝佐斯始終把「我們謹守初衷（Day 1）」掛在嘴邊，並且寫在每年年報「給股東的一封信」中。貝佐斯辦公室所在的大樓，就取名為「Day 1」大樓；貝佐斯若是換了辦公大樓，「Day 1 大樓」的名字也跟著他走。Day 1，就是貝佐斯的座右銘。貝佐斯笑著說：「這是一個非常重要的問題，而我倒是知道答案。」接著，他表情嚴肅，幾乎是一個字、一個字的說道：「Day 2 就是停滯不前，接著就是與市場脫節，接著就是難以忍受、極端痛苦的衰退，接著就是死亡。」他停頓了一下，慢慢舉起右手，用食指比出「1」，做出結論：「這就是為什麼永遠都要是 Day 1。」此時，在場約 1,800 位亞馬遜員工，發出如雷的笑聲和掌聲。在亞馬遜 2017 年 4 月 12 日公布的年報中，貝佐斯把這個小故事正式寫出來，和所有股東分享。除了重申「永遠都要是 Day 1」之外，貝佐斯也列舉了永遠保持 Day 1 的具體方法。

　　1997 年 5 月 15 日，剛成立三年而且還在虧損的亞馬遜，在美國那斯達克（NASDAQ）上市，市值只有 4 億 3 千 8 百萬美元；2017 年 5 月 15 日，亞馬遜上市滿二十年，市值高達近 4,600 億美元，大約是二十年前的 1,000 倍。有趣的是，在 2005 年，亞馬遜市值才正式超越沃爾瑪（Walmart）；而在其後的兩年內，亞馬遜的市值暴增為沃爾瑪的兩倍。因為亞馬遜長期布局的成效越發明顯，資本市場毫不猶豫地繼續往亞馬遜灌注大量資金。而在同時，亞馬遜不僅開始開設實體書店，也在

2017 年 6 月 16 日以 137 億美元收購美國有機超市龍頭「全食物市場」（Whole Foods Market），積極展開「虛實整合」的布局。但沃爾瑪並沒有放棄戰鬥，也積極在電子商務上投下鉅資，企圖扭轉頹勢。最早預見這一切的智者，是 2016 年去世的英特爾（Intel）前總裁葛洛夫（Andy Grove）。他在 1999 年曾預言：「五年內所有存活的企業都會是所謂的『互聯網企業』，而無法轉型為互聯網企業者將會從市場上消失。」

2005 年《財報就像一本故事書》第一版問世，那是一個沃爾瑪稱霸實體通路的年代；而本書第三版則希望呈現「虛實整合」的新經濟生態。然而，由數位科技作為驅動引擎的新經濟，依然必須遵守資本市場的老規則──也就是必須述說一個能被投資人信服的「商業故事」。當創業家深信這個故事為真、有本事把這個故事說得像真的、有能力讓投資人深信這個故事是真的；最後，由市場取得資金、再加上經營團隊的執行力，這個故事就變成真的。江湖代有豪傑出，亞馬遜不會永遠獨領風騷，但它所建立「用財報說故事」的原則會是經典。

貝佐斯「用財報說故事」的能力，決定了亞馬遜的生死。亞馬遜上市時，貝佐斯就清楚的提醒投資人兩點：①一定要看亞馬遜的「長期表現」（It's all about long-term.），這是為短期中的經營虧損打預防針；②亞馬遜的核心精神是「痴迷於創造顧客經驗」（Obsessive over customers），這預告長期中會創造令人驚喜的商機。從此之後，在每年年報中，貝佐斯都附上 1997 年給股東的第一封信，以示不忘初衷。貝佐斯的商業智謀是：「財報數字不會自己說話，企業家必須提供一個真誠可信的故事架構，保持清晰一致的說故事邏輯，讓投資人理解財報數字的短期現實與長期意涵。」貝佐斯「用財報說故事」的精彩片段不勝枚舉，

例如：

2000 年年報：在「網路股泡沫」（dot.com bubble）造成市場極度恐慌時，貝佐斯寫道：「哇，這真是慘烈的一年！在寫這封信時，亞馬遜的股價已較去年同期跌掉八成。但由下面的各項數據來看，亞馬遜是處在有史以來最佳的狀況。」接著，貝佐斯舉出顧客人數急增六百萬、營收快速成長 11.2 億美元等多項具體數據，證明亞馬遜仍然按照長期向上的軌跡行進，不受資本市場劇烈變動的影響。

2003 年年報：雖然亞馬遜長期處在虧損狀態，但貝佐斯提醒投資人，企業的現金流才是最重要的。他首開先例，在年報中把「現金流量表」排列在其他財務報表之前，讓投資人第一眼就能看見亞馬遜一直有健康且成長的現金流。相對的，其他的上市公司，大都是把損益表排在第一位，而把現金流量表放在最後面。

2014 年年報：貝佐斯告訴投資人，一個企業家夢寐以求的好生意，有四個特點：①**被顧客熱愛**，②**規模可以擴張到非常大**，③**提供豐厚的資本報酬**，④**榮景有機會可以持續數十年**。他幽默的說，如果看見這種好生意，別再猶豫了，應該立刻跳下去「和它結婚」。而很幸運的，亞馬遜歷經將近二十年的嘗試創新後，已經擁有三個可以「和它結婚」的事業。「它」們分別是：①**亞馬遜市集**（marketplace）：讓其他廠商也利用亞馬遜的平台一起銷售，目前全球已經有高達 1,200 萬家廠商參與，占亞馬遜總銷售金額的 40% 以上。②**Amazon Prime**：只要付小筆金額加入會員（2018

年年費為 99 美元），就可以享受快速免費的購物快遞服務，目前全美已有超過 9,000 萬會員，形成一個穩定成長的高消費金額族群。而且所累積的消費資訊，更是「大數據」（big data）在商業分析應用中的練兵場。③**網路服務**（Amazon Web Services，AWS）：以亞馬遜從事電子商務的豐富經驗為基礎，對大中小型企業提供網際網路的各種軟硬體服務，營收成長速度極快，目前規模已占亞馬遜總營收將近 20%。

這種種真誠、具體、創新的財報溝通，讓亞馬遜在持續虧損或只有微利的情況下，維持極高的市場價值，也協助貝佐斯在二十年間逐步實踐他的願景。最後，亞馬遜終於出現強勁的獲利成長，一掃任何市場疑慮。

說故事人人有責

貝佐斯所說的，是創業家布局的「大」故事；而企業執行力的基礎，是每個經理人都會說與自己工作相關的「小」故事。具體而言：

說「小」故事的心態要真實誠懇，以財報數字為出發點、以了解問題真相為目標、以提出具體證據為溝通基礎，組合成一個邏輯合理、內容嚴謹的故事。如果做不到這一點，就代表連自己都不了解自己的工作。而對所說的故事，最後要拿出解決問題的行動方案，不要只是說說而已。

說「小」故事的結構要展現出協同合作（collaboration）的精神，以

自己的工作執掌為中心，建立和其他人的工作連結。以事關「生死存亡」的現金流為例，行銷人員會影響應收帳款的高低，工廠人員會影響存貨的多少，而應收帳款和存貨的增加，正是造成企業現金流吃緊的元兇。一個完整的「現金流故事」，透過「現金流量表」來表達，可以有效率的讓行銷、生產、財務等各個不同部門的經理人，知道要靠彼此的「協同合作」，才能讓公司現金流暢通，不至於因周轉不靈而倒閉。

說故事風險重重

不知道說故事的害處，就無法真正獲得說故事的益處。說故事容易發生的風險有：

- **只喜歡說成功的故事**：由財報數字很容易看出成功，但財報並沒有提供成功的原因。常見的認知偏誤是，只要財報結果是好的，就認為相關的行動或決策是對的；但事實未必如此。

- **不喜歡說失敗的故事**：很少企業家願意分享失敗的經驗，因此我們對失敗所知甚少。常見的認知偏誤是，只要財報結果失敗，就認為與之相關的行動或決策一定是錯的；但事實也未必如此。

- **不了解別人的故事**：2002 年諾貝爾經濟學獎得主康納曼（Daniel Kahneman）教授，特別提醒企業家有「忽略競爭」（competition neglect）的認知問題。他長期不斷在有許多創業家的場合問這個問題：「請問你認為你創業的成功，有多

少比例是決定在你自己的努力付出上？」康納曼發現，回答幾乎都在 80% 以上。當然，他們太樂觀了，創業成功的比例低於 10%；而成敗與否，很大比重來自於運氣，以及當時所面對競爭對手的強弱。但因為創業家們雖然知道自己的作為，卻不太知道競爭對手的作為，所以很自然的會低估市場競爭所扮演的角色。

說故事左右經濟

每一個在資本市場中成功的「財報故事」，都添加總體經濟的一分繁榮，但市場中也充斥著「財報謊言」。

2015 年，諾貝爾經濟學獎得主艾克羅夫（George Akerlof，2001 年得主）及席勒（Robert Shiller，2013 年得主），共同出版了《釣愚：操縱與欺騙的經濟學》（*Phishing for Phools: The Economics of Manipulation and Deception*）一書，宣稱「經濟體系裡充滿了蓄意扭曲資訊欺騙別人的廠商，以及被騙了而不自知的消費者」。他們的論述有深厚的知識基礎，艾克羅夫是「訊息不對稱經濟學」的開山鼻祖；席勒的主要貢獻在於證實資本市場價格的變動，不只由於經濟層面的因素，同時也必須考慮心理、社會、甚至狂熱如流行病般對價格上升的信仰。「釣愚」（phishing for phool）一詞緣於猖獗的網際網路詐騙。「phishing」譯為「網路釣魚」，意指假冒信用卓越的法人機構，透過網路通訊獲取個人敏感財務資料（如信用卡密碼或交易明細）的一種詐騙行為；而「phool」則指那些被網路詐騙而不自知的人。正因為網路時

代資訊真假難分，2016 年英國牛津字典選出的年度關鍵字是「後事實」（post-truth），其定義是「訴諸情感及個人信念，較陳述客觀事實更能影響輿論的情況」。

2017 年，席勒就任美國經濟學會 129 屆會長。他在就任演講中指出：

故事，反映人類深層的價值與需要，當某些故事像傳染病一樣散布時，故事甚至可以造成整個經濟體系的大幅波動，例如不理性的泡沫或者信心崩潰的蕭條。

說故事的力量，在財報的環境中特別明顯。因為資本市場能在短期間創造巨大財富的特性，產生鼓勵企業誇大其辭的誘因。例如，若分析企業在上市上櫃前對未來前景所說的「財報故事」（例如未來五年的財務預測），許多都是誇大未來的成長潛力。因為如果不這麼做、而別的企業這麼做了，那自己就爭取不到市場的資金了。有趣的是，法律對資本市場相對寬容。當食品成分標示不實時，會被食安相關法令與社會輿論嚴厲處罰或責難；但當企業公司財務績效不如預期時，上至政府下至投資人，卻很輕易便認同這種落差來自外在經營環境的變動，對經理人並沒有嚴厲的「問責」（accountability）。

說故事是 AI 始祖

說「財報故事」的最基本元素是會計數字。會計數字雖以「貨幣單位」呈現，但它其實是「虛擬」的貨幣數字，而非一般所認知的貨幣數

字。例如,花費 1 億元購買可供使用十年的機器設備,支出的 1 億元是一般認知的貨幣數字,而財報中分十年、每年所提列的 1,000 萬元折舊費用(depreciation expense),則是為了計算獲利與否所發明的「虛擬」貨幣數字。在財報中,存在非常多種的「虛擬」數字(例如壞帳費用、無形資產價值減損等)。財報故事就是以虛擬數字逼近「經濟真實」(economic reality)的商業智謀。綿密豐富的財報資訊,構成企業「大數據」的骨幹,若運用得當,便能成為提升商業智謀的利器。而會計數字其實在歷史演進中已提升為「會計智慧」(Accounting Intelligence),可以說是比目前匯為熱潮的「人工智慧」(Artificial Intelligence)更早的「AI」。

以下,就讓我們一起淬煉「用財報說故事」的力量。

參考資料

1. Amazon "Letters to Shareholders" in Annual Reports, 1997-2016.
2. Robert Shiller,"Narrative Economics",美國經濟學會第 129 屆年會會長演說辭,2017 年 1 月。
3. 喬治・艾克羅夫、羅伯・席勒(George A. Akerlof, Robert J. Shiller),2016,《釣愚:操縱與欺騙的經濟學》(*Phishing for Phools: The Economics of Manipulation and Deception*),廖月娟譯,台北:天下文化。
4. 康納曼(Daniel Kahneman),2011,《快思慢想》(*Thinking, Fast and Slow*),洪蘭譯,台北:天下文化。

Part 1 心法篇

第一章

財報是淬煉商業智謀的起點

企業經營的核心能力是商業智謀（智慧與謀略），而財報是淬煉商業智謀的起點。

財報有狹義及廣義兩種意涵。狹義的財報，叫財務報表（financial statements），指包括損益表等五種報表（詳見本書第四章至第八章之討論）；廣義的財報，則稱為財務報導（financial reporting），指除了財務報表之外，所有為了表達企業經營狀況而進行的正式與非正式溝通活動（例如年報、法人說明會、重大訊息發布等）。本書的討論將以財務報表為主，進而擴展到財務報導。

財報的基本元素是數字。財報數字包括三大成分：它反映商業交易的經濟本質（economic reality）；它存在著無可避免的衡量誤差（measurement errors）；它隱含精心設計的人為操縱（manipulation）。更具體的說：

財報數字＝經濟本質＋衡量誤差＋人為操縱

具有高度商業智謀者，善於利用財報數字掌握經濟本質，因此得以

經營成功，累積龐大財富。而長期被衡量誤差誤導者，或習慣於操縱財報以欺騙他人者，終究會因決策錯誤或信用破產而導致經營失敗。

財報與梅迪奇家族的商業智謀

文藝復興時期，義大利梅迪奇家族（Medici）建立了一個橫跨歐洲的商業帝國。這個商業帝國的興衰，正是財報作為商業智謀工具的範例。

柯西莫‧梅迪奇（Cosimo de' Medici, 1389-1464）是梅迪奇商業帝國的奠基者。靠著經營權橫跨歐洲的梅迪奇銀行，柯西莫不僅成為歐洲首富，也是義大利翡冷翠城邦（Firenze，英文為 Florence）的幕後掌權者。令人訝異的是，在嚴守天主教「不可收取放款利息（usury）」教義的中世紀，柯西莫如何能夠藉著放款來創造驚人財富？為了解決這個難題，柯西莫以卓越的商業智謀，設計了一系列乍看之下與利息無關的特許權及商業交易。例如，當英格蘭國王有借款需求時，柯西莫當然不會錯失這麼大的客戶。柯西莫向國王表示，梅迪奇銀行不會向他收取任何利息，但國王必須承諾，梅迪奇家族能夠以低價獨家採購英格蘭北部出產的優質羊毛，然後出口到翡冷翠。在那裡，梅迪奇家族擁有歐洲最先進的紡織廠，可以把羊毛織成高級毛料，然後以昂貴的價格在歐洲銷售。我們如果看梅迪奇家族個別事業體的財報，會發現銀行大虧，紡織廠大賺，但這是嚴重的衡量誤差。只有銀行與紡織廠的合併財報，才能看出梅迪奇家族事業經營的整體利潤。柯西莫創造出這種混合金融業與製造業的交易，藉以迴避中世紀不得收取利息的天主教教義，賺取了龐大的利潤。柯西莫利用遍布全歐洲的梅迪奇銀行分行，非常積極地和國王、

貴族、教皇、紅衣主教等政治宗教權貴進行了類似的交易。於是，財富便如潮水般湧入翡冷翠。

要有效駕馭這個複雜的商業帝國，柯西莫必須嚴格控制各銀行分行的放款風險。柯西莫所使用的工具，就是財報。柯西莫一輩子都維持著自己記帳的習慣，並發展出一套記帳、查帳與內部控制的系統。例如，每個分行的分類帳與秘密帳冊都由他本人親自核驗，若出現虧損或帳目異常，分行經理就會被召喚到翡冷翠，接受嚴格的個人查核。到了柯西莫的孫子羅倫佐（Lorenzo de' Medici, 1449-1492），雖然他把梅迪奇家族在文化藝術贊助的成就提升到最巔峰，但羅倫佐對監控財報帳冊與落實查帳機制感到厭煩，梅迪奇銀行嚴謹的記帳程序和風險控管傳統因而動搖，分行經理貪污和浮濫放款的弊端快速增加，導致梅迪奇銀行開始沒落，最後終於倒閉。

雖然表面上沒有收取放款利息，但柯西莫本人很清楚，他的商業智謀已經違背了天主教的教義。因此，他經常投注大量資金供奉教會各項需求，期望能贖罪。最著名的例子，便是資助位於翡冷翠北邊的聖馬可修道院（Convento di San Marco）重新整修。在這個莊嚴的修道院中，設有許多裝潢精美的懺悔室。有趣的是，柯西莫本人的懺悔室空間極狹小、裝飾極樸素。因為他知道，作為全歐洲最有錢的人，也就代表他是全歐洲罪孽最深重的人。

柯西莫以財報控管經營活動的商業智謀，影響力侷限於梅迪奇商業帝國的興衰。相對的，現代企業所需的商業智謀更為複雜。經營者要面對各個利益攸關人（顧客、債權人、股東、員工、政府等）的價值創造

和利益平衡；更要在短期中布局長期的發展，在長期中避開於短期陷入死地。

財報是柯西莫用來創造龐大家族商業帝國的「私器」，五百多年後，財報已經成為全球性以商業智謀創造財富的「公器」。而淬煉商業智謀最有效的方法，就是具備解讀財報密碼的能力。

達文西的老師也有密碼

2003 年，美國小說家丹‧布朗（Dan Brown）出版了《達文西密碼》一書，十多年來，全球暢銷超過 8,000 萬冊。在作者豐富的想像力之下，達文西的不朽傑作《最後的晚餐》和《蒙娜麗莎的微笑》，居然不是純粹的藝術創作。這些畫作隱含著密碼，藉此傳遞可動搖基督教信仰基礎的天大秘密。

如果也容我發揮一下天馬行空的想像力，那麼我想說，在《最後的晚餐》畫作中，丹‧布朗指證歷歷的那個隱藏之「M」，並不是抹大拉的馬利亞（Mary Magdalene），而是「Money」（財富）。這個推測可不是毫無根據，因為達文西一直深受現代會計學之父義大利修士波切歐里（Luca Pacioli, 1445-1517）的影響。

根據歷史記載，自 1496 年起，達文西跟著波切歐里在米蘭學了三年幾何學，據說還因為太過沉迷，耽誤了藝術創作。在達文西遺留的手稿中，他多次提到如何把學來的透視法及比例學運用在繪畫創作中。為了

答謝恩師，達文西替波切歐里 1509 年的著作《神聖比例學》（討論幾何學所謂的「黃金比例」），畫了六十多幅精美的插圖。

1494 年，波切歐里在威尼斯出版了會計學的鼻祖之作《算術、幾何及比例學彙總》，有系統地介紹「威尼斯會計方法」，也就是所謂的「複式會計」（double entry bookkeeping）。正因為波切歐里的貢獻，一切商業活動都可轉換成以「Money」為符號來表達。下次當你欣賞達文西的作品時，別忘了其中所隱藏的 M 字，可能深具會計學意涵，也是創造財富的關鍵密碼！

除了介紹會計方法，波切歐里還在書中大力宣揚商業經營成功的三大法寶：充足的現金或信用、優良的會計人員與卓越的會計資訊系統，以便商人可一眼看清企業的財務狀況，他的建議到目前為止仍是非常實用的商業智慧。例如已故的台塑集團王永慶（1917-2008）董事長認為，企業經營的兩大支柱是「電腦系統」及「會計制度」，其中電腦系統其實有相當大部分是用來支援會計制度。

波切歐里所提倡的會計方法，可以把複雜的經濟活動及企業競爭的結果，轉換成以貨幣為表達單位的會計數字，這就是筆者所謂的「波切歐里密碼」。這些密碼擁有極強大的壓縮威力，即使是再大型的公司（如奇異電器、蘋果電腦），它們在市場上競爭的結果，都能壓縮彙總成薄薄五張財務報表。這些財務報表透露的訊息必須豐富、充足，否則投資人或銀行將不願意提供公司資金。但是，這些財務報表又不能過分透明，否則競爭對手會輕易地看穿公司的經營謀略。因此，波切歐里密碼所隱含的訊息往往不易了解。而本書最主要的目的，就是幫助大家活用波切

歐里密碼，進而培養個人及組織高度的商業智謀。

　　首先，面對波切歐里密碼，管理者與投資人要能解讀其中「智、誠、勇」三種意涵。

以智慧解讀波切歐里密碼

　　波切歐里密碼對管理的最大貢獻，不只是幫助經理人了解過去，更在於啟發未來。事實上，一家傑出企業的發展，經常奠基於看到簡單的財報數字後所產生的智慧，而這些智慧開創了新的競爭模式。1937 年，麥當勞兄弟（Dick and Mac McDonald）在美國加州巴賽迪那（Pasadena）販賣漢堡、熱狗、奶昔等 25 項產品。1940 年左右，他們做了一個簡單的財務報表分析，意外地發現 80% 的生意竟來自漢堡。雖然三明治或豬排等產品味道很好，但銷售平平。麥當勞兄弟於是決定簡化產品線，專攻低價且銷售量大的產品。他們將產品由 25 項減少為 9 項，並且把漢堡價格由 30 美分降低到 15 美分。從此之後，麥當勞的銷售及獲利激增，奠定了未來發展成世界級企業的基礎。

　　沃爾瑪的創辦人華頓（Sam Walton, 1918-1992）在自傳中提到他從財報分析中體會的商業智謀：「如果某個貨品的進價是 8 角，我發現定價 1 元時，比定價 1 元 2 角的銷售量大約多了三倍，所以總獲利還是增加了。真是簡單，這就是折價促銷的基本原理！」在沃爾瑪 1971 年上市後的第一份財務報表中，華頓就清楚地說：「我們要持續保持真正低價的政策，並確定我們的毛利率是全國任何通路業者中的最低者之一。」

由於堅持這個低價策略，沃爾瑪的營收由 1971 年的 7,800 萬美元，成長到 2017 年的 4,859 億美元；獲利則由 290 萬美元成長到 143 億美元。因此，智者可以把波切歐里密碼當成「望遠鏡」，協助企業形成長期的競爭策略。

　　亞馬遜的創辦人貝佐斯提醒我們，要更有彈性地看待財報。也就是說，新創公司的財報要看商業模式布局的合理性，追蹤成長軌跡（milestones）是否達成階段性任務，而不是單純看營收、獲利等經營成果。因為重視長期布局，亞馬遜的營收由 1997 年的 1.4 億美元，成長到 2016 年的 1,360 億美元；而 1997 年虧損 2,759 萬美元，到了 2016 年獲利僅 23.71 億美元（沃爾瑪為 150.8 億美元）。相對於沃爾瑪上市後獲利快速而穩定的成長，亞馬遜的獲利軌跡看起來相對遜色，但亞馬遜卻有遠遠超過沃爾瑪的市場價值。想要了解為什麼資本市場願意支持亞馬遜這種獲利看似不佳的公司，一定要仔細閱讀貝佐斯每年精心撰寫的致股東信（letter to shareholders），以及其中創業家所謂的「大故事」。在信中他仔細解釋亞馬遜長期布局下所做的嘗試，以及對提升顧客經驗的狂熱追求。例如，在 2010 年的信函中，貝佐斯提到當年亞馬遜內部訂定 452 個目標，與提升顧客經驗有關的目標就高達 360 個。令人意外的是，淨利、毛利及營業利益等財務指標，居然一次都沒出現過。沃爾瑪心目中的顧客經驗，就是「低價」。而亞馬遜的顧客經驗，奠基在以數位科技為核心的「虛實」整合能力，包括線上資訊、相關廠商連結以及便捷的物流等，非常多元化；「低價」只是其中一環。也因此需要更長期的布局。長期支持亞馬遜的投資人，能看見其潛力，可以說是戴著「超級望遠鏡」。

除了閱讀財務報表以激發有關競爭模式的創意外，透過波切歐里密碼，經理人也可學習著名鑑識專家李昌鈺博士觀察微細證據的本領。李博士累積了超過 6,000 個刑事案件的處理經驗，他提出鑑識學的三大關鍵要素：培養科學的態度、敏銳的觀察力及邏輯推理能力。如果從鑑識學的角度來看，財務報表上的每個波切歐里密碼，都是競爭與管理活動所留下的證據。一個有智慧的經理人，應該像李昌鈺博士所說的，必須「讓證據說話」，體認「任何不合理、不尋常的地方，就隱藏著解決問題的關鍵」。例如，當營收下降時，經理人必須深入思考，到底是因為總體經濟的衰退所致，或是因為整體產業趨勢的改變，或是競爭對手侵蝕了自己的市場占有率，或是產品、服務品質出了問題等各種可能原因。

　　在後續的章節中，讀者將發現有些看來正常、穩定的財務比率，原來是正反兩股力量互相抵消的結果。經理人若不及早正視這股負面力量的殺傷力，企業會在未來遭遇困難。這些觀微知著的本領，很像是現代警察以科學態度辦案。當然，我們並不是要用會計數字來緝拿「兇手」，而是希望藉由波切歐里密碼透露的細微證據，改善企業的競爭能力及管理績效。在拆解波切歐里密碼的過程中，我們將知道要找哪一個人、做哪一種活動，才能創造營收及獲利成長。因此，智者也可以把波切歐里密碼當成「顯微鏡」，協助企業產生改善管理活動的細膩作為。而用細微的證據說具體專業的「小故事」，正是企業建立實事求是文化的基礎。

以誠信編製波切歐里密碼

　　「誠信」（integrity）是編製波切歐里密碼的基礎。不談誠信原則，

財報就失去了靈魂。對企業經理人來說，在編製財務報表的過程中，正確的價值觀與態度，遠比會計的專業知識重要。

————————

1993 年，我自美國匹茲堡大學畢業，第一份工作是擔任馬里蘭州立大學的助理教授。週末時，我最愛駕車由喬治華盛頓紀念大道沿波多馬克河而下，參觀華盛頓特區著名的史密森博物館群（Smithsonian museums）。該博物館群以捐贈者史密森（James Smithson）命名，包括 17 座大型博物館，每年吸引了全球超過 3,000 萬名訪客前來，是全世界規模最大的博物館群及研究機構。周遭很多朋友都參觀過史密森博物館，卻很少人知道它背後有段根植於誠信的感人故事。

史密森 1765 年出生於英國，是貴族階層的私生子。1826 年，他寫下一份奇特的遺囑。他將遺產留給唯一的姪子，但註明倘若姪子死亡且沒有後代，遺產將贈與美國政府，並利用這筆資金在華盛頓特區成立以「致力於知識創造與傳播」為宗旨的研究組織。史密森終其一生沒去過美國，遺囑中這神來一筆，恐怕是千古懸案了。

1829 年，史密森死於義大利。他的姪子 21 歲便英年早逝，沒留下子嗣。經過與史密森親屬的訴訟後，美國政府順利取得這筆贈與，並將遺產變賣，換成約值 50 萬美元的金幣載運回美國。1846 年，美國國會通過「史密森組織法」，準備執行設立研究組織的贈與條件。不料美國政府後來將這筆捐款用來購買各州發行的債券，結果慘遭倒債，血本無歸。所幸當時的參議員亞當斯（John Quincy Adams，曾任美國第六任總統）

仗義執言，痛批這種沒有誠信的行為，之後國會除了立法恢復本金 50 萬美元之外，更加計該期間發生的利息。

1903 年，義大利政府準備夷平史密森安葬的墓園。美國聯邦政府得知消息後，1904 年派出特使到義大利迎靈。在一個細雨綿綿的午後，海軍儀隊由馬里蘭州港口護送史密森的骸骨上岸。史密森的最後一趟旅行，棺木上覆蓋的是美國國旗。從此以後，他安息於華盛頓特區的史密森博物館總部，不再流浪。

我時常想，史密森的遺產若捐贈給沒有誠信的國家，50 萬美元恐怕早已煙消雲散。然而，組織的發展不能只靠高尚的道德情操，還必須搭配良好的治理機制。今天，史密森博物館的董事會由 17 人組成，美國副總統是法定成員之一。它的年度財務報表，由全球四大會計師事務所之一的 KPMG 查核，以昭公信。這種公開透明的營運方式，確保史密森博物館在不收門票的情形下，聯邦政府願意持續給予每年約 5 億美元的預算及專案補助，民間也始終樂於捐贈，每年捐款約達 2 億美元。有時候，我踏進史密森博物館只想看一幅畫，前後不到 10 分鐘，因為它不收門票，讓人一點壓力也沒有。若史密森地下有知，一定樂於看見兩百多年後的人們，依然分享他對創造及傳播知識的熱愛。實踐「誠信」，賦予史密森博物館優美的靈魂，也賦予它高度成功的經營能力。

───────────

在公司的經營上，身為投資大師、同時也是波克夏（Berkshire Hathaway Inc.）董事長的巴菲特（Warren Buffett），針對「誠信」做

了如下說明：

> 波克夏旗下的執行長們，是他們各自行業的大師，他們把公司當成
> 如自己擁有般來經營。

巴菲特更在每年波克夏的財務報表後面，附上親手撰寫的《股東手
冊》（*An Owner's Manual*）。他明確地告訴股東：

雖然我們的組織型態是公司，但我們的經營態度是合夥事業……我
們不能擔保經營的成果，但不論你們在何時成為股東，你們財富的
變動會與我們一致（因為巴菲特曾經 99% 的財富集中於波克夏的
股票）。當我做了愚蠢的決策，我希望股東們能因為我的財務損失
比你們更慘重，而得到一定的安慰。

巴菲特對於欺騙股東以自肥的管理階層深惡痛絕，他也鐵口直斷，
那些愛欺騙投資人的經理人，一定無法真正管理好一家公司，因為「公
開欺人者，必定也會自欺」。

從企業經營的歷史來看，不講究誠信原則的企業，雖然可能暫時成
功，但無法長期保持競爭力。因此，編製財務報表便是企業實踐誠信原
則的第一塊試金石。

用勇氣面對波切歐里密碼

2001 年，柯林斯（Jim Collins）在全球暢銷書《從 A 到 A+》（*Good*

to Great）中提出所謂的「史托達弔詭」（Stockdale paradox），頗值得經理人深入思考。史托達（James Stockdale）將軍是美國的越戰英雄，他被越共俘虜了八年（1965-1973），即使歷經二十餘次慘無人道的凌虐及威逼，他仍然保持戰俘營最高階軍官的尊嚴，並持續鼓舞其他年輕戰俘的生存意志。在漫長的囚禁歲月中，史托達賴以存活的心法是「絕不放棄希望，但必須勇於面對最嚴酷的事實」。企業的創業家或執行長，通常樂觀且充滿冒險精神，但往往缺乏「勇於應變」的心態與資訊。例如，即使是英特爾這麼優秀的世界級公司，當它發明的「動態隨機記憶體」（DRAM）產品已經沒有競爭力了，要高階經理人下達全面退出該市場的決定，他們仍舊猶豫再三。1985 年，就財務報表的數字來看，英特爾對 DRAM 的投資與效益早就不成比例。當時英特爾的研發預算有三分之一用於開發 DRAM 產品，DRAM 卻只帶給英特爾 5% 左右的營業額，相較於日本的半導體公司，英特爾早已是 DRAM 市場不具競爭力的配角。後來英特爾壯士斷腕，放棄 DRAM 事業，轉而專攻微處理器，才有 1990 年代飛快的成長與獲利。

　　無法勇於就財報數字採取行動的，除了經理人之外，也包括靠數字吃飯的財務分析師。2000 年 3 月 10 日，美國那斯達克指數達到歷史高點的 5,060 點，較 1995 年成長了 5.74 倍。但在 2002 年中，那斯達克指數跌到 1,400 點以下，而標準普爾（S&P）指數在同期也跌掉了 40%。根據統計，在 2000 年分析師的投資建議裡，80% 是買進建議，一直等到那斯達克指數跌了 50%，美國企業財報數字明顯地大幅變壞，分析師才開始大量做出賣出建議。這也是慢了大半拍、無法勇於面對嚴峻事實的實例。

根據 1990 年以來益受重視的行為經濟學研究，在進行投資決策時，一般人有一種明顯的偏誤：當投資處於獲利狀態時，投資人變得十分「風險趨避」（risk-adverse），很容易在股票有小小的漲幅後，急著把它出售以實現獲利。相對地，當投資處於虧損狀態時，投資人卻變得十分「風險愛好」（risk-taking），儘管所買的股票已有很大的跌幅，仍不願意將它出售、承認虧損。當投資人需要周轉資金必須出售持股時，他們通常出售有獲利的股票，而不是處在虧損狀態的股票。這種「汰強存弱」的投資策略，是一般投資人無法獲利的重大原因。

　　2017 年諾貝爾經濟學獎得主、芝加哥大學商學院的行為經濟學大師泰勒（Richard Thaler），把這種行為歸之於「心智會計」（mental accounting）作祟。泰勒指出，要投資人結清心裡那個處於虧損狀態的「心智帳戶」（mental account）是十分痛苦的，因此他們往往不出售股票，來逃避正式的實現虧損。他們寧願繼續接受帳面損失的後果，最後常以血本無歸收場。在類似的「心智會計」情境中，企業經理人面對轉投資決策的失敗，往往也遲遲不願承認錯誤，甚至可能繼續投入更多資源，讓公司陷入困境。

　　因此，使財報成為協助經理人及投資人面對嚴酷事實的工具，以掌握組織全盤財務狀況，也是本書的重要目的。財報是企業經營及競爭的財務歷史，而歷史常是未來的先行指標，它發出微弱的訊號，預言未來的吉凶。然而，如何正確地解讀它、運用它以邁向成功，考驗著每個企業領袖的智慧與勇氣。

　　對「不勇於」面對現實的公司，資本市場有最後一道嚴酷的淘汰過

程。因最早全力放空（以股價下跌來獲利的交易行為）恩隆（Enron）而聲名大噪的分析師察諾斯（James Chanos），是美國「禿鷹集團」的精英分子。2002 年 2 月 6 日，他在美國眾議院「能源與商業委員會」為恩隆案作證時，說了一段頗令人深思的話：

> 儘管兩百年來，做空的投資人在華爾街聲名狼藉，被稱為非美國主流、不愛國，但過去十年來，沒有一件大規模的企業舞弊案，是證券分析師或會計師發現的。幾乎每一件財務弊案都是被做空的投資機構或公正的財經專欄作家揪出來的。我們或許永遠不受人歡迎，但我們扮演禿鷹的角色，在資本市場中找尋壞蛋。

察諾斯表示，他的公司專門放空三種類型的公司：

1. 高估獲利的公司
2. 營運模式有問題的公司（例如部分的網路公司）
3. 有舞弊嫌疑的公司

對沒有競爭力的企業而言，不僅競爭對手會持續打擊你，別忘了還有一群飢渴又兇猛的禿鷹在頭上盤旋。在本書第十二章中，筆者將討論另一家禿鷹機構「渾水」（Muddy Waters），該公司名稱來自「渾水摸魚」的成語，專門放空在美國上市但財報作假的中國企業。

看懂財務報表是企業領袖的必備素養

近年來幾起惡名昭彰的財務報表弊案，讓人見證了資本市場的醜陋

與殘酷。2001 年，美國發生了恩隆案，恩隆總市值由 2000 年的 700 億美元，在短短一年間變成只剩下 2 億美元，總市值減少了 99.7% 以上，恩隆並於 2002 年 1 月 15 日下市。2002 年，美國的世界通訊（WorldCom）弊案，使公司市值由 1999 年的 1,200 億美元，到 2002 年 7 月變成只剩 3 億美元，總市值僅剩 1999 年的 0.25%。

這些蒸發的財富不只是數字，它可能是老年人一輩子的積蓄、年輕人的教育基金、兒童的奶粉錢，也可能是夫妻婚姻破裂的導火線。任何一件財務弊案，背後都是許多投資人血淋淋的傷痛。

面對接踵而來的財務報表醜聞，全球證管單位莫不致力於提升企業防弊的廣度及深度，執行長也由高高在上的企業英雄，蒙上可能成為經濟罪犯的陰影。2003 年 4 月，美國著名的《財星》（Fortune）雜誌以「恬不知恥」（Have They No Shame?）為題，指控部分企業執行長明明經營不善，甚至有操縱財務報表的嫌疑，仍然厚著臉皮坐擁高薪。不過，我仍然相信，絕大多數的創業家或專業經理人，經營事業的出發點是追求成功，而非蓄意欺騙。許多財務報表弊端的產生，往往是為了粉飾經營的失敗，並非只是純粹的貪婪。本書雖然也會討論「防弊」的部分，但我認為光是防弊無法真正創造價值，不成為地雷股也只是經理人的消極目標。我衷心希望，經理人能活用財務報表，打造賺錢、被人尊敬、又對國庫稅收有貢獻的企業。2017 年，沃爾瑪向美國各級政府共繳了 65 億 5,800 萬美元的稅金，占美國當年總稅收的 495 分之 1。我們需要多一點這樣的企業。

面對波切歐里密碼的兩極反應——當灰狗遇上導盲犬

　　1985 年，我剛前往美國留學，某個週末我和幾位新生前去鄰近的西維吉尼亞州看賽灰狗（grey hound）。賽灰狗的比賽場地有如田徑場，每隻灰狗分配一個跑道，牠們的正前方都放置一個誘餌。當槍聲一響，誘餌就快速向前移動，灰狗們見狀便立刻死命地衝出去。灰狗的體型修長纖細，兩排肋骨隱約可見，奔跑起來頗有獵豹的剽悍。現在回想，這些灰狗的行為倒有點像看到投資機會的企業家，展現前仆後繼向前衝的勇猛勁；投資人就像背後的賭客，紛紛掏錢下注。當然，最後總是輸家多、贏家少。

　　結束日本戰國時代的豐臣秀吉（1536-1598），就曾以「灰狗」精神取勝。1582 年 6 月 2 日，發生了日本戰國時代有名的「本能寺之變」，當時的軍閥首領織田信長被反叛的部將明智光秀突擊後自殺。織田信長的大將豐臣秀吉正領兵對外征戰，他在 6 月 3 日聞訊後，立刻與對手談和休戰，並於 6 月 5 日清晨，在大雨中連夜強行軍 108 公里，襲擊明智光秀的軍團。豐臣秀吉在出兵時，把他根據地的所有資金與糧食毫不保留地發給將士。他為了這一戰孤注一擲，終於在山崎之戰（6 月 13 日）擊潰了仍驚訝於「兵從天上來」的明智光秀，最後統一日本。豐臣秀吉的這種「灰狗」精神，後來又表現在進軍朝鮮時孤注一擲、企圖侵略中國的大膽作為。但這一次，他可沒有這麼走運。龐大的後勤補給壓力終於壓垮了日軍。

穩重的導盲犬與激動的灰狗，形成了有趣的對比——導盲犬的性格必須極度穩定持重。然而，要如何自一群小狗中，選出性向適合的幼犬，接受進一步的導盲犬訓練呢？方法是讓主人熱情地大聲呼叫，聞聲馬上衝來的小狗立刻遭到淘汰，入選的是那種面帶疑問、彷彿在問「為什麼」而姍姍來遲的小狗！以商場表現來比喻，這是另一種類型的企業家，有點像孔老夫子所言「臨事以懼，好謀以成」的類型。灰狗型的企業家，往往靠著搶占先機取勝，但常常敗在先頭部隊已抵達目標，補給線卻跟不上，以致後繼無力。可魯可能敗在第一時間反應不夠快，若有充分準備，卻能「後發先至」，取得最後的勝利。

———————————

　　有些創業家或經理人可能具有灰狗性格，有些可能具備可魯性格，沒有一定的優劣，但要有自知之明，才能改進所短，發揮所長。灰狗型的企業家，應該多回想施振榮先生所說「不打輸不起的仗」，嚴格要求財務幕僚，對投資失敗的風險及現金流量補給的後援做好規畫。至於可魯型的企業家，應該聽聽孔老夫子的建議，將「三思而後行」稍微放寬為「再，斯可矣！」善用先前儲蓄的人力及財力，以產生後發先至的爆發力。

　　最難能可貴的企業家，是同時擁有灰狗及可魯兩者特質的人。例如在後文的分析中，我們會看到業務開拓剽悍如灰狗，財務管理卻保守如導盲犬，企業才會成長得又快又穩。

「簡易」、「變易」及「不易」

《易經》蘊含了高明的管理智慧,而「易」字便有「簡易」、「變易」及「不易」三種意義。本書希望效法先哲,不但讓財報內容能「簡易」,還能透視財報數字「變易」的原因,最後也能呈現變動世界裡「用財報說故事」中一些「不易」的道理。

筆者將以全世界最重要零售商之一的沃爾瑪,作為財報分析的主要範例。雖然近十年來,沃爾瑪已經不再是資本市場的明星,業績成長趨於平淡,甚至出現獲利衰退;但它在極度動盪的競爭環境中依然保持豐厚的獲利,讓自己擁有充沛資金,可以修正策略、改變布局,以便和市場新興企業(如亞馬遜)抗衡,仍然是一家了不起的公司。

沃爾瑪的管理活動雖然複雜,它的策略及經營原則卻十分「簡易」,財務報表也出奇地單純。在「變易」的經濟環境裡,自 1971 年上市以來,沃爾瑪始終保持獲利的穩健。顯然,沃爾瑪知道一些經營企業的「不易」道理。為了使本書探討的競爭力概念更加清楚,在許多分析中,當讀者同時看到兩家公司的財務數字或比率,兩者相對競爭力的強弱,不需要進一步說明就十分清楚。本書將比較、分析多種類型公司間的競爭(例如,沃爾瑪對凱瑪特〔Kmart〕、沃爾瑪對亞馬遜)。

以下,讓我們好好地解讀波切歐里的財富密碼,展開一段奠基於誠信與商業智謀、全力追求經營與投資成功的旅程!

參考資料

1. Tim Parks, 2005, *Medici Money: Banking, Metaphysics and Art in Fifteenth-Century Florence.*
2. 雅各・索爾（Jacob Soll），2017，《大查帳》（*The Reckoning: Financial Accountability and the Rise and Fall of Nations*），陳儀譯，台北：時報出版。
3. 丹・布朗（Dan Brown），2004，《達文西密碼》（*The Da Vince Code*），尤傳莉譯，台北：時報出版。
4. 山姆・華頓（Sam Walton）、約翰・惠依（John Huey），1994，《縱橫美國：山姆・威頓傳》（*Sam Walton, Made in America: My Story*），李振昌、吳鄭重譯，台北：智庫文化。
5. 李昌鈺、劉永毅，2002，《讓證據說話》，台北：時報出版。
6. 陳翊中、萬蓓琳，2004，＜88 歲王永慶的三個夢＞，《今周刊》第 407 期。
7. 吉姆・柯林斯（Jim Collins），2002，《從 A 到 A+》（*Good to Great*），齊若蘭譯，台北：遠流出版。
8. 賴利・包熙迪（Larry Bossidy）、瑞姆・夏藍（Ram Charan），2004，《應變：用對策略做對事》（*Confronting Reality: Doing What Matters to Get Things Right*），台北：天下文化。
9. Richard Thaler, 1999, "Mental Accounting Matters", *Journal of Behavioral Decision Making*, Vol. 12: 183-206.
10. Terrance Odean, 1998, "Investors Reluctant to Realize Their Losses?", *Journal of Finance*, October , 1775-1798.
11. 台北地方法院檢察署，2007，偵辦力霸集團掏空案新聞稿。
12. 凌華薇、王爍，2001，＜銀廣夏陷阱＞，中國《財經》雜誌，第 42 期。

第二章

用財務報表鍛鍊五大神功

著名導演李安所執導的電影《少年 Pi 的奇幻漂流》（*The Life of Pi*），在 2013 年榮獲第 85 屆奧斯卡金像獎最佳導演、最佳攝影、最佳配樂與最佳視覺效果等四項大獎。片中濃郁的人文氣息及精彩絕倫的 3D 畫面，一直令影迷津津樂道。印度少年帕特爾（Patel，綽號「Pi」），在全家搭船由印度搬遷到加拿大的旅程中，遭遇一場暴風雨，導致船隻翻覆，家人全數溺斃。在混亂中，Pi 搭上了一艘乘載著一隻孟加拉虎的救生艇。於是，在隨後 227 天漂流海上的日子裡，少年 Pi 必須時時刻刻注意猛虎的可能攻擊。正因有此威脅，少年 Pi 才能經常保持警惕，奇蹟似的在茫茫大海中存活。

因強烈競爭而生的憂患意識，其實反而有助於企業長期的生存和繁榮，孟子在兩千年前就把這個道理說得極為透徹：

無敵國外患者，國恆亡，然後知生於憂患，而死於安樂也。
——《孟子・告子篇》

例如，創立於 1883 年的賓士汽車（Mercedes Benz）和創立於 1916 年的寶馬汽車（Bavarian Motor Works, BMW），由德國到全球市場，

歷經百年的激烈競爭，堪稱經典。2016 年，賓士汽車營收 1,532.6 億歐元，獲利 85.26 億歐元；BMW 營收 941.6 億歐元，獲利 68.63 億歐元，都是汽車產業中的佼佼者。2016 年 3 月 7 日，賓士汽車在推特和臉書上都發了一則訊息，並附上 15 秒的短片，內容是：「感謝一百年來的競爭，如果沒有 BMW 結伴同行，還真是有點無聊——彼此拚搏最創新的科技、最酷的設計、最好的顧客滿意度。當然，還有銷售、市場占有率、利潤等等。因此，我們來了，祝賀老朋友的 100 歲生日快樂。」

每個企業都想在快速變化的經營汪洋中存活成功，而財報可以協助經理人鍛鍊出長期存活的「五大神功」。這五大神功分別是：

1. **堅持正派武功的不變心法**：雖然聽起來有點八股，但這個不變的武功心法值得一說再說——財報的核心價值是「誠信」（integrity）。

2. **活用財報分析的兩個方法**：財報是利用「呈現事實」及「解釋變化」等兩種方法，且不斷地拆解財報數字，作為找出管理問題、驗證解決方案的有效工具。

3. **確實掌握企業的三種活動**：財報最大的威力，是有系統地呈現企業有關營運（operating）、投資（investing）與融資（financing）等三大活動，說明這些活動之間的互動關係，以最簡潔的方式呈現企業全貌。

4. **加強修練四項構成商業智謀的核心能力**：在動態競爭環境下，

這四項核心能力分別是：正確認知現況（sense-making）、協調整合（collaborating）、形成願景（visioning）以及嘗試創新（inventing）。

5. **深刻了解五份財務報表所透露的經營及競爭訊息：**任何企業活動都可以彙整成「損益表」（income statement）、「綜合損益表」（comprehensive income statement）、「資產負債表」（statement of financial positions）、「權益表」（statement of equity）與「現金流量表」（statement of cash flows）等五份財務報表。

何以財報能協助企業領袖及經理人鍛鍊這五大神功，提升商業智謀？以下將進一步說明。

一個堅持

財務報表最重要的使命，就是實踐「誠信」。消極的誠信是「不欺騙」，積極的誠信是「價值增進」。《新約聖經‧馬太福音》中有個討論「誠信」的有趣故事：

某主人即將前往國外，便叫了僕人來，按照每個人的才幹，把銀子分配給他們：一個給了 5,000，一個給了 2,000，一個給了 1,000。那位領到 5,000 的僕人，隨即拿去做買賣，另外賺了 5,000。領

2,000 的也照辦，另外賺了 2,000。領 1,000 的僕人卻掘開了地，把主人的銀子埋起來。

過了許久，主人回來和他們算帳。那位領 5,000 的，又帶著另外的 5,000 來了，說：「主人啊，你交給我 5,000。請看，我又賺了 5,000。」 主人說：「好，你這個又良善又忠心的僕人，你在小事上可靠，我要把許多事派你管理。」領 2,000 銀子的僕人也來了，向主人說：「主人啊，你交給我 2,000。請看，我又賺了 2,000。」主人十分喜悅，也頗多嘉許。

那個領 1,000 銀子的卻說：「主人啊，我知道你是個忍心的人，沒有種的地方要收割，沒有散的地方要聚斂。我很害怕，就把你的銀子埋藏在這裡。請看，你的銀子在這裡。」主人回答：「你這又惡又懶的僕人，你既知道我沒有種的地方要收割、沒有散的地方要聚斂，就當把我的銀子放在兌換銀錢的人那裡，到我來的時候，可以連本帶利收回。」主人於是奪過他這 1,000 銀子，給了那位擁有 10,000 銀子的僕人。主人的經營理念是：「因為凡有的，還要加給他，叫他有餘；沒有的，連他所有的也要奪過來。」

1. 故事中的主人，不是只要求不貪污或資產價值的保持，更要求投資報酬率的提升。將主人託付的現金埋起來的僕人，以現代標準來看，只能算是膽怯或懶惰之人，比起涉及重大財務弊案的諸多現代經理人，埋藏現金的僕人還不能算是「惡僕」，至少現金並沒有被他拿來中飽私囊！

2. 主人分配資源的邏輯，是按僕人的投資績效進行「汰弱存強」，而不是「濟弱扶傾」。事實上，這就是現代資本市場的邏輯 —— 資本追求提升投資報酬率的機會。經濟社會中的強者，被分配到更多的資本；而弱者將被剝奪所擁有的資本。所有強勢的主人（股東）都是「忍心」的人，他們要求在「沒有種的地方要收割，沒有散的地方要聚斂」，這代表主人關心的重點是投資結果，並不想聽失敗的藉口。

———————————

企業所有主管，都應是忠於股東所託的僕人，在商業行為上也應展現高度的誠信原則。

具有高度誠信的聲譽，往往能大幅減少交易成本。關於這點，巴菲特分享了一個有趣的故事。2003 年春天，巴菲特得知沃爾瑪有意出售一個年營業額約 230 億美元的非核心事業，該事業名為麥克林（McLane）。多年來，巴菲特一直把《財星》雜誌所調查「最受人景仰的企業」那一票投給沃爾瑪，因為他對沃爾瑪的誠信和經營能力具高度信心。當時整個收購交易出奇地簡單迅速，巴菲特和沃爾瑪的財務長面談了兩小時，巴菲特當場就點頭同意購買金額，而沃爾瑪的財務長只打了通電話請示執行長，交易就宣告結束。29 天後，購買麥克林的 15 億美元款項，就由波克夏產物保險公司直接匯入沃爾瑪的帳戶，中間沒有任何投資銀行介入。這種交易是否太過草率？巴菲特說，他相信沃爾瑪的財報提出的一切數字，因此計算合理的收購價格對他輕而易舉。事後也證明，沃爾瑪提供給巴菲特的各項數據，確實真實無欺。

相對地，心理學家近期的研究顯示，不誠信的商業行為（例如做假帳、廣告不實等），即使未遭遇政府罰款或訴訟賠償損失，也會造成企業隱藏性的成本。這些隱藏性成本包括：

1. 因聲譽受損導致的銷售下跌。根據該項研究，相當多的消費者會因企業不誠實的商業行為，停止或減少對該企業產品與服務的消費。

2. 由於員工與企業組織的價值觀發生衝突，會導致誠實的員工求去、不誠實的員工反而留下的「反淘汰」情形。當不誠實的員工比例增加，企業監督員工的成本便會大幅增加，而企業因不誠實行為所造成的損失也會增加。

3. 當企業加強監控員工，員工會產生不被信任的不滿、生產力降低等負面影響。由於這是一連串的隱藏性成本，無怪乎台積電張忠謀董事長竭力倡導：「好的道德，等於好的生意。」（Good ethics is good business.）

　　儘管沃爾瑪誠信經營的本質不變，但在 2016 年年底，巴菲特賣掉了大部分他持有多年的沃爾瑪持股（市值由約 41 億美元減少到僅剩 1 億美元）。他表示：「零售業實在是太難經營了。亞馬遜已經顛覆許多公司，它還會繼續顛覆更多公司，它實在狠、狠、狠（tough, tough, tough），是一家非常有競爭力的公司。而大部分的公司還沒有想清楚如何對抗它，或者如何參與這個新潮流。」可見光只是誠信經營還不夠，經營團隊必須要有卓越的商業智謀，才能持續對顧客及股東創造價值。

「不誠信」所帶來的影響相當嚴重，這幾年富國銀行（Wells Fargo）的作假事件，就是一個重要警惕。富國銀行是美國第三大銀行，一直以來都是銀行界的資優生。2013 年，《美國銀行家》（*American Banker*）雜誌還將其執行長史丹普（John Stumpf），選為該年的「年度銀行家」。

　　2016 年，富國銀行被指控未經顧客允許，擅自替顧客開設帳戶。由於開設帳戶所需的費用很微小，導致第一時間沒人發現，經調查後發現此種行為可追溯至 2011 年便開始了。雖然造成的實際金錢損失並不大，但此舉已嚴重傷害富國銀行的誠信。而事件的緣由，是富國銀行的分行基層員工，被上級訂定許多績效目標，其中顧客的金融商品購買種類以及交叉銷售數量等項目，甚至訂有每天的績效目標。在龐大的壓力下，基層員工開始造假，以達到績效目標。最後，富國銀行於 2016 年 9 月發表聲明，承認在顧客未被通知的情況下，偷偷開設了近 200 多萬個帳戶，並願意付出 1.85 億美元與顧客達成訴訟和解；執行長史丹普也在兩週後默默辭職，還被董事會追討 4,100 萬美元的主管分紅。

　　此事件對於富國銀行的金錢損失並不大，例如，銀行將因開設帳戶產生的手續費退回給顧客，共計退回 260 萬美元給受影響的 11 萬個帳戶，平均每個帳戶拿回 25 美元。但此舉已嚴重影響富國銀行的聲望，2015 年時，富國銀行在美國知名財經週報《巴隆》（*Barron's*）的最尊敬公司（Most Respected Companies）名單上名列第七；2016 年造假事件爆發後，直接掉到第 60 名；再隔一年的 2017 年，已經掉到第 100 名。可見造假事件實際影響雖小、付出賠償金額不高，股價也只稍微下滑了 2%，但未經顧客允許便開設帳戶的行為，已經大大傷害了銀行的誠信。2017

年 7 月，富國銀行又再度爆發偷偷替顧客加保汽車險的作假事件，共有近 50 萬人受到影響，累積金額近 8,000 萬美元。連續不斷地爆發醜聞已讓投資人退卻，使富國銀行 2017 年的股價表現遠低於同業。

日本也出現著名企業嚴重的造假事件。富士軟片原本被認為是由傳統攝影膠捲事業，轉型到更多角化經營的成功典範。2017 年 4 月，富士軟片旗下的紐西蘭分公司，被指控長期造假營收，估計累積虛增約 220 億日圓淨利。弊案爆發後，富士軟片市值在一天內減少 6.5 億美元。2017 年 10 月，日本著名鋼鐵廠神戶製鋼所遭指控竄改鋼材、銅材、鋁材等金屬數據的資料，以達到被要求的高品質水準，許多汽車大廠客戶如豐田等都深受其害。弊案爆發後，神戶製鋼所的股價大跌，短短幾天內，股價從 1,368 日圓掉到 805 日圓，市值減少約 18 億美元。

兩個方法

為了彰顯對主人的「誠信」，＜馬太福音＞中的僕人必須將手上的銀子交由主人盤點，確認金額無誤，這就是「**表達事實**」。僕人也必須仔細說明他們從事何種經營活動、造成的收益與支出各是多少，合理地解釋銀子數量為何增加，這就是「**解釋變化原因**」。倘若主人無法親自查證銀子的數量，僕人就必須編製報表，對現有銀子數量和增減項目進行說明，這種活動就是「財務報導」（financial reporting），使用的工具就是財務報表。但是，這種主僕關係經常存在「資訊不對稱」的情況。假設主人沒有回國、看不到銀子，主人就必須找一個具公信力的第三者，檢查僕人所宣稱的銀子數量，並確認僕人對經營狀況的說明，這個第三

者就是現今所謂的「會計師」。在＜馬太福音＞撰寫的兩千年後，企業經濟活動的複雜性遠超過當時，但「表達事實」與「解釋變化原因」，仍是達成「誠信」的兩個基本方法。

雖然任用會計師必須經過主人（股東會）同意，但誰能當候選人，卻通常是僕人自己決定的。此外，僕人可能會對會計師施以壓力，要求他提供有利於自己的意見。若是不肖之徒，還可能在利益引誘下與僕人勾結，一起欺騙主人，這又演變成另一個嚴重的問題。舉例來說，恩隆案裡一些迴避證券主管單位監督的方法，就是恩隆的簽證會計師亞瑟安德森事務所（Auther Anderson）所協助構思的。而曾是全球第一大會計事務所的亞瑟安德森，也因為在恩隆案中所涉及的違法行為，在 2002 年 8 月 31 日被迫將所持有的會計師營運執照交還給美國證交會（SEC），並全面性在全球各地退出會計師產業。

上述兩種方法，跟財報的兩種基本數量關係密切：

1. **存量（stock）**：代表任何特定時點企業所擁有的財務資源，例如有多少現金及應收帳款等。對於存量，我們要求「表達事實」，重點在於確認它的存仕及數量正確。

2. **流量（flow）**：代表一段特定期間內財務情況的變化，例如每年度的營收獲利及現金流量金額。對於流量，我們要求能「解釋變化的原因」。財務報表對經理人的最大功能，並不是直接回答問題，而是幫助經理人提出問題，進而釐清管理問題的核心。

沃爾瑪創辦人山姆‧華頓是財報的「重度使用者」。沃爾瑪已退休的副董事長詹森回憶道:「當我還是商品總經理時,公司還沒全面採用電腦系統,所以有將近六年的時間,每個星期五早上,我都必須帶著計算機到山姆的辦公室和他核對帳目。每次當我在計算這些數字時,山姆也一定會用他的計算機重算一次,並且問各種問題。我從不覺得是因為他不信任我,他只是認為檢查是他的責任。有時我們的計算結果有些出入,或是我的結論和他的看法相左,這些都有助於我保持機警。我知道帶著一堆報表向他交差,他是不可能不查核就接受的。」

　　已故台塑副董事長王永在(1921-2014)在一次專訪中提到,所有的管理現象只要抽絲剝繭,當問到第六個問題時,幾乎都能徹底釐清。王永在的見解,並不是精確的科學定律,而是沙場老將多年的寶貴經驗。豐田的管理系統,則要求任何人對管理問題能問五個「為什麼」,而在第五個「為什麼」的分析中,必須展現解決問題的具體方法。上述這種精神與做法,就如鴻海董事長郭台銘所強調的,經理人必須不斷地拆解問題,直到深入了解每個細節為止,因為「魔鬼都躲在細節裡」!

　　財報的主要功能是提供「問問題」的起點,而不是終點。畢竟財務報表呈現的資料通常加總性太高,無法直接確認管理問題之所在。例如沃爾瑪的總營收來源非常廣,如果沃爾瑪想了解營收變化的原因,可以從地理區域(美洲 vs. 歐洲)、顧客別(一般消費者 vs. 大盤商)、產品別(日用品 vs. 生鮮食品)等不同角度切入。而亞馬遜的營收除了針對一般各種商品清楚的銷售之外,還有針對企業的電子商務網際網路服務收

入等，因此，財務報表主要是管理階層用來問問題的工具，而不是得到答案的工具。至於管理問題的真正答案，必須倚賴「管理會計學」進行更細部的剖析。

三類活動

在幾年前的清明祭祖活動中，意外地，我自族譜發現自己居然是帝王之後，祖先可向上追溯至漢高祖劉邦（256B.C.-195B.C.）。此後，對於這些「帝王級」祖先如何經營他們的「家族企業」，我一直抱持莫大的興趣。事實上，劉家王朝在管理思維上的確有過人之處。以商業觀點來比喻，漢高祖劉邦是中國史上第一個「平民創業家」，他創業成功的關鍵是「用對的人」。關於自己何以成功，劉邦做了一個精闢無比的分析，他宣稱：

> 夫運籌策帷帳之中，決勝於千里之外，吾不如子房（張良）；鎮國家，撫百姓，給餽饟，不絕糧道，吾不如蕭何；連百萬之軍，戰必勝，攻必取，吾不如韓信。此三者，皆人傑也，吾能用之，此吾所以取天下也。項羽有一范增而不能用，此其所以為我擒也。
> ——《史記·高祖本紀》

「用對的人」之所以重要，是因為他們會「做對的事」，而且會把對的事做好。以現代管理術語而言，身為領袖的劉邦，充分認知到企業三大類型活動的重要性，這三大類型活動也正好是財務報表描繪的主要對象：

1. **市場占有活動（以韓信為代表）：** 市場占有活動具體表現在財務報表上是營運活動（operating activities）。營運活動決定企業短期的成功，其重點是營收及獲利的持續成長，以及能由顧客端順利地收取現金。

2. **策略規畫活動（以張良為代表）：** 企業的策略規畫，具體表現在財務報表上是投資活動（investing activities）。投資活動決定企業未來能否成功，不正確的投資不僅會造成「一代拳王」的短命王朝，甚至會從「股王」的寶座摔下。例如宏達電（HTC）於 2011 年 4 月 29 日衝破每股新台幣 1,300 元的大關，創下歷史新高。然而隨後一連串手機產品及新創投資失敗，造成股價快速下跌。2018 年，宏達電每股約 70 元左右，股價僅不到原來高點的 5%。而所謂的投資活動，不只是把錢用在哪裡的決策，也包括把錯誤投資收回的決策（divest）。

3. **後勤支援活動（以蕭何為代表）：** 後勤支援活動具體表現在財務報表上，是融資活動（financing activities），也就是金流。現代企業的「糧道」就是現金流。資金充足流暢，營運或投資活動就能可攻可守，員工及股東才能人心安定。在數位科技時代，充沛的金流更成為快速創新商業模式及大膽長期布局的「火藥庫」。

關於投資、融資與營運等三種活動更進一步的定義，以及三者間相互的關係，將在＜現金流量表的原理與應用＞（第八章）深入說明。事實上，會計數字只是結果，經營管理活動才是組織創造價值的原因。分

析財務報表不能只看死板的數字，還要能看見產生數字的管理活動，並分析這些活動所可能引導企業移動的方向。

這三種活動的關係十分密切，成功的營運活動可能代表企業目前的業務仍有廣闊的投資空間，也會讓股東或銀行樂於繼續提供融資。

四種商業智謀核心能力

財務報表能協助企業經理人，發展商業智謀的四種核心能力。

1. 正確認知現狀（Sense-making）

商業智謀的第一項重點，是正確認清現狀、不脫離現實，以便在複雜及混沌的環境中，做出妥善的策略規畫並執行營運計畫。經理人面臨的最大危機之一，就是脫離現實。至於脫離現實的原因，主要來自使用過濾後的資訊、選擇性地聆聽、一廂情願地思考等毛病。財報則要求經理人，必須不斷藉著面對市場交易活動的現狀來認清事實。例如，有些經理人可能一廂情願地認為，自己的產品或服務具有特殊利基，但損益表的毛利率（市場售價減去製造成本）占售價的百分比不斷下降，可以迫使經理人認清公司的產品或服務已淪為與其他競爭者相去不遠的「商品」（commodity），進而開始規畫新的產品開發策略。

2005 年年初，海基會董事長辜振甫先生以 88 歲高齡去世。辜先生最為人盛讚的是他長遠的眼光，不過我恰好發現，辜先生更是重視財報

教育意義的有心人。他為二公子辜成允先生（1954-2017）準備的領袖訓練課程很另類——到勤業會計師事務所當三年的查帳員。因為辜先生相信：「學會看報表，才能深入核心。」只有深入現狀的核心，才能找到經營管理的重點。

2. 協調整合 Collaborating

商業智謀的第二項重點，就是理解並且建立企業各個部門深度的協調整合。企業的本質原是互相依存協同合作，但由於經理人專業背景的限制及過分狹隘的績效評估機制，往往產生各自為政的弊端。活用財報，可以串聯原本看似無關的人及事。例如，存貨（原物料、在製品、成品）一方面是工廠或倉儲管理人員的工作，但另一方面積壓存貨會影響現金流，這是財務人員的核心工作。因此，現金流的處理就必須建立在這兩群不同專業的人員的協調整合上。更具體的說，每一個財報數字，背後都是一個協調整合的議題（例如「應收款」就牽涉到銷售主管和財務主管）。

3. 形成願景 Visioning

領導能力最重要的核心，是讓個人或團體產生共享的願景。由於過去出現部分企業的執行長，對未來有著華而不實的陳述（例如企業未來五到十年營收、獲利的複合成長率至少有 20% 至 30%），使得一般投資大眾對「願景」兩字望而生畏。但我深信，任何經理人藉由閱讀成功且令人尊敬之企業的財報，都能體會「談願景」並不是唱高調，它其實是

建立在不斷「說到做到」所產生的堅實信念。舉例來說，沃爾瑪的公司網頁提供它上市以來所有的財報檔案，任何人若將 1971 年迄今的年度財務報表快速瀏覽一遍，相信能自創辦人華頓每年檢討過去、策勵未來的討論中，分享他對零售業的願景與熱情，也能了解為何他能將沃爾瑪由市值 24 萬美元提升至市值超過 2,000 億美元。

沃爾瑪曾如此定義自己的願景：「讓普通老百姓有機會和有錢人購買一樣的東西。」此外，沃爾瑪也用會計數字說明了它未來的願景。1990 年，沃爾瑪的年營收約為 326 億美元，獲利約為 12 億 9,000 萬美元。沃爾瑪當時宣示，它將正式成為全國性的零售業者，並且要在 2000 年成為年營收突破千億美元的公司。這個野心勃勃的願景，沃爾瑪在 1997 年就順利達成了——沃爾瑪創造了 1,048.6 億美元的營收，且獲利達 30.6 億美元。到了 2000 年，沃爾瑪的營收竟已高達 1,913.3 億美元，獲利 62.9 億美元，超出十年前預期目標高達 90% 之多。事實上，好的願景並不是空洞的口號，它是具有高度挑戰性、能激發員工拚鬥意志、又確實可行的目標。財務報表的數據能成為溝通願景、形成共識的重要工具，也能成為檢視願景是否踏實可行的基礎。相對的，亞馬遜的願景則是「我們要成為地球上最以客戶為導向的公司，建立一個人們可以在網路上找到任何他們想要購買的東西的地方」。由 1997 年開始，歷經超過二十多年不懈的努力，再也無人會質疑亞馬遜在唱高調。

然而，成功的事業不一定要來自偉大的願景。我的另一位祖先東漢光武帝劉秀（6 B.C.-57 A.D.），就曾留下一個年少時代「胸無大志」的例子。他說道：「為官當作執金吾，娶妻當娶陰麗華。」執金吾是首都（長安）戍衛司令，出巡的時候熱鬧風光；而陰麗華是劉秀同鄉富豪

家的女兒，算是小家碧玉的姿色。這些目標看來都不遠大，但在往後的諸多事件中，劉秀的軍事才幹及領袖氣質逐漸展現，發展出逐鹿中原的願景，最後成為一代英明君主。柯林斯與薄樂斯（Jerry I. Porras）在其著作《基業長青》（*Built to Last*）中也印證了一件事——偉大的企業（如沃爾瑪、奇異、默克藥廠等）多半擁有平實的願景。如果企業經理人肯多花點時間，閱讀這些公司的財務報表，以及執行長在年度財務報告的討論文字，對於了解企業如何形成與實踐願景，相信有極大的幫助。

4. 嘗試創新 Inventing

　　關於領導力的第四項重點，便是在組織的管理體系或技術體系發現新的做事方法。財報雖然不能直接引導創新，但能協助領導者確認各種創新活動是否具有商業價值。例如戴爾電腦首創的直銷經營模式，在 1994 年至 2003 年之間，使其管銷費用占營收的比例，較主要競爭對手惠普科技（HP）少了 5% 到 8%。在一個淨利率平均不到 6% 的產業，這種成本領先的幅度，使戴爾在定價與銷售上占盡先機。1993 年到 1994 年之間，戴爾曾在美加地區採用直銷與傳統零售通路並行的方式；經歷了 1993 年公司唯一的虧損後（虧損了 500 萬美元），戴爾在 1994 年放棄了經銷通路，重新聚焦於直銷通路，一年內就轉虧為盈，獲利 1.5 億美元。此後，戴爾對於直銷模式不再動搖。當然，近年來直銷模式效益遞減、電腦產業成熟化後利潤日減，戴爾電腦也必須重新尋找創新的商業模式。由此可知，以財務報表作為回饋機制，能鞏固及反思嘗試創新的成果。

五份報表

任何複雜的企業，透過波切歐里密碼的轉換，都能利用下列五種財務報表敘述它的財務情況。這五份財務報表分別簡述如下（各份報表之細節將於四至八章中詳述）：

1. **損益表（statement of income）**：解釋企業在某段期間內，財富（股東權益）如何因各種經濟活動的影響發生變化。簡單地說，淨利（net income）或淨損（net loss）等於收益（sales）扣除各項費用（expenses），並顯示當期損益及當期其他綜合損益兩者之合計。損益表是衡量企業經營績效最重要的依據。

2. **綜合損益表（statement of comprehensive income）**：除了損益表中顯示淨利或淨損之外，其他影響股東權益的項目皆在此報表中表達。常見的項目包括：所持有有價證券未實現的利得或損失，因匯率變動所造成的兌損利益或損失等。

3. **資產負債表（balance sheet），又稱財務狀況表（statement of financial position）**：描述某一特定時點，企業的資產、負債及業主權益的關係。簡單地說，資產負債表建立在以下的恆等式關係：資產＝負債＋業主權益。這個恆等式關係，要求企業同時掌握資金的來處（負債及業主權益）與資金的用途（如何把資金分配在各種資產上）。資產負債表是了解企業財務結構最重要的利器。目前國際財報準則的主流，是公允的衡量企

業資產及負債市場價值的變化。

4. **權益變動表（statement of equity）**：解釋某一特定期間內，業主權益如何因經營的盈虧（淨利或淨損）、現金股利的發放等經濟活動而發生變化。權益變動表是說明管理階層是否公平對待股東的重要資訊。

5. **現金流量表（statement of cash flows）**：解釋某特定期間內，組織的現金部位如何因營運活動、投資活動及融資活動發生變化。現金流量表可彌補損益表在衡量企業績效時面臨的盲點，以另一個角度檢視企業的經營成果。現金流量表是評估企業能否持續經營及競爭的最核心工具。

———————

編製這五份報表與衡量報表各項數字的方法，稱為「一般公認會計準則」（Generally Accepted Accounting Principles, GAAP）。由於該準則專業性太高，國際間通常由立法機關訂定法律，授權會計專業團體自行制定及修正。例如美國的會計準則制定組織為「財務會計準則委員會」（Financial Accounting Standard Board, FASB）；世界上另一個對 GAAP 影響深遠的組織是「國際財務會計準則委員會」（International Accounting Standard Board, IASB），負責發布「國際財務報導準則」（International Financial Reporting Standards, IFRS）；台灣則為「財團法人中華民國會計研究發展基金會」。至於財報中各項數字產生的細節（如何估計無法回收的應收帳款、長期借款在未來各個不同年度的還

款金額等），都將在財務報表的附註（footnotes）中加以討論。

　　台灣上市、上櫃、興櫃公司及當地營利事業自 2016 年起，必須依照 IFRS 編制報表，且直接以翻譯後的 IFRS 為依據。中國大陸編制這五份報表與衡量報表上各項數字的方法，則係依據 1992 年中國財政部所發布的「企業會計準則」，並自 1993 年 7 月 1 日起施行。此外，中國財政部成立由各方面代表參加的「會計準則評審委員會」，作為制定和實施會計準則的諮詢機構。2006 年 2 月起，中國財政部更頒訂新的會計準則，由原先偏重於稅務申報的走向，轉向與國際財務會計準則接軌；並從 16 項具體準則，擴展至一項基本會計準則和 38 項具體會計準則，並規定 2007 年 1 月 1 日起，中國大陸上市企業必須開始適用。由於台灣企業與中國企業未來或競爭或合作，關係日益密切，我們必須加強透過財報分析中國企業競爭力的本領。

　　一般公認會計準則的制定過程，除了參考會計的學理，也受政府法令規範及產業界的壓力影響。舉例來說，美國科技產業長期以來反對將「員工認股權」（stock option）當成企業的費用；許多台灣的科技業者，過去也不贊成把員工無償配股的部分承認為費用。因為這種會計處理方法會降低企業的帳上獲利，進而可能影響股價。雖然員工認股權及員工無償配股在學理上應視為費用，過去一般公認會計準則卻允許它們不計入當期費用。可見企業的財報即使完全遵守一般公認準則，也不代表它就公允地反映了企業經營、競爭的成果。根據國際財務報導準則第 2 號「股份基礎給付」的規範，在股份基礎給付交易中收取或取得之商品或勞務，不符合認列為資產之條件時（如員工之勞務提供），應將其認列為費用。

1970 至 1980 年代的知名歌手萬沙浪先生，曾以一曲＜風從哪裡來＞風靡海內外。若把這首歌的歌詞稍微更動，把「風」字改為「錢」字，就成了說明財務報表的好口訣：「錢從哪裡來，要到哪裡去？有誰能告訴我，錢從哪裡來？」前兩句歌詞指的是資產負債表，它的目的是陳述組織資金的來源及用途。後兩句歌詞指的是其他三份財務報表，目的都在於解釋企業財務資源或股東權益的變動。接下來的歌詞，對於曾經歷亞洲金融風暴、美國 911 恐怖攻擊事件、SARS 疫情及 2008 年全球金融風暴的企業經理人與投資人來說，肯定是感觸良多：「來得急，去得快，有歡笑，有悲哀……」

七傷拳的啟示

金庸武俠小說《倚天屠龍記》描述了一門奇特的武功「七傷拳」，特色是對付敵人雖威力無窮，但使用時也會傷害自己，亦即所謂的「傷人七分，損己三分」。《倚天屠龍記》描寫金毛獅王謝遜為了替家人報仇，偷偷學會了七傷拳，但當他重創敵人之際，嚴重的副作用也逐一浮現，他先是瞎了雙眼，然後開始神智不清，有時近乎瘋狂。

投資界有個共識，一旦一家企業開始做帳，就像人染上了毒癮，做帳的幅度只會愈來愈大，非常難以戒除。做帳就像練七傷拳，剛開始似乎只傷害了投資人，但終究傷害最大的還是自己和公司。做帳一開始使人盲目——沒有公允的資訊，就無法判斷企業的真實狀況；接下來，做

帳會令人瘋狂 —— 沒有優質的資訊，企業就不能思考。在其他行業，發揮創造力往往會被大力讚揚；大概只有在會計學裡，說企業的財務報表太有「創造力」，是極大的負面評價。簡單地說，財務報表的核心價值是忠於所託、反映事實，這也是創造企業長期競爭力的基本條件之一。

參考資料

1. 2003 年波克夏年報。
2. 1990 年沃爾瑪年報。
3. 《商業周刊》第 894 期，2005 年 1 月 6 日出刊。
4. 麥克・戴爾（Michael Dell），1999，《DELL 的秘密》（*Direct for Dell: Strategies That Revolutionized an Industry*），謝綺蓉譯，台北：大塊文化。
5. 柯林斯（Jim Collins）、薄樂斯（Jerry I. Porras），2007，《基業長青》（*Built to Last: Successful Habits of Visionary Companies*），齊若蘭譯，台北：遠流出版。
6. Robert B. Cialdini, Petia K. Petrova, and Noah J. Goldstein, 2004, "The Hidden Costs of Organizational Dishonesty." *MIT Sloan Management Review*, Cambridge: Spring 45 (3): 67-73.
7. 張忠謀等，2004，《CEO 論壇：11 位遠見領導人物的前瞻觀點》，台北：天下文化。
8. http://fortune.com/2017/02/15/walmart-warren-buffett/

第三章

飛行中，要相信你的儀表板

台大 EMBA 第六屆同學傅慰孤將軍，是前空軍副司令，也是一位卓越的飛行員，他個人駕駛 F104 戰鬥機的總飛行時數超過 1,000 小時，全世界的 F104 飛行員有此種紀錄者寥寥無幾。F104 活躍於 1950 年代，是世界首架飛行速度達兩倍音速的戰鬥機，也是台灣建立 F16 及幻象機空軍兵力前的主力戰機。F104 一向有「鐵棺材」及「寡婦機」的外號，它的飛行速度極快，適合進行高速全力一擊的猛攻，目標未中時，也能快速脫離敵機的作戰範圍。然而，F104 為了追求高速下良好的操作性能，採取短、小、薄的機翼設計，在低速飛行時升力不足，相對使得 F104 低速操作的穩定性、安全性極差，失事率較一般戰機高出很多。因此，在飛行員同輩間，傅將軍的飛行安全紀錄備受推崇。

在某次筆者 EMBA 的績效評估課程中，我們討論起空軍飛行員的績效管理，傅將軍分享了他的經驗：「天候不佳的時候，飛行員的直觀往往是錯誤的。因為受到生理錯覺的影響，飛機明明是倒著飛，飛行員可能感覺是正著飛；明明飛機下面就是海洋，飛行員可能感覺是天空。」傅將軍因此語重心長地說：「在飛行中，要相信你的儀表板。」一瞬間的誤判，便可能奪去許多飛行員年輕寶貴的生命。愈是錯綜複雜的天氣，飛行員愈要克服本能的驅使，相信儀表板顯示的數字，才能做出正確的

判斷。儀表板之所以重要，在於它具有以下這些特性：

1. **攸關性（relevance）**：飛機儀表板會顯示油量、速度、高度、壓力等數值，對飛行員的決策有決定性的參考價值。

2. **可靠性（reliability）**：在功能正常下，飛機儀表板顯示的資訊誤差率極小。

3. **及時性（timely）**：儀表板顯示飛機當下（real time）的各種重要數據，飛行員可根據這些資料立即做出正確反應。

經理人之於財務報表，必須像飛行員之於戰鬥機儀表板一樣，對財報資訊的品質抱持「死生之地，存亡之道」（《孫子兵法‧始計篇》）的嚴謹態度。攸關性、可靠性和及時性，也正是財報資訊品質追求的目標。但是，經理人是否平時就建構了這種值得信賴的儀表板？假若平時不講究財報資訊的品質，當企業處在危急存亡的關鍵時刻，經理人對自己的儀表板又能有多少信心？是否能克服偏見，以儀表板的正確數據做出明智反應？更令人擔心的是，當企業經營績效不佳之際，經理人是否願意讓股東、銀行及財務分析師看見自己真正的儀表板？

善用財報資訊引導正確的策略

IBM 前執行長葛斯納（Louis Gerstner）指出：「良好的策略起源於大量的量化分析。真正出色的公司，它所部署的策略是可信度高且可

執行的。良好的策略應該注意細節，少談願景。」而財報能提供形成策略或決策的有用量化資訊。葛斯納 1993 年上台後，針對市場、競爭對手及 IBM 本身，進行深入的分析思考，他發現 IBM 最根本的問題出在主機業務。主要競爭對手運用開放系統的技術，可自由進行軟體與硬體整合，價格又比 IBM 系統便宜了三到四成，嚴重侵蝕 IBM 的主機市場。由於 IBM 的固定支出非常高，市場占有率的萎縮與銷售下滑，立刻造成 IBM 營運資金的枯竭。不少華爾街分析師甚至幸災樂禍地預測，IBM 一定會碰到資金周轉的問題。葛斯納讓經營團隊了解，IBM 需要現金甚於帳面上的獲利數字，終於使經營團隊看到自己的盲點，採取積極的降價政策，使主機產品的銷售量迅速回升。

資訊錯誤，讓美國中情局大擺烏龍

錯誤的資訊會釀成決策的大災難，美國中央情報局（Central Intelligence Agency, CIA）便提供了一個慘痛的教訓。

伊拉克正在重新啟動核武計畫，而其生化武器，不管在研發、製造及投射能力等各層面，都比第一次波斯灣戰爭時規模更大、技術更先進。

美國中情局在 2002 年的「國家情報預估」（National Intelligence Estimate）做了以上的評估。因為這個評估，2003 年 3 月 19 日，美國總統布希以「解放伊拉克人民及拯救世界於重大危險」為由，下令展開「伊拉克自由行動」（Operation Iraqi Freedom）。短短數週內，史無前例

的猛烈炮火，轟擊伊拉克的巴格達、巴斯拉等大城。這場戰爭直到 2011 年 12 月才結束，在長達近九年的戰爭中，共有 4,491 名美軍在作戰中喪生，約莫 32,226 人受傷，這不但超過 911 恐怖襲擊事件中造成的死亡人數（約 2,977 人），更堪稱是美軍在越戰後最慘重的傷亡紀錄。但是，伊拉克真的有大規模的毀滅性武器嗎？

2003 年 12 月 14 日，海珊在伊拉克的提瑞特（Tikrit）被捕。幾個月後，布希尷尬地承認，聯軍於伊拉克進行地毯式的搜索後，並沒有發現大規模的毀滅性武器。2004 年 7 月 9 日，美國參議院發表完整調查報告，指出中情局之所以犯下如此重大的情報誤判，主要是由於以下的偏見：

情報系統受害於「集體先入為主的偏見」（collective presumption），一開始就認為伊拉克擁有大量毀滅性武器。因為這種「集體意見」（group think），使情報系統內不論是分析人員、情報蒐集人員及管理階層，都傾向將模稜兩可的證據，視為支持先前假設的資訊，同時忽略與假設不符的證據。此種偏見之強烈，讓情報系統為反制偏見及「集體意見」所建立的各種正式機制，皆未被採用。舉例來說，當中情局發現伊拉克進口一批材料，這些材料有可能用於軍事用途，也可能用在和平用途，那麼中情局的情報系統幾乎毫不遲疑地推斷，伊拉克正偷偷地擴張軍備。

相同地，若企業決策建立在對事實的錯誤認知之上，或由於領導者強烈的個人信念，讓整個幕僚也產生錯誤的「集體意見」，一樣可能導致慘痛的經營或投資虧損。

財報是企業競爭的財務歷史

　　財務報表可視為企業競爭的財務歷史，而歷史的功用絕不只是過去事蹟的紀錄而已。大史學家司馬遷（145 B.C.-90 B.C.）為歷史的功能提出以下註解，深刻啟發我們看待財務報表的觀點。他認為，歷史的目的在於「究天人之際，通古今之變，成一家之言。」（＜報任少卿書＞）此處將分成以下三點加以說明。

1. 究天人之際

　　以財報的觀點來看，「究天人之際」不妨解釋為：一個組織的績效，受外在大環境（天）及企業本身（人）互動的影響。

　　1985 年 8 月 21 日，我抵達美國賓州西部大城匹茲堡，在卡內基梅農大學（Carnegie-Mellon University, CMU）開始了博士生生活。當時，匹茲堡是個被燃煤煙灰燻得黝黑醜陋的城市，昔日稱霸世界的鋼鐵產業，當大環境改變，早被日、韓兩國擊潰，流失了 90% 的工作機會，整個城市極度蕭條。有趣的是，在悲觀的氛圍下，新趨勢、新經濟正在悄悄滋長。在 CMU 的校園內，1978 年的諾貝爾經濟學獎得主賽門（Herbert Simon, 1916-2001）教授，已經不教經濟學了，而在心理系教授認知科學，並且和電腦系的教授們開創了人工智慧（Artificial Intelligence）的新領域。在學校旁的雪莉公園（Shirley Park）中，CMU 電機與電腦學系的教授們，正測試著行駛速度極端緩慢的無人駕駛車。機器人研究中心的科學家們，正忙著鑽研提升機器人應用價值的各種先進研究。因為掌握先機及長期不懈的研究，CMU 在電腦科技與人工智慧等創新領域，

一直是全球學術界的領導者。

2017 年 5 月，Google 所發展的人工智慧程式 AlphaGo，在中國烏鎮圍棋峰會上，以直落三的成績橫掃了世界圍棋冠軍柯潔。2017 年 10 月，Google 團隊在世界頂尖的科學期刊《自然》（*Nature*）上發表了 AlphaGo Zero。它完全不倚賴過去累積的棋譜，只單純輸入圍棋規則，靠著自我學習，三天內的程度便超越了人類上千年來對圍棋的研究，並以 100-0 戰績完勝剛剛擊敗世界冠軍的 AlphaGo。Google 詳細揭露 AlphaGo Zero 背後的知識與運算法。你可以說，這是 Google 對人類知識成長不藏私的貢獻；你也可以說，這是 Google 深謀遠慮的商業智謀。人工智慧的應用愈快成為產業發展的大趨勢，在此趨勢中的領導企業其得利自然愈快也愈大。

但跟不上新趨勢者，將面臨被淘汰的命運。以攝影產業為例，在膠片時代，美商柯達（Kodak）是當之無愧的霸主，它幾乎是膠捲和照片的代名詞。但是在數位時代來臨之後，柯達便陷入艱苦的策略與業務轉型期，除了裁員及關閉工廠以節省經費支出外，為了發展數位影像事業，柯達自 2003 年起，每年砸下超過 5 億美元的研發經費，希望在數位相機、數位沖印、儲存科技及分享技術等新領域上能保持競爭力。然而，各種智慧手機、數位設備問世後，轉型速度緩慢的柯達之經營績效雪上加霜，2005 年開始便不斷虧損，公司市值也由 1998 年的 232.41 億美元，一路下滑到 2011 年的 1.76 億美元，市值剩下原本 1% 不到。最後，柯達在 2012 年 1 月向美國政府提出破產保護，宣告柯達的數位轉型之路以失敗收場。雖然 2013 年 8 月後柯達退出破產保護，重組為一個小型的數位影像公司，以提供印刷技術為主；但當年叱吒風雲的膠片霸主已不復存在。

相對的，柯達的主要競爭對手富士軟片（Fujifilm）的轉型之路便有所不同。在預感數位科技將顛覆傳統攝影產業時，富士捨棄大量傳統業務，積極擴充原本的影像技術，將自己轉型為跨足醫療、保健、印刷等複合型、多角化企業。2006 年富士的營收為 2.78 兆日圓，2016 年雖下滑到 2.32 兆日圓，但獲利卻由 2006 年的 344 億日圓成長到 2016 年的 1,315 億日圓，創下歷史新高。雖然富士的轉型似乎較為成功，但 2017 年 4 月卻爆發財務造假的問題，是否真正轉型成功，仍有待觀察。

又如許多大中華區的企業，它們快速成長的動力，是建立在國際大型企業的訂單之上，這就是所謂的「良禽擇木而棲」。至於他們的財務績效，絕大多數仰賴與釋放代工訂單者之間的互動關係。不過，這種關係也有極大風險。

例如，宸鴻是蘋果觸控面板的主要供應商之一。從第一代 iPhone 到 iPhone 4，蘋果都是採用宸鴻的外掛式觸控面板。宸鴻營收由 2008 年的新台幣 129.42 億元，成長到 2012 年的 1,736.6 億元，獲利也從 3.88 億新台幣，成長到 138.16 億新台幣。但好景不常，蘋果 iPhone 5 改採內嵌觸控面板，而宸鴻並無提供此類面板的能力。失去了蘋果的訂單後，宸鴻股價大跌。由上市約每股 1,000 元的高點，下降到 2018 年每股約 70 元的低價。

———————

經理人閱讀財務報表的時候，眼光絕不能只侷限在自家公司的績效，必須同時檢視自身與大環境的關係。另一個大環境的觀察重點，是企業

與對手的相互競爭關係。舉例來說，當沃爾瑪的營收及獲利急速上升，同時期的凱瑪特卻兵敗如山倒。很明顯地，兩家公司績效的差異主要來自競爭力的強弱，而非產業趨勢或景氣循環的影響。

又例如在中國的方便麵龍頭康師傅，1990 年代初期，中國並沒有即泡即食的方便麵產品，康師傅看到了這點，當時它已在台灣累積了一定的產品實力，轉戰中國後立刻大受歡迎。但 2010 年後，雖然康師傅的銷售額不斷上升，2013 年甚至達到新高，其股價卻沒有太大反應。這是因為隨著時間過去，休閒零食市場的進入門檻低，有愈來愈多廠商加入競爭；而隨著生活水準的提升，方便麵等零食也漸漸被視為不健康的垃圾食物。在市場上，有愈來愈多講究健康、綠色飲食的產品，例如達利的豆本豆奶，甚至一些國外的食品龍頭如雀巢，也將巧克力飲料的糖分降低，以迎合消費趨勢。此外，新出頭的零食，其外觀設計也更加新穎，對傳統的零食廠商帶來更大的挑戰。

而中國的電商平台崛起、網路經濟的普及，讓康師傅必須面對更多競爭對手。電商平台的崛起讓許多中小型的廠商，不需要在傳統通路跟這些傳統大廠拚搏，利用新潮的行銷手段配合創新的產品，許多規模很小的廠商在電商平台上做出驚人的營業額，網路的普及也降低了傳統大廠鋪貨通路的競爭力；網路經濟的興起，讓許多人開始選擇線上外賣服務。加上消費觀念的改變，很多人寧願選擇要多等幾分鐘的網路外賣服務，也不願意吃他們認為不健康的速食產品。大環境的改變，加上主力產品老化，康師傅近年的營收獲利都表現不佳。2012 年康師傅營收為92.1 億美元，2016 年下滑至 83.7 億美元，淨利也由 2012 年的 6.04 億美元下滑到 2016 年的 2.13 億美元。在連續多年的淨利下滑後，2016 年

8月康師傅遭香港恆生指數剔除成分股。

經理人必須重視來自大環境的競爭力資訊，才能正確解讀財報的數字。

2. 通古今之變

關於「通古今之變」，我們不妨解釋為：一個企業要創造財務績效，不能固守過去的成功模式，必須要有高度的應變能力。

歷史上充斥著許多例子，告訴我們偉大的傳統如何敵不過無情的時代變遷。日本大導演黑澤明執導的《影武者》，是戰爭片的經典之作，它刻畫了日本戰國時期最悲壯的「長篠合戰」，提供了「通古今之變」深刻的教訓。「長篠合戰」的交戰雙方是武田勝賴與織田信長，其中武田勝賴是武田信玄之子。武田信玄外號「甲斐之虎」，以《孫子兵法·軍爭篇》的「疾如風，徐如林，侵略如火，不動如山」為戰術思想主軸。他強調用兵攻擊的疾風驟起和防守的井然有序，都必須做到極致才能克敵致勝，因此成為當時最強大的軍閥之一，他所創建的騎兵更有「戰國無敵」的美譽。

然而，針對騎兵的弱點，織田信長早就做好準備。他架起三重防馬柵抵抗這支號稱「無堅不摧」的機動部隊，也在營寨裡布下了 3,000 名步槍手。當時日本仿製歐洲傳入的步槍在技術上還十分笨拙，不但裝彈費時，發射後還要等槍管冷卻才能再度使用。織田信長以有效地使用「三連擊」戰術著稱，他將火槍手分為三隊，第一隊射擊完畢後撤退，換第

二隊射擊，依此類推，如此可在特定的時間內連續射擊三次。1575 年 5 月 21 日清晨，武田勝賴的騎兵衝向織田信長的營寨，在營寨前就先被防馬柵擋住了，這時織田信長的火槍手開始放槍。在三排槍放過之後，武田勝賴的騎兵或死或傷，一片大亂。與武田信玄征戰數十年、「老兵不死」的諸多名將，在前後長達十個小時的激戰中，大都壯烈慘死。武田勝賴逃回大本營甲斐時，15,000 名士兵只餘下 3,000 名，損失率高達 80%，武田家族也從此一蹶不振，最後被織田信長徹底殲滅。這場戰役提供了企業最深刻的啟示 —— 舊時代的技術或商業模式，若不能隨時更新，在新時代的競爭中會遭受致命的危險。

如果把中國皇朝比喻成企業，清朝皇帝便算是歷代平均專業水準最高的「執行長」了。清朝的皇帝每天約五點起床，七點之前的重頭戲是「早讀」，早讀的內容是前朝皇帝的聖訓與實錄。聖訓是前朝皇帝告誡臣子的詔令與語錄；實錄則是歷代皇帝統治天下的編年大事記。康熙以好學著稱，除了早讀之外，還有晚讀；乾隆曾自述他每天虔誠地讀一遍實錄，緬懷祖先創業治國的艱難。可見清朝的「執行長」們，比之前任何一朝的皇帝都重視歷史教育。不過，純粹倚賴過去的歷史經驗顯然不夠。1796 年，乾隆在回覆英皇喬治三世（George III）要求增加貿易的詔書中傲慢地說：「我先朝物產豐盈，無所不有，原不藉外來貨物，以通有無。」儘管乾隆自認中國地大物博，但同時期歐洲科技及社會組織的快速改變，帶來了顛覆過去歷史的進步幅度，還是把清朝的競爭力給比了下去。

柯林斯在《從 A 到 A+》一書中指出，在企業的經營上，輝煌的過去經常是企業進步的最大敵人。四百多年前，武田信玄就主張戰爭的勝利以「五成」為上，「七成」為中，「十成」為下。這個論點聽來不合常理，但武田信玄認為，五成的勝利最能鼓舞將士繼續努力，七成的勝利會帶來麻痺鬆懈，十成的勝利則帶來驕傲自滿，對組織最為危險。

財務報表分析中常有所謂的「績優股」，它背後隱含了一個假設：過去財務績效良好的公司，未來績效良好的可能性會比較高。這個推斷雖然反映優質經營團隊的持續力，但在本書隨後的討論中，我們也會看到許多反例。

在台灣的上市上櫃公司中，80% 以上是股本 20 至 30 億元以下的中小企業；而中國大陸的上市上櫃公司（A 股與 B 股）中，80% 以上是股本 20 至 30 萬元人民幣的中小企業。一般而言，它們的榮景都無法超過三年。至於新上市或上櫃的公司，無論是在國際、台灣、還是在中國的經驗顯示，其經營績效大都遠遜於未上市、上櫃前的表現。能否由過去的歷史數據預測未來的財務績效，的確是一大挑戰。對經理人而言，由財務報表了解過去與未來績效可能的「不連續性」，將是對自己最大的警惕。

3. 成一家之言

至於「成一家之言」，不妨解釋為：企業經理人即使面對同樣的資訊，往往也會做出不同的判斷。我在這裡先和讀者分享一個有趣的故事。

大學同窗好友阿新，與夫婿在美國洛杉磯經營相當成功的航運生意。因為工作太緊張，阿新有長期便秘的毛病，幾年前更曾惡化到一星期無法如廁，必須送當地醫院急診治療。照過 X 光後，美國醫師指著上段粗、下段窄的 X 光大腸影像，對阿新說：「妳這下半段大腸萎縮掉了，無法正常蠕動，導致妳失去排便功能。」於是安排她半個月後動手術治療。阿新心想，這毛病再拖半個月，她豈不是嗚呼哀哉了？二話不說，她買了一張機票回台灣，下飛機後直奔林口長庚醫院檢查。在照過 X 光後，長庚的醫師指著上段粗、下段窄的 X 光大腸影像對阿新說：「你上半段的大腸鬆弛肥大，無法正常蠕動，導致妳失去排便功能。」醫師安排她次日動手術，第二天醫生把肚子劃開後，證實是大腸肥大，不是大腸萎縮。

　　順利完成肥大部分的大腸切除手術後，阿新躺在病床上，笑著對我們這些來訪的老朋友說：「幸好我的手術不是美國醫師、台灣醫師一起聯合會診，否則一個醫師割掉我下半段的大腸，一個醫師割掉我上半段的大腸，我豈不成了沒有大腸的女人！」明明是同樣的 X 光片，醫生卻可以做出「腸萎縮」與「腸肥大」兩種完全不同的診斷！

　　就財務報表的觀點來看，「成一家之言」提示了獨立思考的重要性。企業必須與外在環境互動，但企業過去的財務績效與未來的財務績效，又不見得有穩定的關係，這些都使經理人、財務分析師及其他財務報表使用者，必須謙卑地面對一個事實——同一組財務數字，可能引發完全相反的解讀。例如自本書第四章起，讀者將看到沃爾瑪的部分財務比率，乍看之下像是快要發生財務危機了，事實上卻反映了它們強大的競爭力。

此外，「成一家之言」也代表更高層次的思考。希臘哲學家柏拉圖（Plato）對此有精闢的看法：「最低層次的思考，是對事物的知覺；最高層次的思考，是能將所有事物都看成是系統之一部分的完整直覺。」以柏拉圖的標準，財務報表分析的最低層次思考，是找到公司營收、獲利、資產、負債等各種財務數字，並能計算相關的財務比率。至於最高層次的思考，則是了解各種財務數字產生的原因，預測它們未來的發展趨勢，並清楚企業在整個經濟體系中的定位。

環境、潮流，加上英雄

台積電講出全球半導體產業最富戲劇性的「財報故事」。1997 年（上市後三年），台積電淨利為 179.6 億新台幣，市值為 4,459 億新台幣；2016 年，台積電的淨利為 3,232 億新台幣，市值在 2017 年 10 月突破新台幣六兆元，超越了全球傳統半導體龍頭英特爾。

台積電創辦人張忠謀董事長，把上述司馬遷的歷史觀，用「環境、潮流，加上英雄」重新解釋。他看到在摩爾定律（晶片的電晶體每 18 至 24 個月增加一倍）的趨勢下，未來半導體的製造門檻將愈來愈高，因此將台積電定位成專業的半導體代工者，並以卓越的商業智謀做出差異化的服務，創造市場價值超越傳統半導體龍頭英特爾的驚人績效。他歸納：

1. **環境：**張忠謀認為，當時的環境有兩個特點。第一點是在 1975 年時，行政院長孫運璿先生積極推動大型的積體電路專案，這項專案也幫助了台積電的創立。第二點是當時的 IC 產業已日趨

複雜，根據摩爾定律，之後積體電路廠的成本將高得令大部分廠商無法負荷。

2. **潮流**：當時已經開始有晶圓代工的市場需求，不只張忠謀，部分美國半導體界的領袖也注意到了，但沒有人像張忠謀一樣去思考及掌握這個潮流。

3. **英雄**：張忠謀曾如此說道：「在 1985 年看到所有條件具備的，全世界我是第一人。」此之謂商業洞見（insight），此之謂商業智謀。

除了上述大方向的掌握外，張忠謀先生對於溝通企業經營成果的法人說明會非常重視，詳見第十四章討論。

資本市場「預期」的強大力量

在現代的資本市場中，不用等到正式的財務報表出爐，投資人或財務分析師就會利用各種資訊，形成對公司未來財務情況的「預期」，進而改變資源分配。2001 年 911 事件發生後，紐約證券交易所停止交易四天，重新開盤後各大類股普遍重挫，尤其以觀光、旅遊、保險、金融、航空等產業的股價下跌最為嚴重。在一片悲觀的氣氛下，國防、石油、大型製藥、保全、視訊會議軟硬體相關的股票卻逆勢大漲，其中盡覽科技（InVision Technologies Inc.）更是注意的焦點。

盡覽科技成立於 1990 年，為小型公司，製造專門辨識複雜炸藥裝置的掃描器，是各大機場安全辨識設備的首選。911 攻擊事件後重新開盤，盡覽科技上漲了 165.3%，是那斯達克市場當日漲幅最大的公司。在紐約證交所漲幅最大的股票，則是阿莫爾控股公司（Armor Holdings Inc.），該公司製造防彈背心，也提供保全服務，2001 年 9 月 17 日當天揚升了 39.3%。在美國證交所掛牌的機場保全類股 ICTS 國際公司（ICTS International），股價則上漲 113.3%。有趣的是，寶來康公司（Polycom Worldwide）因主要業務是提供國際視訊會議的設備系統，也上漲了 33.3%，顯示市場認為恐怖攻擊將帶來視訊會議更大的商機。

　　以上這些決策，是根據有限資訊立即進行的，我們稱之為「預期的力量」。財務報表雖然不是當下決策的重心，事後卻是修正預期的要角。有時候，我們不得不佩服市場的眼光。911 事件後開盤漲幅最大的盡覽科技，後來果真有驚人成長。它的營收由 2001 年的 7,400 萬美元，成長到 2002 年的 4.4 億美元，約為六倍；同期獲利則由 750 萬美元成長到 7,800 萬美元，足足有十倍之多。如果某個投資人的運氣很好，在 911 事件前一天以開盤價買進盡覽科技的股票，到了 2004 年年底，他的投資總共有 15 倍的回收。顯然在 911 後，資本市場仍低估了盡覽科技的潛力。訂單始終暢旺的盡覽科技，2004 年被奇異公司以現金 9 億美元購併了。

　　2018 年 3 月，臉書爆發嚴重資料外洩危機，3 月 17 日《紐約時報》（New York Times）和英國《觀察家報》（The Observer）報導，有一家英國的資料分析公司「劍橋分析」（Cambridge Analytica）透過臉書應用程式蒐集了近 5,000 萬名臉書用戶資料，除了違反規定將資料用於商業目的外，被蒐集資料的用戶毫不知情。而劍橋分析曾替美國總統川普進

行競選分析，創辦人還是俄國人，敏感的背景讓此事件一舉躍為國際政治層級，舉世譁然。雖然目前還處於調查階段，相關懲處也都還沒公布，但在消息傳出後短短一週內，臉書的股價就由每股 185 美元跌至 152 美元，大跌 17.8%，代表市場「預期」此傷害可能並非暫時的。而祖克柏本人在臉書上貼文：「此舉傷害了臉書、劍橋分析以及柯甘（Aleksandr Kogan，外洩資料的應用程式開發者）之間的信任，但此舉更傷害了那些放心將資料交給我們的用戶。」他也在 CNN 的專訪中道歉，表示絕對不會再讓類似的資料外洩事件發生。

此外，經理人最應謹慎的，是預期有「自我實現」（self-fulfilling）的力量。例如謠言指出某公司發生財務問題，銀行為了保本，立刻收縮對該公司的信用；供應商看到銀行的大動作，也引發恐慌，要求該公司必須以現金提貨，這就造成公司現金的不足。因為無足夠現金買進熱門產品或關鍵零組件，又導致公司營收衰退。消費者則因擔心該公司可能倒閉，以後無法提供可靠的售後服務，於是停止購買該公司的產品。一連串事件所造成的惡性循環，最後真的可能讓該公司因為周轉不靈而倒閉。

在資本市場的交易中，由於「未來的預期」扮演了重要角色，因此公司股價的波動往往十分劇烈。剛進入資本市場的上市或上櫃公司，經常陷入「股價的迷思」。曾任全美第五大個人電腦公司 AST 執行長的奎瑞謝（Safi Qureshey），1991 年為《哈佛商業評論》（*Harvard Business Review*）撰寫專文，生動地描寫公司上市後管理團隊如何因股價高漲而雀躍，又如何因業績達不到華爾街的預期、股價慘跌而徬徨終日，嚴重影響內部士氣與正常營運。經過一番痛苦的掙扎後，奎瑞謝才學會以「平

常心」看待資本市場的「預期」，不使它扭曲經理人的專業判斷。

矇住眼睛，要能操控你的飛行器

若干年後，我和傅慰孤將軍又聊起了儀表板的問題。我問他，飛行中什麼時候儀表板不是那麼重要？傅將軍想了一下，他強調現在的飛機愈來愈精密，飛行員反而沒辦法直接感受飛行的各種參數（例如速度），儀表板便成為不可或缺的輔助工具。如果硬要找出例外，他回答：「當晴空萬里、視線良好的時候，飛行員可以利用目視飛行，不必太倚賴儀表板；或是當幾個相關儀表板顯示互相矛盾的訊號、儀表板疑似故障之時，飛行員也不可迷信儀表板。」

最後，我忍不住問他，飛行中是否曾遭遇性命交關的時刻。傅將軍點點頭，他表示甚至還碰過與僚機相撞的危急情形。他之所以能化險為夷，最重要的關鍵是他對危機處理程序滾瓜爛熟的程度，甚至超過一般飛行的操作程序。一般而言，發現飛機出問題到排除障礙或決定跳傘，戰鬥機飛行員大概只有三分鐘的反應時間。因此在空軍飛行員的訓練中，有一部分是矇住他們的眼睛，要求他們憑藉著反射動作，操作遭遇危險時控制飛機或緊急逃生的各種按鈕及程序。傅將軍笑著說：「飛 F104 超過 1,000 小時還能活著的人，在我們這一行，算是運氣很好的！」

望著傅將軍高大的身影，讓我頗有所感。我相信「好運」恐怕是太客氣的說法，好的管理和紀律，才是傅將軍存活和成功的真正原因。就像一個傑出的飛行員，對一位優秀的經理人來說，他必須練就的管理本

事，至少應該有下列幾種：

1. 在營運過程中，學會看懂具攸關性的各種儀表板。

2. 當儀表板顯示互相衝突的訊號時，學會診斷發生什麼事、哪個儀表板的資訊比較可靠。當損益表的營收及獲利快速成長，但現金流量表的營運活動現金卻快速流失，到底要相信哪一個訊號呢？（對於這一點，第八章＜現金流量表的原理與運用＞將有詳細說明。）

3. 當管理危機出現、儀表板一片大亂時，必須學會矇著眼睛、不依賴儀表板等較為落後的訊號，就能順利地引導企業化險為夷。突然發生 911 恐怖攻擊、爆發 SARS 疫情，或因不實謠言使銀行突然凍結融資額度等，這些都可能讓客戶急速地取消訂單，或讓現金流量立刻萎縮。平時做好危機訓練，就能對抗各種突發危機。

接下來，讓我們正式研究企業的第一面儀表板——損益表！

參考資料

1. 路・葛斯納（Louis Gerstner），2002，《誰說大象不會跳舞》（*Who Says Elephants Can't Dance*），羅耀宗譯，台北：時報出版。
2. Safi U. Qureshey, 1991, "How I Learned to Live with Wall Street." *Harvard Business Review*, 69(3): 46-50.
3. Norman Schwartzkopf and Peter Petre, 1992, *It Doesn't Take A Hero*, A Bantam Book.
4. 李郁怡，2010，〈時勢造英雄？英雄造時勢？〉，《商業周刊》第 1167 期。

Part 2 招式篇

第四章

獲利、獲利、獲利——
損益表的原理與應用

　　由 1977 年到 1990 年，彼得林區（Peter Lynch）擔任美國富達公司麥哲倫基金（Fidelity Magellan Fund）經理人，創造了年平均複合報酬率 29.2% 的驚人成績，是投資界傳奇人物之一。林區有句名言：「股價成長的原因有三個：獲利成長、獲利成長、獲利成長（earnings growth, earnings growth, earnings growth）。」然而，企業要能持續獲利成長，除了要具備「人人有責」的心態外，也必須有「積少成多」的務實作為。正如籃球比賽中分數的成長，建立在扎實穩定的投進每一顆球。而說到如何持續得分，美國 NBA 勇士隊（Golden State Warriors）的史蒂芬‧柯瑞（Stephen Curry）可謂頂尖高手。

　　柯瑞以穩定的投籃（罰球命中率高達九成），以及快速出手的三分球聞名。2015 到 2016 年，柯瑞連續獲得 NBA 賽季最有價值球員（MVP），並且帶領勇士隊拿下睽違四十年的總冠軍。柯瑞三分球命中率高達 44%，是目前單賽季中投進最多三分球的紀錄保持人，也是 NBA 史上最快達到 2,000 顆三分球的紀錄者。柯瑞 191 公分的身高以及肌肉爆發力，在高手如雲的 NBA 中相當平庸。之所以有這麼傑出的表現，都要歸功於他嚴格的自我要求與超高強度的訓練。

為了克服身材矮小容易被「蓋火鍋」的劣勢，柯瑞練就以極快速度出手投籃的本事。例行訓練時，柯瑞在腰上綁上彈力繩，進行球場上的所有動作，訓練助手則在旁做出干擾的舉動，例如大聲拍手、大叫、以及拿彈力棒拍打柯瑞的身體。由於在訓練時大量承受這種高負重、高干擾的阻礙，比賽時柯瑞可以迅速穩定的完成各種標準動作，尤其是 NBA 史上出手最快的三分球投射。而柯瑞的另一項優勢，便是他的投籃距離。NBA 的三分線位置約在距離籃框 23 英呎之處，柯瑞卻經常在超過 25 英呎以上的距離出手。快速的出手及超長的投籃距離，讓柯瑞的三分球難以招架。柯瑞另一個有趣的訓練，是戴上一副黑色的軍用訓練眼鏡，這副眼鏡會以不同的頻率閃爍，干擾配戴者的視線。柯瑞必須一邊運球，一邊不斷拋接另一個網球大小的小球。藉由這個訓練，柯瑞能大大提升他運球時的反應力以及專注力，即使被包夾也能做出快速正確的反應。

　　一個企業的營收及獲利，如果能像柯瑞投籃得分一樣，保持高穩定性與高持續性，就是競爭力最具體的展現。甚至，當一個企業遭遇外在巨大衝擊時，若能持續獲利，更是高超商業智謀的展現。例如，2001 年美國 911 恐怖攻擊事件後，航空業是受害最深的傳統「慘」業。當時全世界最大的航空公司 —— 美國航空（American Airline）—— 2002 年產生巨額虧損 35.1 億美元。而經營績效最卓越的西南航空（Southwest Airline），雖然獲利衰退，至少 2002 年仍持續賺錢，獲利 2.4 億美元；2016 年，西南航空的獲利成長到 35.5 億美元（見表 4-1）。

　　在資本市場中，投資人就像《新約聖經·馬太福音》裡的主人（請

表 4-1　西南航空 VS. 美國航空營收與淨利比較

	西南航空					美國航空				
	2001	2002	2003	2004	2005	2001	2002	2003	2004	2005
營收	55.6	53.4	57.4	62.8	72.8	189.7	174.2	174.4	186.5	207.1
淨利	5.1	2.4	4.4	3.13	4.84	虧損 17.6	虧損 35.1	虧損 12.3	虧損 7.6	虧損 8.6

單位：億美元

參閱第二章），必須有效率地分配有限的資金。但是要正確地分辨「善僕」
與「惡僕」，則需要正確的績效評估工具；而損益表最主要的目的，就
是提供績效評估的功能。本章首先介紹損益表的基本原理和觀念，其次，
將以沃爾瑪 2017 會計年度損益表為範例，說明常見會計科目的定義。接
下來，則以沃爾瑪相對於凱瑪特的部分財務比率，說明損益表與競爭力
衡量的關係。最後以亞馬遜和京東商城為例，介紹電子商務廠商損益表
的特性。

損益表基本原理及定義

損益表的目的，在於衡量企業經營究竟有「淨利」，還是有「淨損」。
淨利造成特定期間內經濟個體財富的增加；淨損則導致特定期間內經濟
個體財富的減少。

請思考以下例子：

劉邦公司於 2017 年 1 月 1 日買進自用土地一筆，共花費 2 億元；2017 年 12 月 31 日時，根據公正專業的不動產鑑價結果，該筆土地的市場價值約為 3 億元。試問 2017 年劉邦公司是否有淨利？

在會計學上有兩種不同觀點：

1. 「公允價值」（fair value）觀點：公允價值指的是現時在正常交易時間下所能實現的市場價格，在此觀點下，劉邦公司的確有淨利。由於劉邦公司的土地市值由 2 億元增加到 3 億元，因此 2017 年的淨利（財富的增加）為 1 億元。

2. 「歷史成本」（historical cost）觀點：歷史成本指過去透過實際交易所實現的價格，在此觀點下，劉邦公司並無淨利，因為該筆土地並未出售，沒有客觀證據顯示財富增加 1 億元。

這兩種觀點各有支持者，其中最大的分歧點在於：「公允價值」觀點重視市場狀況表達，比較願意接受隨之而來的衡量誤差及人為操縱；相對地，「歷史成本」觀點著重客觀性，希望避免因為主觀評估市價，造成可能的衡量誤差與人為扭曲。那麼，應該如何具體地計算淨利所代表的「財富增加」呢？目前財報的主流是「公允價值」，但在部分商業活動的衡量中，仍存在「歷史成本」的痕跡。

具體而言，淨利的操作型定義為：

淨利＝收入－費用

因承認時點的不同，為了衡量企業的收入及費用，會計學發展出兩套不同的方法，一種叫「現金基礎」（cash basis），另一種叫「應計基礎」（accrual basis）。「現金基礎」雖然較接近一般人的常識，但存在諸多衡量缺陷；財報數字主要是建立在「應計基礎」之上。

現金基礎

在現金基礎下，收入及費用的定義如下：

- **收入**：當營業活動收到現金時承認收入，例如收取顧客貨款時。
- **費用**：當營業活動支付現金時承認費用，例如支付供應商貨款時。

<u>釋例</u>

2017 年 9 月 1 日劉邦公司以現金進貨一批，計 5 億元。

2017 年 12 月 1 日劉邦公司賒售該貨品給客戶，計 6 億元。

2018 年 1 月 15 日劉邦公司向客戶收取貨款，計 6 億元。

在現金基礎下，劉邦公司 2017 年淨損 5 億元。因 2017 年劉邦公司尚未收到現金，所以收入為 0 元；而 2017 年劉邦公司已有 5 億現金的進貨支出，所以費用是 5 億元。相對地，劉邦公司 2018 年的淨利則為 6 億元。因為劉邦公司 2018 年回收應收帳款，在現金基礎下，收入為 6 億元。由於 2018 年沒有任何現金支出，所以費用為 0 元。劉邦公司的淨利因現

金出帳及入帳時點的落差，產生了 2017 年淨損 5 億元、2018 年卻大賺 6 億元的巨幅變動。由此可知，以現金基礎作為績效評估的合理性容易被人質疑。

再者，現金基礎下的淨利也容易受到人為操縱的影響。例如：經理人可要求顧客本來應該在次年 1 月 1 日償還的款項，提前在當年 12 月 31 日支付；或要求供應商應在年底支付的貨款，改在次年 1 月 1 日才支付。如果是心懷不軌的經理人，年底時利用提早一天收款、延遲一天付款的手法做帳，那麼現金基礎下的獲利數字就會暴增，失去績效評估的價值。

應計基礎

有鑑於現金基礎的限制，應計基礎是把公司績效評估的重心，放在經濟事件是否發生，而不管現金收取或支出時點。

在應計基礎下，收入及費用的定義如下：

- **收入**：代表在某一段期間內企業之正常活動所產生的經濟效益。例如，提供顧客貨品或服務。
- **費用**：代表在某一段期間內企業所減少的經濟效益。例如，可供銷售貨物的成本，在該貨物出售時即為費用。

但是，在承認收入或費用時，公司不一定有現金的流入或流出，只要有權利收取經濟利益或有義務支付即可。

釋例

2018 年 1 月 15 日，劉秀航空公司收到顧客購買美國來回機票款 5 萬元，該名顧客預定同年 3 月 1 日啟程赴美。在 1 月 15 日時，試問這筆機票款可否算是劉秀航空公司的收入？

答案：否。

在現金基礎下，航空公司可承認 5 萬元為收入，因為航空公司已取得現金。然而，在應計基礎下，航空公司不應承認 5 萬元為收入。

在應計基礎下，要承認收入必須確認與顧客簽訂的合約中，雙方應履行的義務是否已經完成，而且交易價格可以確認。在較複雜的交易中，會同時包括商品及服務，收入認列的時點可能會各自不同。例如，常見的電信合約常包括購買手機及若干時間的電信服務（所謂「綁約」）。當交付手機時，公司可以認列銷售手機收入，但還不能認列電信收入（要按履行電信服務的進度認列）。

在這個例子中，由於劉秀航空公司尚未提供顧客飛航服務，亦即尚未履行機票合約，因此公司收取的 5 萬元還不能算是收入，反而應該承認為負債（屬於顧客「預付款」項目）。

類似這種例子十分常見。例如，加盟店開張營業前支付總公司的加盟金（upfront fee），不能算是總公司的收入，因為總公司尚未提供加盟店相關服務。同理，健康俱樂部收取會員的預繳會費（一次可能長達三

至五年），也不能視為收入。這些項目應該視為「未實現收入」（unearned revenue），屬於負債性質。只有在往後提供貨物或服務給顧客後，公司才能正式承認收入。

釋例

劉備建設公司為顧客進行的修繕工程，在 2018 年 1 月 15 日已經完成，工程款為 2,000 萬元。該顧客不久前宣布破產，試問劉備建設公司能否承認這 2,000 萬元為收入？

答案：否。

雖然劉備建設公司已提供修繕服務，然而該顧客宣布破產，顯示公司的現金回收有重大疑慮，非常可能無法履行合約中交付現金的義務。因此這筆 2,000 萬元的工程款，不能承認為劉備建設公司 2018 年的收入。

與劉備建設公司類似的情形，還包括以下情況：對財務狀況正常的顧客，銀行會按月或按季承認利息收入，此時顧客可能尚未繳納現金。對財務發生困難的顧客，銀行則必須等待實際繳納利息後，才能承認利息收入。

———————

討論完收入承認原則後，我們繼續利用前面討論現金基礎的例子，說明應計基礎的特色。

釋例

2017 年 9 月 1 日劉邦公司進貨一批，計 5 億元。
2017 年 12 月 1 日劉邦公司賒售該貨品給客戶，計 6 億元。
2018 年 1 月 15 日劉邦公司收取貨款，計 6 億元。

在應計基礎下，劉邦公司 2017 年的淨利為 1 億元（6 億－5 億）。劉邦公司在 2017 年尚未收到現金，但貨物已交付給客戶，因此可以承認收入為 6 億元。根據「配合原則」，進貨的 5 億元價款與創造這筆收入直接相關，應該在承認收入的同一期間（即 2017 年）認列。

相對地，劉邦公司 2018 年的淨利為 0 元。雖然劉邦公司 2018 年收取現金 6 億元，但在應計基礎下，收入及費用皆為 0 元。這筆收款交易所產生的影響，純粹只是減少該公司的應收帳款，增加公司的現金部位，並不涉及營利活動對股東權益的增減。由於淨利不因現金出帳及入帳的時點造成扭曲，應計基礎下的淨利數字合理性較高，比較可作為績效評估的根據。

然而，不管使用現金基礎或應計基礎，劉邦公司 2017 年及 2018 年的總獲利總和都是 1 億元，只是年度間獲利的分配不同。在應計基礎下，2017 年的淨利為 1 億元，2018 年的淨利為 0 元，數字較為合理。而現金基礎受到現金收取支付時點的影響，形成 2017 年虧 5 億元、2018 年賺 6 億元的不合理波動。這個例子也顯示，不管是現金基礎或應計基礎，造成的獲利差別都是暫時性的。也就是說，不論如何衡量績效，這些財務報表的數字長期中會趨於一致。不過，因企業組織與資本市場通常按季

或按年來評估經營績效，企業獲利的時間差異受到相當的重視。高於預期或低於預期的獲利數字，往往會帶來股價波動、銀行融資的有無、經理人職位的升遷或罷黜等後果。

在決定企業淨利時，以誠信和商業理性為基礎的估計（estimates），扮演很重要的角色。以銀行放款為例，銀行雖然不確定哪個客戶未來會倒帳，仍須根據歷史經驗與對未來經濟情況的估計，在當期提撥某個比例的壞帳費用，不能等到確定倒帳的對象和金額後才承認壞帳費用，如此方能反映它是銀行營業成本的精神。同理，一家汽車公司必須在新車銷售時，同時預估未來可能發生的汽車維修保固費用，不能等到未來實際發生維修支出時才承認費用；企業提列退休金費用也必須在員工服務期間加以認列，不能等未來實際支付退休金時才承認。由於這些費用都是預估金額，不僅可能發生衡量誤差，也存在相當大的人為操縱空間。

此外，有些資產是用來支援企業整體的生產或營業活動，無法特別與某一筆交易連結。例如為了衡量資產價值的消耗，有系統地將購買成本分攤在每一個會計期間，以方便計算損益，這就是折舊費用（depreciation expense）的觀念。例如某台機器的取得成本為 5,500 萬元，使用十年後的殘值為 500 萬元。如果公司使用最常見的「直線折舊法」（straight-line depreciation），則該公司每年的折舊費用可計算如下：

（5,500 萬 − 500 萬）÷10 年 =500 萬／年

為了表達資產帳面價值會隨時間而下降，財報上有所謂的「累積折舊」（accumulated depreciation）科目，作為資產的減項。例如使用

該機器的第一年年底，累積折舊等於當年的折舊費用 500 萬，年底機器的帳面淨值為 5,000 萬（5,500 萬－ 500 萬）。第二年的折舊費用仍是 500 萬，累積折舊則增加到 1,000 萬，機器的帳面淨值在年底為 4,500 萬（5,500 萬－ 1,000 萬），依此類推。

––––––––––––

利得與損失（gains and losses）

指會計期間因與企業主要業務無關的交易或事件發生，造成股東權益的增加或減少。例如，處分一塊閒置土地所產生的利益或損失，這些利得或損失通常是一次性而不是持續性的。在檢視損益表時，分析的重點在於持續性的淨利，而不是暫時性或一次性的淨利。

沃爾瑪損益表釋例

具備了會計學的基礎知識後，讓我們進一步檢視沃爾瑪的損益表。

時間特性（timing）

首先，思考一個問題。沃爾瑪在 2017 年 6 月發表訊息，為了宣示不再強調實體店面，它將把使用四十七年的正式名稱「Wal-Mart Stores」中的「Stores」拿掉，改名為「Walmart Inc.」，由 2018 年 2 月 1 日起正式生效。為什麼是訂在 2 月 1 日呢？請看以下說明。

損益表的最基本概念是「會計期間」（accounting period）慣例，意指編製財務報表時，將企業的經營活動劃分段落，以便計算此期間的損益，會計期間以一年最為常見。至於會計期間的截止日，企業會自行斟酌各自行業特性而有所不同。例如，耶誕節及新年假期是美國零售通路業一年中最重要的銷售旺季，因此零售業通常會以 1 月 31 日為會計期間的終點。

經濟個體（entity）

此份損益表所表達的經濟個體，是沃爾瑪與它持股超過 50% 的子公司（subsidiary）的財務情況，因此稱為「合併損益表」（consolidated income statement）。這種合併的表達方法，彰顯會計學著重經濟實質（economic substance），而不重視法律形式（legal form）的特性。就法律觀點而言，每個子公司各自成為一個獨立的法人，但因為它們與母公司經濟活動的密切關係，會計學要求將它們合併在一起表達。一般來說，合併財務報表的編製，能防止企業把營運的虧損及負債隱藏在其他沒有合併的受控制公司中，對增加財務報表的透明度非常重要。

貨幣單位評價慣例（monetary unit）

財務報表是以貨幣作為衡量與記錄的單位，例如沃爾瑪的收入及費用等項目，一律以百萬美元為單位（每股盈餘及每股現金股利除外）。

以下，將以沃爾瑪 2017 會計年度（2016 年 2 月 1 日到 2017 年 1 月

31 日）為例，按合併損益表各會計科目出現之順序，提供簡單定義及討論（請參閱表 4-2）。有關沃爾瑪財報中會計科目的詳細定義，必須參閱其附註揭露中的「重要會計政策」（通常為第一個附註）中的討論。

- **收入（revenues）**：指公司當期營業活動提供的勞務或商品所能向顧客收取的總金額。沃爾瑪主要的營業活動是銷售商品。

表 4-2　沃爾瑪合併損益表

會計期間終止日：1 月 31 日　　　　　　　　　　　　　　　　　單位：百萬美元

	2017		2016	
收入				
淨銷售	481,317	99.06%	478,614	99.27%
會員費及其他收益	4,556	0.94%	3,516	0.73%
收入總計	485,873		482,130	
成本與費用				
銷貨成本	361,256	74.35%	360,984	74.87%
營運、銷售及管理費用	101,853	20.96%	97,041	20.13%
營業利益	22,764	4.69%	24,105	5.00%
利息費用	2,267	0.47%	2,467	0.51%
所得稅費用	6,204	1.28%	6,558	1.36%
繼續經營淨利	14,293	2.94%	15,080	3.13%
停業部門淨利	-	-	-	-
淨利	14,293	2.94%	15,080	3.13%
每股盈餘				
每股盈餘	4.40		4.58	
平均流通在外股票數量	3,101		3,207	
每股現金股利	$2.00		$1.96	

- **淨銷售（net sales）**：淨銷售＝銷貨收入－銷貨退回與折讓－銷貨折扣。「銷貨退回」意指賣出的商品被客戶退貨的金額；「銷貨折讓」意指賣出的商品給予顧客售價降低的優惠。上述兩者常見原因，是產品規格不符或存在瑕疵。而「銷貨折扣」則指銷貨時希望買方早點支付現金，若在指定期間內付款便給予折扣。沃爾瑪 2017 年的淨銷售高達 4,813.17 億美元。

- **會員費及其他收入（membership and other income）**：除了出售商品的收入外，沃爾瑪還有會員費、利息、租金等其他收入。2017 年，沃爾瑪其他收入只有 45.56 億美元，占總收入的 0.9% 左右，可見其他收入非沃爾瑪的主要收入來源。

- **成本與費用（costs and expenses）**：在營業活動中，公司提供勞務或商品的相關成本。

- **銷貨成本（cost of sales）**：或稱為「銷售費用」，意指當期出售商品或勞務的取得成本。2017 年，沃爾瑪的銷貨成本高達 3,612.56 億美元，占總營收的 74% 左右，是最重要的成本項目。銷貨成本的計算因受存貨評價制度的不同，產生相當大的差異。例如沃爾瑪的存貨主要以「後進先出法」（Last in First out）計算，假設最後購買的存貨會最先銷售出去（可能與實際物流不同），因此損益表上認列的銷貨成本會是以最近的進貨價格算出來的。

舉例來說，如果沃爾瑪公司週一至週三每天進貨小家電一台，成本

各為 30 元、40 元及 50 元，進貨總金額為 120 元。週四時，公司以 100 元出售小家電一台。若以「後進先出法」計算，沃爾瑪公司的銷貨成本為 50 元（週三的進貨價格）；若按照「先進先出法」（First in First out）計算（假設最先買進來的存貨最先售出），則銷貨成本只有 30 元（週一的進貨價格）。台灣公司一般採用「平均成本法」，亦即三天採購的單位平均成本為 40 元，則銷貨成本就是 40 元。不同的存貨計價方法，不僅影響存貨價值的表達，也會影響獲利數字。

在財務報表分析中，我們定義「銷售毛利」（gross profit 或 gross margin）為淨銷售減去銷售成本，而銷售毛利除以淨銷售則稱為「毛利率」（gross margin）。以剛才的小家電為例，如果它的售價是 100 元，按照不同的存貨計價方法，毛利及毛利率便會有所不同（請參閱表 4-3）。

表 4-3　不同存貨計價方法之比較

存貨計價法	後進先出法	先進先出法	平均成本法
售價	100	100	100
銷貨成本	50（週三進貨價格）	30（週一進貨價格）	40（平均進貨價格）
毛利	50	70	60
毛利率	50%	70%	60%
總進貨金額	120	120	120
期末存貨價值	70（120-50）	90（120-30）	80（120-40）

由表 4-3 可清楚看出，當小家電的進貨成本遞增（例如通貨膨脹），「後進先出法」會得到最低的毛利與最低的存貨價值；沃爾瑪使用「後進先出法」的主要目的之一就是節稅（因為淨利較低）。相對地，「先

進先出法」（假設先購買的存貨會先銷售出去），會得到最高的毛利與最高的存貨價值。當然，如果小家電的進貨成本遞減（例如通貨緊縮），「後進先出法」反而會得到最高的毛利和存貨價值。

　　假設 A 公司採用「後進先出法」，而小家電的市價在結帳日時為 30 元，則存貨的期末價值為 60 元（30 元 × 2）。按照「成本與市價孰低法」的精神，此時 A 公司應採用金額較低的市場價值（60 元），不是原來的 70 元，並且承認 10 元的存貨跌價損失（70 元－ 60 元）。

　　必須特別注意的是，美國「一般公認會計準則」仍允許企業使用「後進先出法」；但台灣所遵循國際會計準則已經規範企業不能使用「後進先出法」了。

───────────

- **營運、銷售及管理費用**（operating, selling, general and administrative expenses）：意指除了銷貨成本之外，營運銷售（如運輸成本）、廣告費用及管理費用（如行政人員薪資）等項目。2017 年，沃爾瑪的營運及管銷費用為 1,018.53 億美元，占總營收的 21% 左右。

- **營業利益**（operating income）：銷貨毛利減去營業費用就是所謂的營運利益，它表達公司整體營業活動的利潤，但還不是公司年度的總利潤。2017 年，沃爾瑪的營運利益為 227.64 億美元，占總營收的 4.7%。

- **利息費用**（interest expense）：指沃爾瑪短期商業本票及長期負債等產生的利息費用。

- **所得稅費用**（income tax expense）：指沃爾瑪預估當年美國境內及國際商業活動的所得稅費用。

- **繼續經營淨利**（profits from continuing operations）：意指營業利益減去利息、所得稅費用和少數股權利益。2017 年，沃爾瑪的繼續經營部門利益為 142.93 億美元。這個數字是公司核心事業的獲利衡量，也是績效評估的重點。

- **淨利**（net income）：一般又稱為「純利」或「盈餘」（earnings），在非正式用語中也常被稱為「底線」（bottom line，因為在損益表底部）。淨利是收入減去所有費用的剩餘，也可分解成持續經營淨利與停業部門淨利加總金額。2017 年，因為沒有停業部門淨利，沃爾瑪的淨利和繼續營業淨利相同，都是 142.93 億美元，占總營收的 3% 左右。沃爾瑪 2015 年的停業部門淨利為 12.85 億美元。

- **每股盈餘**（earnings per share, EPS）：它是衡量企業獲利常用的指標，定義為<u>（淨利－優先股股利）÷ 平均流通在外股票數量</u>。沃爾瑪 2017 年的每股盈餘為 4.40 美元。

- **平均流通在外股票數量**：2017 年，沃爾瑪的平均流通在外股票數量為 31 億 100 萬股。如果在會計年度中增發新股或配發

股票股利，會造成流通在外股票數目的變化，因此需要計算平均的流通股數。舉例來說，假設 2017 年 1 月 1 日時，某公司流通在外的普通股為 5,000 股，7 月 1 日發行新股 3,000 股，總流通股數成為 8,000 股，則 2017 年的平均流通股數為 6,500 股（5,000×6/12 ＋ 8,000×6/12 ＝ 6,500）。

* **每股現金股利（dividends per common share）**：計算方式為該年度現金股利除以平均流通在外股票數量。沃爾瑪 2017 年每股現金股利為 2 美元。

損益表與競爭力

以下將藉由沃爾瑪相對於長期競爭對手凱瑪特之財報數字比率的比較，探討其中與競爭力相關的管理問題。

由營收及獲利持續成長看競爭力

沃爾瑪營收獲利的成長動能，主要來自於不斷拓展新店，同時也能維持舊店營收獲利的合理成長。1971 年，沃爾瑪在美國境內只有 24 家店；2017 年則成長到 5,332 家店，平均每年開設 115 家。沃爾瑪的國際展店行動開始較晚，1993 年在美國境外只有 10 家店，到了 2017 年則成長到 6,363 家店，平均每年開設 265 家。

1980 年後，沃爾瑪開始積極拓展海內外店面，其營業收入也開始急遽增加（見圖 4-1），由 1980 年的 12.48 億美元，至 2010 年時已增加到 4,061 億美元，在這三十年間，沃爾瑪每年的營收成長都約莫在 10% 以上，甚至有連續十五年都保持在 20% 以上，就連 2008 年的金融海嘯，沃爾瑪仍然有 8% 的營收成長。在如此迅速的展店速度下，如何成長而不紊亂，有賴於妥善控制流動資產與流動負債的成長（即所謂的營運資金）。但在 2010 年後，傳統零售業面臨挑戰，新型的電商（如亞馬遜）崛起。沃爾瑪的營收成長開始下滑，近幾年的營收成長率都只有 5% 以下，2017 年營收為 4,858 億美元，甚至在 2016 年首次出現負成長的情況；也就是說，沃爾瑪的競爭力正面臨重大挑戰。

　　沃爾瑪的獲利，大致上與營收成長同步。1971 年沃爾瑪剛上市時淨

圖 4-1　沃爾瑪營業收入

單位：百萬美元

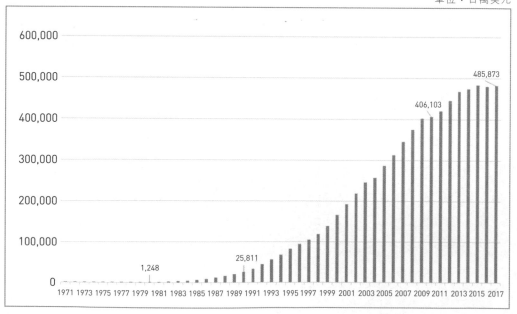

利只有 165 萬美元，2010 年淨利已增加到 143 億美元；2010 後淨利成長緩慢，2017 年淨利為 142.93 億美元（見圖 4-2）。

圖 4-2　沃爾瑪獲利

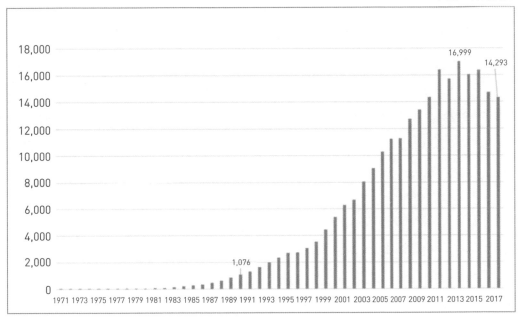

單位：百萬美元

沃爾瑪在擴張海外版圖時，遭遇不少挫折。例如歐洲市場較為成熟，加上許多環境保護的限制，沃爾瑪在歐洲開店的策略是以購併既有的歐洲通路商為主，不再倚賴自建賣場。然而，沃爾瑪在德國碰到當地政府的價格控制、嚴格的勞工法、分區經營規則，並且面對當地強有力的競爭對手，使得沃爾瑪在 2006 年宣布退出德國市場。1998 年，沃爾瑪趁南韓金融危機之際，透過購併進軍南韓零售業，並成為南韓第五大零售商，但沃爾瑪無法掌握市場特點和消費者習慣，最後也是不堪虧損，在 2006 年退出南韓。此外，在中國市場也面臨類似問題。沃爾瑪曾將中國

市場的目標定在 1,000 億美元，但目前只在 2014 年達到 120 億美元的高點而已。而印度市場部分，由於印度經濟成長放緩加上政府法規太過嚴苛且不利於外商零售業者，沃爾瑪於 2013 年退出印度。

但沃爾瑪並沒有停止拓展業務的努力，除了加強並鞏固在加拿大及中南美洲等地的市場地位外，沃爾瑪決定開始踏足電商產業，2012 年首次投資中國電商平台「1 號店」，並更進一步在 2016 年與中國京東商城合作，除了加強其對中國地區的業務拓展之外，也期望藉由這場合作，讓沃爾瑪能在中國的電商市場占有一席之地。2016 年 8 月，沃爾瑪宣布購併美國新創電商 Jet.com，計畫挑戰亞馬遜的龍頭地位；9 月更與印度電商龍頭 Flipkart 洽談合作計畫，決定以電商角色重回印度市場。

相對於沃爾瑪營收與獲利的長期穩定成長，凱瑪特的營收自 1990 年代起便呈現成長與衰退夾雜的不穩定狀況。2000 年起，因關閉虧損店面，營收更逐年衰退（請參閱圖 4-3）。由於關店及營收衰退，凱瑪特的獲利自 2000 年起也呈現連年虧損（請參閱圖 4-4），2002 年更出現高達 32.19 億美元的巨額損失。由此可見，長期穩定的營收及獲利成長，是企業競爭力的最具體表現。

2004 年 11 月，凱瑪特收購了美國西爾斯（Sears）零售集團，成為美國第三大零售業者。我們從圖 4-3 和圖 4-4 中看到，凱瑪特的營收和淨利曾有逐漸上升的趨勢，但這依然沒有改變凱瑪特在市場上逐漸喪失競爭力的事實；在短暫的上升後，凱瑪特的營收跟獲利連年下跌。

圖 4-3　凱瑪特營業收入

單位：百萬美元

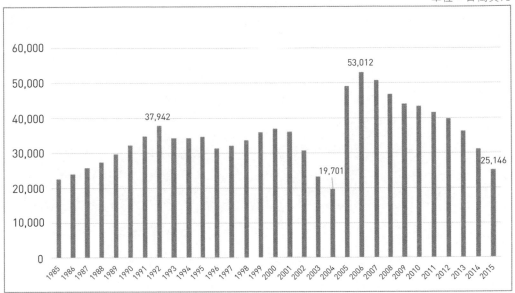

圖 4-4　凱瑪特淨利

單位：百萬美元

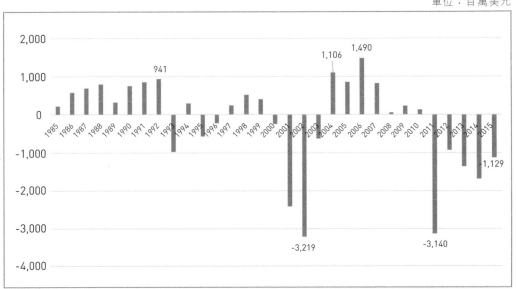

沃爾瑪的成本控制

　　沃爾瑪創辦人華頓認為，達到顧客滿意的方法，最重要的就是做到價廉物美，也就是「每日低價」（everyday low price）。而低價仍能獲利，則必須靠優異的成本控制能力。如何衡量成本控制的能力呢？以零售業而言，不外乎採購得便宜、管銷費用降低。

　　首先，我們觀察毛利率（毛利÷營收，請參閱圖 4-5）的變化，沃爾瑪在 1990 年代的毛利率低於凱瑪特，反映了沃爾瑪以「低毛利率」作為競爭利器的策略。也就是說，在兩者的採購成本差不多的情況下，沃爾瑪的商品訂價是低於凱瑪特的。此外，沃爾瑪的毛利率從 1970 年的 27%左右，一路下降到 20% 左右，並維持至今，變化相對較為穩定；在 1998年以後，凱瑪特的毛利率則波動很大，先是快速下跌，又快速上升，顯

圖 4-5　沃爾瑪與凱瑪特之毛利率

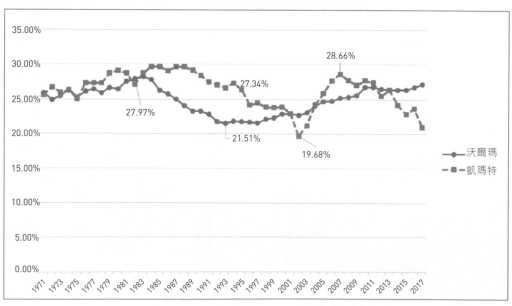

示它的營運狀況相當不穩定。

　　若是沃爾瑪的訂價比對手低，那要如何獲利呢？答案就在更低的管銷費用。若比較兩者的管銷費用比率（管銷費用÷營收），可以看到自1990 年代起，沃爾瑪的管銷費用比率相對穩定，都維持在總營收的 15%至 20% 之間（請參閱圖 4-6）；而凱瑪特的比率除了波動較大外，也都明顯高於沃爾瑪。在利潤微薄的通路業裡（淨利率 3% 至 4%），管銷費用高出對手 5% 到 6%，註定讓凱瑪特只能處於挨打的局面。

　　規模經濟的優勢，讓沃爾瑪可以因為大量採購而買得便宜；嚴格的成本控制，則讓沃爾瑪的經營效率領先業界。然而，沃爾瑪由上市到現在，利潤率（淨利÷營收）幾乎都在 3% 至 4% 之間（請參閱圖 4-7），

圖 4-6　沃爾瑪與凱瑪特管銷費用占淨銷售比

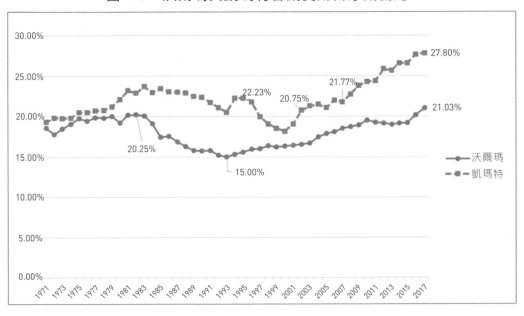

圖 4-7 沃爾瑪與凱瑪特利潤率比較

近年來更是十分穩定地逼近 3%；這種「微利化」的策略，讓對手感受強大的壓力。相對於沃爾瑪穩定的利潤率，凱瑪特的利潤率基本上都低於沃爾瑪，2000 年後凱瑪特更因營運虧損、連年衰退產生相當巨額的損失，利潤率波動很大。

　　沃爾瑪以「成本領導」（cost leadership）作為主要競爭策略，而「差異化」（differentiation）則是另一種重要的競爭策略。不同的策略定位，在損益表上顯示的數字通常大不相同。例如舉世知名的消費者精品品牌路易威登集團（LVMH），2016 年集團毛利率高達 65% 以上，顯示消費者認同其產品具有高度差異性，願意支付較高的價格。但是在消費精品的經營上，行銷管理費用往往十分昂貴，占其收入 43% 以上，因此路易

圖 4-8　沃爾瑪與凱瑪特資產周轉率

圖 4-8　沃爾瑪與凱瑪特資產周轉率

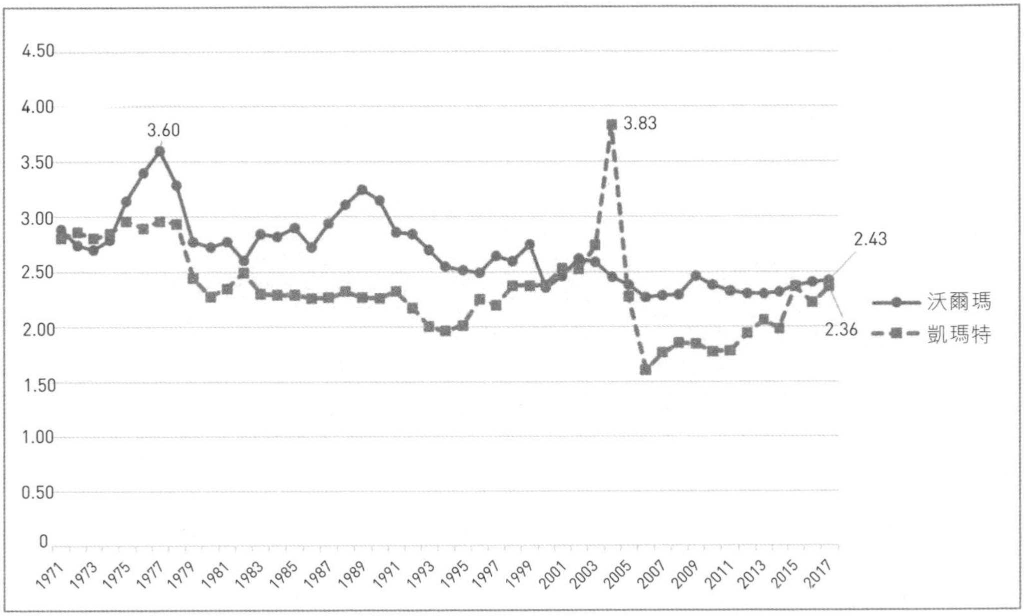

威登集團的純利率只有 14% 左右。

資產周轉率的玄機

　　零售業的核心競爭能力之一，即是利用資產創造營收的能力。這種能力稱為「資產周轉率」，其定義為「營收÷總資產」（總資產可定義為「平均資產」或「期末資產」）。

沃爾瑪的競爭力

　　1980 年代，沃爾瑪的資產周轉率曾高達 3 至 3.5 倍，近十年漸趨穩

圖 4-9 沃爾瑪固定資產周轉率與流動資產周轉率

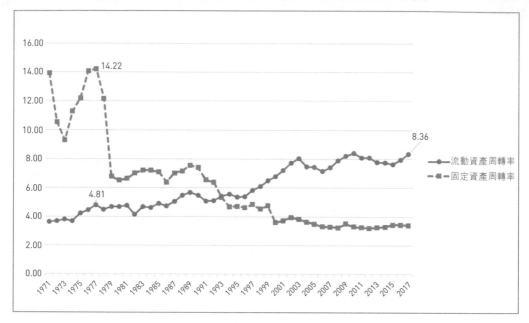

定，大約在 2.5 倍左右，幾乎都高於凱瑪特（請參閱圖 4-8）。

　　沃爾瑪表面上看來穩定的資產周轉率，若將它拆開為「流動資產周轉率」（營收÷流動資產）與「固定資產周轉率」（營收÷固定資產），我們會發現非常不同的變化趨勢。

　　1990 年代初期，沃爾瑪的流動資產周轉率約有 5 倍；在 2017 年，它已經高達 8 倍，呈現一路上升的趨勢。相對地，沃爾瑪的固定資產周轉率卻由 1990 年代的 6 倍左右，一路下滑到 2017 年的 3.4 倍（請參閱圖 4-9）。也就是說，我們看到穩定的資產報酬率，原來是兩股相反力量互相抵消的結果。為什麼固定資產周轉率會不斷下滑？財務報表無法回答這個問題，必須以公司內部更精細的資料來分析。

圖 4-10 沃爾瑪與凱瑪特存貨周轉率

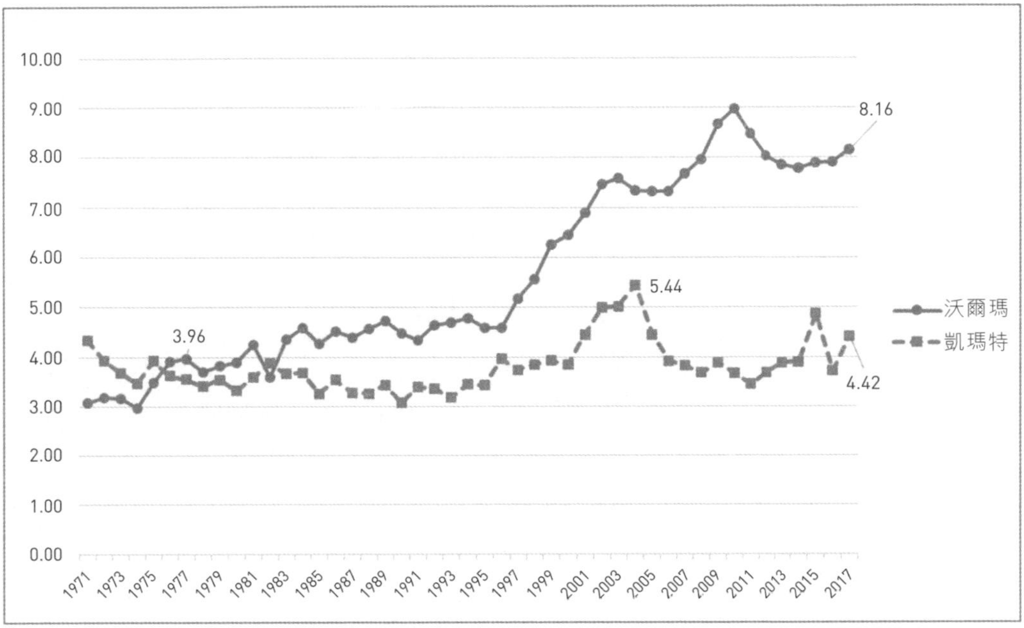

這種固定資產周轉率的不利發展，可能是賣場單位面積創造的營收下降所致（即所謂的「坪效」降低），也可能是購買每一單位賣場面積的價格不斷增高所致（例如在歐洲購併其他賣場的成本相當昂貴）。不斷地解析一個現象以求得答案的過程，是進行競爭力分析必須使用的基本方法。

在沃爾瑪的流動資產中，最重要的是存貨。如何將存貨快速售出，因而是沃爾瑪非常重要的能力，「存貨周轉率」便是衡量此能力的常用指標。存貨周轉率的定義是──銷貨成本÷期末存貨金額（或銷貨成本÷平均存貨金額），存貨周轉率愈高，代表存貨管理的效率愈好，可用較少的存貨創造較高的存貨售出量（以銷貨成本代表採購成本）。在 1970

年至 1990 年的二十年間，沃爾瑪的存貨周轉率約在 4 倍至 5 倍之間（請參閱圖 4-10）。1995 年之後，則由 5 倍成長到目前的 8 倍左右。相對來說，凱瑪特的存貨周轉率大約在 4 倍到 5 倍之間，明顯落後於沃爾瑪。

電子商務公司損益表特色──以亞馬遜為例

　　亞馬遜是全球電子商務領導廠商，也是沃爾瑪在美國零售業最重要的競爭對手之一，兩者的營收、獲利以及結構成本也有若干不同之處，將在此加以說明。例如，2016 年亞馬遜總營收為 1,359.9 億美元，除了銷售商品收入 946.6 億美元之外（占總營收 69.6%），還多了一個服務收入（service sales）413.2 億美元（占總營收 30.4%）。相對的，沃爾瑪幾乎完全以銷貨收入為主，會員費及其他收入（membership and other income）只占總營收 0.9%。亞馬遜的服務收入包含了向第三方（例如使用該網站販售商品的賣家）收取的使用費、運送費、雲端服務系統的使用費、任何數位產品的訂閱費、廣告服務費甚至是信用卡聯名卡的收入。目前亞馬遜的服務收入中，最重要的項目是雲端服務。早在 2006 年亞馬遜就已投入這個領域，直到近年來，許多知名的網路新創公司（例如 Dropbox、Pinterest、Airbnb 等），都是雲端服務的忠實使用者；甚至最近大企業也開始使用雲端服務。不同於新創企業對雲端服務有快速及彈性的需求，大企業更想要的是減少資訊軟硬體投資成本。雲端服務提供優秀的資訊服務優化以及開發工具，讓大企業能以低廉的資訊服務成本研發自家公司需要的系統，畢竟投入資訊研發需要昂貴的成本。現在，只需要付出一些使用費，就可以得到一套市面上最優秀的資訊工具，並且還有人在背後不斷的維護及更新，非常有效率。因此，許多大企業

都已開始使用雲端服務（例如奇異公司），且有很高的黏著度。而隨著使用雲端服務的企業愈來愈多，亞馬遜已經在開發他們的資料庫（database）系統，未來只要企業支付一定的使用費，就可以在雲端服務上獲取許多有用的商業資料，甚至利用雲端服務上的數據引擎來進行模擬計算。

由此可見，亞馬遜已經不再是單純的零售商，其收入來源相當多元，甚至比較像是一家提供各種數位服務的科技公司。

而若從成本面科目來看，比起傳統的零售商，除了基本的銷貨成本以及管理、行銷成本外，亞馬遜另外將履行費（fulfillment）以及技術與內容（technology and content）獨立列出；亞馬遜的銷售成本（cost of sales）包含的內容也與傳統的零售業有所不同。

- **銷售成本（cost of sales）**：除了前述已經介紹的進貨成本之外，亞馬遜的銷貨成本還包括數位內容（亞馬遜影片及亞馬遜音樂）費用，另外還包含內部物流作業材料、物流中心設備成本以及運送費，付款處理以及相關的交易成本也包含於此。2016 年亞馬遜的銷貨成本為 883 億美元，占總營運成本的 70.65%。

- **履行費（fulfillment）**：履行費主要為亞馬遜在其物流網末端（也就是最後送到消費者手上這段通路）時所支出的成本，所有在各國的亞馬遜倉儲中心及顧客服務中心內發生的費用都包含於此，像是物流使用的包裝材料、人事費用、其他第三方物流的使用費、以及為了維持物流網順暢快速所支出的成

本。2016 年亞馬遜的履行費為 176 億美元，占總營運成本的 12.12%。

- **技術與內容費用（technology and content）**：技術費用主要包括研發活動，像是研發人員的工資、從事新產品和現有產品的應用、生產、維護、營運和開發等，另外雲端服務及其他新技術的基礎設施成本也包含在此。內容費用則涉及類別擴展、編輯、採購等相關工作員工的薪資及其餘花費。2016 年技術與內容費用為 161 億美元，占總營運成本的 10.44%

將這些科目獨立列出，也表示這是亞馬遜的重點投資方向，為了能提供更好的服務、擴大利基點，亞馬遜不斷改良自己的物流系統並研發更多元的服務。

其他重要議題

除了利用沃爾瑪介紹損益表的基本觀念，幾項常見的損益表議題也在此一併討論。

長期投資效益的會計處理

關於企業長期持有其他公司的股份（例如第六章討論的「長期股權投資」），在會計上有「透過損益按公允價值衡量」、「透過其他綜合損益按公允價值衡量」與「權益法」三種處理方式。

1. **透過損益按公允價值衡量（fair value through profits and losses）**：適用時機是公司對被投資公司沒有顯著的影響力（例如股權未達20%）。在此法之下，被投資公司發放現金股利時，視為公司的股利收入。期末被投資公司股價的漲或跌，直接反映在公司的損益表上。

2. **透過其他綜合損益按公允價值衡量（fair value through other comprehensive income）**：適用時機及股利認列方式，與上述方法相同。最大差別是期末被投資公司股價的漲或跌，直接反映在權益的變動上，而不是反映在損益表上。經理對於投資標的，必須在一開始就決定其分類屬於（1）或（2），並採用其各自的會計處理方法。

3. **權益法（equity method）**：適用時機是公司對被投資公司有明顯的影響力（例如股權超過20%，或是在被投資公司董事會的席次足以影響決策等）。在權益法之下，被投資公司的年度損益，將依平均股權比例認列為長期投資利得或損失，直接在損益表上表達。例如被投資公司當年淨利1億元，若公司擁有它30%的股權，則可承認3,000萬元的投資收入。反之，若被投資公司當年虧損1億元，則必須承認3,000萬元的投資損失。如果持有股份超過50%，或可主導其財務、人事及管理方針者，期末必須與被投資公司編製合併的財務報表。

有關於長期投資本身的價值是否公允表達，筆者將在第八章資產減損的討論中加以說明。

研發費用的會計處理

企業研究發展（R&D）的支出，雖然可能帶來長期的經濟利益，但由於有相當大的不確定性，目前會計規定得很嚴謹，不讓企業隨便將研究發展的支出都當成公司的資產。還在「研究」的階段時，所有支出都要視為當期費用；當研究完成進入「發展」的階段，也只有在這項無形資產確定有商業價值時，才將它當成資產（可每年平均提列該資產的一部分轉為費用）。

然而，一個企業未來是否具有競爭力，往往要觀察景氣不佳時它對研發支出的態度。面對景氣的嚴重低迷，企業對研發支出有三種做法：第一，將所有研發投資全部刪除，從該產業退出，但當景氣恢復時，企業便再也無法復出；第二，企業可按比例減少部分支出，把身子蹲低，等待時機好轉；第三，企業可採攻擊姿勢，若是本來體質就很強壯的公司，在不景氣時加強研發，藉此拉開與競爭對手的差距。由此可知，觀察一個企業在逆境中是否維持研發支出，也可看出其未來競爭力的表現。

每股盈餘的迷思

每股盈餘是否愈高愈好？通常每股盈餘高代表公司獲利能力良好，

的確是個正面的現象；若每股盈餘逐年下降，則代表公司獲利跟不上股本增加的速度（如配發股票股利及員工無償配股）。然而，透過配發股票股利或股票分割（stock split，例如1股變成2股）使每股盈餘下降，有時是為了使每一股股價降低，提高股票的流通性，未必是獲利衰退。

此外，過度注重每股盈餘也可能有負作用。例如為了使每股盈餘維持在高檔，當淨利成長時，刻意控制流通在外股數（亦即控制股本）不成長。但是，當企業不斷成長時，負債也通常會一起成長（尤其是流動負債）。如果企業沒有非常好的獲利，使保留盈餘與股東權益也跟著成長，利用控制股本追求每股盈餘的成長，可能使負債相對於股東權益的比率偏高，進而造成財務不穩定。

在投資決策上，每股盈餘常與「本益比」（price-earnings ratio, PE ratio）搭配運用，以決定合理的股價。例如預期的每股盈餘為4元，而合理的本益比為15，則合理的股價為每股60元（4×15）。只有在股價顯著低於60元，理性的投資人才會願意購買股票。巴菲特強調要拿捏至少25%的「安全邊際」（margin of safety），也就是說，合理股價60元的股票，只有在市場股價為45元（60×0.75）以下時才值得投資，預留可能誤判投資價值的風險。

運用每股盈餘進行投資的可能問題有兩種：

1. **過分高估未來的每股盈餘：**保持每股盈餘的持續成長十分困難，當損益表顯示當期亮麗的每股盈餘時，往往是該公司或該產業景氣的頂點，未來每股盈餘會由盛而衰。這種情形特別容易發

生在電腦之記憶體、電視或電腦液晶面板、塑化、鋼鐵等景氣循環型產業。

2. **未能注意本益比持續下降：**當一個公司未來獲利成長的速度變慢、營運風險增加，或整個經濟體系的風險上升（如面臨戰爭），其對應的本益比便隨之下降。例如台灣電子產業的平均本益比，1995 年至 2000 年間為 20 倍，目前已下降到 10 倍左右，主要是因為產業日益成熟，成長性降低所致。

亞馬遜 vs. 京東

中國企業商務產業飛躍似的成長，已經在全球占有舉足輕重的地位，其中京東商城（JD.com）非常具有代表性。京東商城在 2004 年創立，起初只有販賣電腦產品，直到 2010 年左右，才開始提供更多樣的商品選擇。同時，京東商城也積極部署它的物流系統，目前京東自營物流已可覆蓋中國大多數地區，若是非涵蓋地區，則交由第三方物流作業。我們可以發現，近期的電商平台大都開始建置屬於自己的物流網，同樣的，它們也都將物流網的建置成本納入銷貨成本中。若我們觀察亞馬遜以及京東商城近五年銷貨成本占總收入的比例（如圖 4-11），可發現兩者的占比皆呈現逐漸下滑的趨勢，除了因銷售量提升使產品成本下降之外，更重要的是對兩家廠商來說，他們投入物流網的資源得到了回報。隨著物流網逐漸完善、銷貨量提升，代表有更多的收入來分擔建置物流網的成本。這邊值得注意的是，若我們用傳統分析零售商的角度來看電商平台，將造成分析上的盲點。由於將物流網的建置成本納入銷貨成本中，

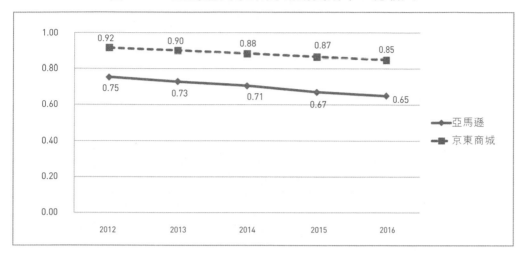

圖 4-11　亞馬遜與京東商城銷貨成本／總收入

使得電商平台的銷貨成本占比會比傳統零售業高，投資人可能誤以為它們在銷貨成本上的議價能力低或沒有競爭力，但其實這是電商平台在積極投資的跡象。而同樣的，電商平台的銷貨成本占比下降時，並非單單只是因為它們更有議價能力或規模經濟使得商品成本下降，也可能是因為物流網建置的成本隨銷貨量上升的幅度，較總收入提升的幅度來得低。

面對企業真實的競爭力

　　身為一個經理人，當你發現自家公司的關鍵競爭指標（例如營業成本除以營收的比率、資產報酬率或存貨周轉率）長期、持續地輸給主要競爭對手（例如凱瑪特之於沃爾瑪），會不會有心驚膽跳的感覺？或者，當你發現市場上出現一些商業模式、成本獲利結構都與自己迥然不同的競爭者（例如亞馬遜之於沃爾瑪），會不會感到一頭霧水？財務報表無

法告訴你應該採取什麼作為，但它直截了當地吐露企業相對競爭力的強與弱，促使經理人重新反省自己是否有效地執行管理活動。

參考資料

1. 杜榮瑞、薛富井、蔡彥卿、林修葳，2017，《會計學》，台北：台灣東華書局。
2. 瑞姆・夏藍（Ram Charan），2004，《成長力：持續獲利的策略》（*Profitable Growth is Everyone's Business*），李明譯，台北：天下文化。

第五章

穿透企業的市場重力波——
綜合損益表的原理與應用

　　根據廣義相對論，愛因斯坦在 1916 年提出一個驚人的預測：當宇宙時空場（spacetime field）因極大能量釋放被扭曲時，會產生所謂的「重力波」（gravitational waves）。就好像將石頭投入水池，會由中心點產生一陣陣漣漪，不斷的向外擴散。但連愛因斯坦本人也認為，由於重力波太過微弱，以人類科學儀器衡量的精密度而言，應該是偵測不到的。從此，理論物理學家爭議了四十年才達成共識，重力波在理論上是成立的；而實證物理學家前後花了六十年，以各種方法偵測重力波存在的直接證據，但始終沒有結果。

　　2015 年 9 月 14 日晚上 9 點 50 分 45 秒，位於美國華盛頓州漢佛（Hanford）與路易斯安那州利文頓（Livington）的 LIGO 觀測站（Laser Interfcrometer Gravitational-Wave Observatory），兩者距離超過 3,000 公里，才剛剛分別進行儀器精密度升級，幾乎同時間收到一個微弱的訊號。LIGO 的科學家們又興奮又緊張，這是他們努力了四十多年、想要衡量捕捉的重力波的直接證據，還是另一次浩瀚宇宙中傳來的雜音？2016 年 2 月 29 日，經過 LIGO 團隊日以繼夜反覆驗證觀測資料，排除任何可能的其他雜訊後，LIGO 正式召開記者會，向全世界宣布發現重力波這個突破性的消息。由 2015 年到 2017 年之間，隨著儀器精確度更

加提升，以及再增加一個位於義大利的觀測站，LIGO 又記錄了三次重力波的訊號。至此，科學界對於重力波的確存在，並與愛因斯坦理論一致已無疑問。2017 年 10 月 3 日，瑞典皇家科學院宣布將諾貝爾物理學獎頒發給長期領導 LIGO 的三位科學家：維斯（Rainer Weiss）、巴瑞斯（Barry Barish）及松尼（Kip Thorne）。

根據 LIGO 的判讀，2015 年的第一次重力波偵測，來自於 13 億光年外兩個彼此互相圍繞旋轉的黑洞（black holes），其中一個的質量是太陽的 29 倍，另一個是太陽的 35 倍。它們兩個愈來愈靠近，旋轉的速度愈來愈快，終於匯合成一個質量比太陽大 56 倍的大黑洞。在匯合那瞬間所釋放的巨大能量，扭曲了宇宙時空，但經過 13 億年以後傳到地球時，已經極端微弱。而 LIGO 四十年來的努力，就是不斷的提升儀器設備對於微弱訊號的敏感度，並排除周圍環境所有可能的雜音，以降低衡量誤差。LIGO 的成就，是人類對精確衡量事物之最高熱情與智慧的展現。

捕捉重力波也是一場「科學智謀」的競爭。另一組由哈佛大學及史丹佛大學科學家組成的團隊，選擇在受外界干擾因素最少的南極大陸測量重力波。2014 年 3 月，該團隊大張旗鼓的宣布成功偵測到重力波。但隨後的批評質疑，迫使他們重新分析觀測結果。因無法排除其觀測值是受到宇宙塵（cosmic dust）的干擾，2015 年 2 月哈佛－史丹佛團隊只好撤回他們宣稱的發現。

人類對於衡量商業活動的熱情與成就，主要表現在財報上。當然，財報世界裡沒有如愛因斯坦般的曠世天才，也沒有像 LIGO 這種追求 10^{-21} 精確度的必要性。對資本市場來說，財報衡量的最關鍵數字是「獲

利」（詳見第四章討論）。簡單的說，第四章中「損益表」衡量的主要是經營團隊透過協同合作在創造營收、控制成本上的成績，可稱之為「狹義的獲利」。然而，市場上匯率、利率、證券價格、商品價格等的變動，雖然並非經營團隊所能控制的，但的確也會對企業的資產、負債等各個層面發生影響。將這些不易直接觀察的衝擊納入衡量，可稱之為「廣義的獲利」。

本章的目的，是介紹「綜合損益表」（statement of comprehensive income），其目的就是在傳統損益表之外，進一步衡量「廣義的獲利」。

綜合損益表的範例與討論

衡量「廣義的獲利」，是一個複雜且極有爭議的工作。本節將以沃爾瑪 2017 會計年度的綜合損益表為範例，加以簡要說明。

沃爾瑪 2017 年合併淨利為 136.43 億美元，由這個數字經過下列的調整，才變成所謂的「綜合損益」。

合併淨利	136.43 億
外匯轉換調整	（28.82）億
淨投資避險調整	4.13 億
現金流避險調整	0.21 億
退休金負債調整	（3.97）億
其他調整項目	2.1 億
綜合淨利	110.08 億

共計 -26.35 億

沃爾瑪綜合損益表中的四個主要調整項目，茲簡要說明如下：

1. **外匯轉換（Currency Translation）**：2017 年，沃爾瑪除了在美國有 5,332 家店面外，在海外共有 6,363 家店面。在這種跨國經營的架構下，沃爾瑪在美國以外的子公司，其資產與負債的金額，按每年 1 月 31 日（即資產負債表結算日）各所在國家貨幣兌換美元的匯率重新計算。因此過程產生的利得或損失，就成為綜合損益中的「外匯轉換調整」項目。

2. **淨投資避險（Net Investment Hedge）**：沃爾瑪為了提供高品質但低價格的產品給客戶，必須在全球市場中尋找更多價廉物美的供應商。但為了避免支付價格的匯率波動，沃爾瑪會利用購買所謂的「跨貨幣利率交換契約」（cross-currency interest rate swaps），藉以降低匯率變動帶來的損失與風險。而這些為了匯率避險所購買的衍生性金融商品工具之公平價值變動淨值，就會以「淨投資避險調整」科目顯示在綜合損益表當中。

3. **現金流量避險（Cash Flow Hedge）**：沃爾瑪在與全球各地的供應商簽訂合約時，通常會以長期合約為主。假設，沃爾瑪簽訂的合約為兩年，以每季為時間計算單位，支付供應商貨款金額。即便都是支付固定金額美元現金給客戶，但由於每季結算日的兌換匯率不一，因此沃爾瑪很有可能會因為這些匯率的變動，產生現金流量巨幅改變的可能性。因此，沃爾瑪會購買相關的金融避險商品，來降低這種現金流量過大變動的可能風

險。而這些金融避險商品的公平價值變動淨額，在其綜合損益表中就以「現金流量避險」科目列入。

4. **最低退休金負債（Minimum Pension Liability）：** 所謂的最低退休金負債，是指在資產負債表日，針對公司員工累積給付義務超過退休基金資產公平價值之部分，也就是未提撥基金的累積給付義務。累計給付義務代表企業如果中止退休辦法時，所能承擔的給付義務。如果累計給付義務超過退休基金資產公允價值，則說明退休基金資產不足以償還企業可能承擔的給付義務，其差額為資產負債表上應確認退休金負債的下限。

其他綜合損益項目

除了上述沃爾瑪綜合損益表中所列出之項目外，本節再補充兩種常見的調整項以供參考。

備供出售金融證券的利得或損失

若公司所購買的金融證券並非供短期操作（trading），而是作為中長期投資標的，這類投資稱為「備供出售金融證券」（available-for-sale securities）。若此類證券在報表結算時尚未賣出，則需將持有的金融證券調整至公允價值，並根據帳上成本價值與公允價值的差額認列損益。以美國富國銀行為例，其帳上的備供出售金融證券，包括美國聯邦國庫券、各州發行債券，以及房屋貸款證券等。於 2016 年 12 月 31 日時，國

庫券及各州債券的帳面金額為 779.95 億美元，市場的公平價值為 769.20 億美元；房屋貸款證券的帳面值為 1,793.63 億美元，公平價值為 1,775.48 億美元。因此於 2016 年年底時，必須將持有的備供出售金融證券價值調整至公允價值的 2,544.68（779.95 + 1,775.48）億美元，並根據其價差認列 28.9 億美元的未實現損失（unrealized loss）。這些損益不會認列在當期損益中，而是認列在「其他綜合損益」（Other Comprehensive Income）的項目下。

非供出售土地之價值變動

以世界精品產業龍頭路易威登（LVMH）為例，它所擁有製造葡萄酒的葡萄園，是屬於非供出售土地。而土地的價值，也會隨著市場變動而有所改變。以 2016 年為例，在 2015 年年底，用來生產葡萄酒的葡萄園淨價值為 24.41 億歐元；到了 2016 年年底，葡萄園的淨價值為 24.74 億歐元。因此，路易威登在 2016 年的綜合損益表中，就會有一項因調整葡萄園土地公平價值變動所產生的未實現利得，金額為 0.33 億歐元。

結語

本章所討論的綜合損益表，目前的處境有點尷尬。我稱此份報表為「穿透企業的市場重力波」，因為它企圖捕捉影響企業獲利更廣泛的各種因素，其範圍包括匯率、利率、商品及證券價格，甚至人口統計等。但實務上，「綜合損益表」卻往往成為會計對衡量方式爭辯下的妥協。例如，對企業所持有的有價證券價格變動所造成的影響，強烈主張「公

允價值」者認為，不管這些證券的目的是為了短期交易或中長期持有，證券價格變化所產生的利得或損失，都應該直接在損益表上承認；但持有大部位投資證券的公司（主要是金融機構）則強烈反對，因為他們非常擔心這種認列方式，會造成獲利因公司所不能控制的市場因素發生大幅度變動。經過妥協的結果，就是以交易為目的的部分，屬於「透過損益按公允價值衡量」，其價值變動列入一般損益。而屬「透過其他綜合損益按公允價值衡量」部位，其價值變動列入其他綜合損益。而其他綜合損益累積變動的影響，則放在資產負債表的「其他權益」中。

在本章的討論中，讀者不難發現綜合損益表中的各個會計科目極為艱澀難懂，特別是牽涉到企業為了進行避險所購置的各種衍生性金融商品價格變動的會計處理。所以經理人和投資人通常對綜合損益，抱持著「不懂它、不看它、不管它」的心態。例如，經理人的薪酬或紅利幾乎都只和「淨利」掛勾，而和「綜合損益」無關。財務分析師的財務預測也幾乎只侷限於「淨利」的變化，而不會討論「綜合損益」。

雖然「綜合損益」目前尚未能普遍為財報使用者所理解及應用，但由於它已經是正式財報中不可或缺的一員，我們還是要學習如何使綜合損益表變成有用的資訊。因此，本章僅提供下列幾點建議：

1. 在觀念上，不妨把綜合損益當成企業的「避震器」。在傳統損益表中所呈現的淨利或虧損，是公司主要業務的績效衡量。企業並不追求「綜合損益」的成長，卻必須留心「綜合損益」中顯示的外界干擾震動，了解並研究過大的「震幅」。

2. 在應用上，必須特別注意分辨影響綜合損益的因素究竟是暫時性、隨機性（random）的發生，還是趨勢已經形成的警訊。以利率為例，過去二十年來，長期利率*走低的趨勢（由 1980 年代平均的 10%，到 2014 年的 1.9%），對企業的資產及負債影響非常重大。如果公司擁有大量的固定利率資產，資產價值會因此大幅增加；反之，企業如果有大量的固定利率負債，負債的市場價值也會因而大幅上升。當利率對資產影響大於負債時，會出現「淨未實現利得」；當利率對負債影響大於資產時，會出現「淨未實現損失」，而其金額可能非常龐大。另一個影響重大的市場因素是匯率。以人民幣而言，2015 年 9 月人民幣兌換新台幣為 1:5.21；到 2018 年 1 月大約為 1:4.60（下降幅度約為 12%）。這些重要貨幣匯率大幅度、趨勢性的變動，對於持有大量外匯的公司有著重要影響。若忽略長期趨勢的形成，可能會造成巨大的財務損失。

3. 在長期思維上，即使非市場因素都有可能造成巨大影響。以退休金或其他退休相關的福利而言，人口老化平均壽命延長、醫療費用上升等因素，都可能造成企業龐大負擔。透過綜合損益表，可以提醒經理人必須做人力資源長期的思考。例如，由於互聯網人工智慧等數位科技的快速進步，在製造業及服務業都掀起廣泛的「自動化、無人化」營運模式，其製造的經濟誘因與高昂的人工成本有密切關係。

---

* 長期利率指的是 10 年期公債名目殖利率。

當我們了解狹義的淨利（損益表）及廣義的淨利（綜合損益表）之後，就可以進入下一份極重要的財報——資產負債表。

第六章

學習威尼斯商人的智慧與嚴謹──
資產負債表的原理與應用

　　除了梅迪奇家族，以國際貿易致富的威尼斯商人，是文藝復興時期具備卓越商業智謀的另一個代表。在英國大文豪莎士比亞（William Shakespeare, 1564-1616）著名的喜劇《威尼斯商人》（*The Merchant of Venice*）中，莎士比亞將威尼斯商人憂心資產價值縮水的忐忑不安，以及對資金融通重要性的清楚認知，描寫的神靈活現。現在，讓我們一起欣賞莎翁《威尼斯商人》第一幕中隱藏的經營智慧。

　　薩拉里諾（年輕的商人）：「吹涼我的粥的一口氣，也會吹痛我的心，只要我想到海面的一陣暴風將造成怎樣一場災禍。我一看見沙漏的時計，就想起海邊的沙灘，彷彿看見我那艘滿載貨物的商船倒插在沙裡，船底朝天，它那高高的桅檣吻著它的葬身之地。要是我到教堂去，看見那石塊築成的神聖殿堂，我怎麼會不立刻想起那些危險的礁石，它們只要略微碰一碰我那艘好船的船舷，就會把滿船的香料傾瀉在水裡，讓洶湧的波濤披戴著我的綢緞綾羅。方才還是價值連城的，轉瞬間盡歸烏有。」

　　★劉老師提醒您：對企業的經理人而言，難以捉摸的景氣與劇烈的競爭，對資產價值的殺傷力，恐怕不下於海面上無情的風暴，或淺灘上

的礁石！

安東尼奧（年長的商人）：「我買賣的成敗並不完全寄託在一艘船上，更不倚賴著一處地方；我的全部財產，也不會因為這一年的盈虧而受到影響，所以我的貨物並不能使我憂愁。」

★劉老師提醒您：這傢伙顯然有做點風險分散的工作，而且他的財務實力也經得起可能的損失。講究義氣的安東尼奧，一心想出錢幫助好友薩拉里諾，追求一位名叫鮑希雅的富家千金，但問題是……

安東尼奧：「你知道我的全部財產都在海上。我現在既沒有錢，也沒有可以變換現款的貨物。所以我們還是去試一試我的信用，看它在威尼斯城裡有些什麼效力吧！我一定憑著我這一點面子，能借多少就借多少！」

★劉老師提醒您：光有財產而沒有足夠的現金，還是會周轉不靈的！於是他找上威尼斯當地最有錢、卻一直飽受歧視的猶太籍銀行家夏洛克。

夏洛克（銀行家）：「啊，不，不，不，不！我說安東尼奧是個好人，我的意思是說，他是個有身價的人。可是他的財產還有些問題，他有一艘商船開到特生坡利斯，另外一艘開到西印度群島，我在交易所裡還聽人說起，他有第三艘船在墨西哥，第四艘到英國去了，此外還有遍布在海外各國的買賣。可是船不過是幾塊木板釘起來的東西，水手也不過是些血肉之軀。岸上有旱老鼠，水裡也有水老鼠；有陸地的強盜，也有海上的強盜，還有風波礁石各種危險。」

★劉老師提醒您：看來，要當個稱職的銀行家，對潛在客戶的經營現況，還真要下點功夫。在夏洛克眼裡，所謂的資產都充滿了風險。最後，他們談成了一筆 3,000 元的借款。為了報復過去被安東尼奧歧視的羞辱，夏洛克要求訂定如下契約：當安東尼奧無法如期還款時，夏洛克可以割下他身上任何部位的一磅肉！這項條件看起來滿殘酷的，但現在的資本市場難道會比夏洛克更仁慈？當企業傳出可能有財務危機的消息時，不論是否屬實，這家公司被銀行全面抽銀根的狀況，其影響絕對不下於一場暴風雨，經理人消瘦的也絕對不止一磅肉！

四百多年來，為了應付如威尼斯商人面臨的資產與負債管理問題，我們仰賴所謂的「資產負債表」。

——————————

本章首先介紹資產負債表的基本原理和觀念。其次，以沃爾瑪 2017 年的資產負債表為例，說明常見會計科目的定義。接著以沃爾瑪相對於凱瑪特的部分財務比率，說明資產負債表與競爭力衡量的關係。其他重要、但未出現在沃爾瑪報表中的資產及負債項目也將一併說明。最後，筆者將以大陸最著名製酒公司「貴州茅台」為例，介紹大陸企業資產負債表的特性。

資產負債表的基本原理

資產負債表表達的是某經濟個體（entity）在某特定時點的財務狀

況。經濟個體指的是組織或組織的某一部分，它是可以獨立衡量其經濟行為的單位。就會計的概念來說，公司被視為一個與股東分離的經濟個體，它有能力擁有資源及承擔義務。由於將公司與出資股東視為兩個不同的個體，股東個人所積欠的債務與該公司毫無關係。資產負債表的基本架構即是有名的「會計方程式」（accounting equation）：

資產＝負債＋股東權益

簡單定義會計方程式的名詞如下：

資產（assets）

指的是為公司所擁有、能創造未來現金流入或減少未來現金流出的經濟資源。創造未來現金流入：例如現金（能取得利息）、存貨（能透過銷售得到現金）、土地（能得到租金）、設備（能製造貨品以供銷售）。減少未來現金流出：例如預付房租、保險費等各種預付項目，由於已預先付清，未來可享受居住服務及保險保障，不必再付出現金。

在會計學的範疇裡，資產的定義和日常用語往往大不相同。例如我們常聽見這樣的陳述：員工是公司最重要的資產。以會計學的角度而言，資產必須是公司擁有可以在市場上出售、同時也能夠將其價值量化者，因此員工不是公司的資產。

負債（liabilities）

指的是公司對外在其他組織所承受的經濟負擔，例如應付帳款、應

付薪資、銀行借款等。負債也包括部分的估計值，例如公司必須估計法律訴訟案所造成的可能損失。

股東權益（shareholders' equity）

指的是資產扣除負債後，公司全體股東所剩餘的利益，又稱為「淨資產」或「帳面淨值」。

———————————

上述的會計方程式其實是個恆等式（identity），因為它是公司資金來源與資金用途一體兩面的表達。

會計方程式右手邊

代表資金的來源（source of fund）。資金的來源可能是負債或股東權益，負債與股東權益的相對比率一般稱為「資本結構」。負債愈多，財務壓力愈大，愈可能面臨倒閉的風險。反之，部分公司可能會選擇完全沒有長期借款（但仍有短期借款），一般稱這種公司為「零負債公司」。

會計方程式左手邊

代表資金的用途（use of fund）。資金可以用各種形式的資產擁有，例如現金、存貨、應收款、土地等。按照威尼斯會計表達的傳統，資產

負債表常把資產按照流動性，也就是轉化成現金的速度快慢和可能性高低來排序，將流動性較高的資產排在前面。

———————

資金來源與資金用途間有著密切的關係。例如，人壽保險公司的主要資金來源是保險客戶繳交的保費（屬於公司的負債）。經營良好的保險公司，客戶續約率都在八成以上，因此客戶一旦購買保險合約，定期繳交的保費提供了公司長期穩定的資金來源。由於擁有長期穩定的資金，人壽保險公司可大量購買不動產進行長期投資，而沒有短期變現的壓力。一般而言，風險較高的資金搭配方式，是以短期的資金來源投資在中長期才能回收的資產上（所謂的「以短支長」），這樣容易造成周轉失靈。

西方的經濟學家及社會學家，經常稱讚「複式會計」（double-entry accounting）協助經理人進行理性的商業決策，是歐洲資本主義興起的重要功臣。所謂的複式會計，是指一個交易會同時影響兩個或兩個以上的會計科目，因此必須同時加以記錄。關於複式會計的運作，可用會計方程式簡單說明如下：

- 若企業向銀行借款 100 萬元，則該企業資產中的現金增加 100 萬，而負債也同時增加 100 萬，會計方程式左右兩邊保持平衡。

- 若企業透過現金增資取得 100 萬元，則其資產中的現金增加 100 萬，而股東權益也同時增加 100 萬，會計方程式左右兩邊仍保持平衡。

- 若企業回收客戶欠款 100 萬元，則其資產中的現金增加 100 萬，應收帳款則減少 100 萬。由於會計方程式左手邊同時增加及減少 100 萬，因此仍然保持平衡。

- 若企業的債權人同意將該企業的欠款 100 萬元取消，改成對該企業的投資，企業的股東權益便增加 100 萬，負債則減少了 100 萬。由於會計方程式右手邊同時增加及減少 100 萬，因此仍然保持平衡。

　　這種記錄商業交易的設計，除了能忠實表達資金來源及去處的恆等關係，也創造了相互勾稽的可能性。倘若企業做假帳，謊稱回收一筆應收帳款，為了保持會計方程式的平衡，也必須同時做假，創造一筆同額的現金或其他資產。必須做假的範圍會因為複式會計的設計而擴大，因此增加了被檢測出來的機會。

沃爾瑪資產負債表釋例

　　損益表的時間是期間（period），而資產負債表的時間是「特定時點」。一般公司資產負債表選擇的時點，通常是每年的 12 月 31 日；沃爾瑪資產負債表選擇的時點為 1 月 31 日，以反映美國零售業銷售的特性。有趣的是，戴爾電腦的資產負債表截止日每年不同：2015 年是 1 月 30 日；2016 年是 1 月 29 日；2017 年則是 2 月 3 日。原因是戴爾選擇次年的第四個星期五為報表截止日期，以便於週薪決算。

介紹了資產負債表的基本原理後，以下將以沃爾瑪 2017 會計年度的資產負債表為釋例（已經過簡化，請參閱表 6-1），將各個會計科目依出現順序加以說明。

資產部分

流動資產（current assets）

通常是指一年內能轉換成現金的資產。按照慣例，流動性愈高的資產排在愈前面。

現金及約當現金（cash and cash equivalent）

除了銀行存款外，沃爾瑪把預期 7 天內可收到的顧客信用款、刷卡款金額也列入現金項目；通常沃爾瑪在 2 天內可由信用卡消費中取得現金。此外，三個月內到期的短期投資（如美國國庫券）則歸類為約當現金。財務報表所指的「現金及約當現金」與一般認知的現金不同，須具備高度流動性及安全性的資產才能列為現金及約當現金。2017 年，沃爾瑪的現金約有 68 億 6,700 萬美元，占總資產 3% 左右。

應收帳款（receivables）

包括沃爾瑪顧客刷卡超過 7 天以上才能取款的部分，以及與其他供應商往來之應收帳款。2017 年，沃爾瑪的應收款約有 58 億 3,500 萬美元，

表 6-1　沃爾瑪合併資產負債表

單位：百萬美元

1 月 31 日	2017		2016	
資產				
流動資產				
現金及約當現金	6,867	3%	8,705	4%
應收帳款	5,835	3%	5,624	3%
存貨	43,046	22%	44,469	22%
預付費用及其他	1,941	1%	1,441	1%
總流動資產	57,689	29%	60,239	30%
土地、廠房、設備（按成本計算）	179,492	90%	176,958	89%
減累積折舊	71,782	36%	66,787	33%
土地、廠房、設備（淨額）	107,710	54%	110,171	55%
資本租賃下財產	11,637	6%	11,096	6%
減累積攤提	5,169	3%	4,751	2%
資本租賃下財產淨額	6,468	3%	6,345	3%
其他資產				
商譽	17,037	9%	16,695	8%
其他資產	9,921	5%	6,131	3%
總資產	198,825	100%	199,581	100%
負債與股東權益				
流動負債				
商業本票	1,099	1%	2,708	1%
應付帳款	41,433	21%	38,487	19%
應計負債	20,645	10%	19,607	10%
應計所得稅	921	0%	521	0%
一年內到期之長期負債	2,256	1%	2,745	1%
一年內到期之資本租賃負債	565	0%	551	0%
總流動負債	66,928	34%	64,619	32%
長期負債	36,015	18%	38,214	19%
長期資本租賃負債	6,003	3%	5,816	3%
遞延所得稅負債	9,344	5%	7,321	4%
股東權益				
普通股股本	305	0%	317	0%
溢價	2,371	1%	1,805	1%
保留盈餘	89,354	45%	90,021	45%
累計其他綜合損益	(14,232)	-7%	(11,597)	-6%
總股東權益	80,535	41%	83,611	42%
總負債與股東權益	198,825	100%	199,581	100%

只占總資產的 3% 左右。

在應收帳款科目下，一般公司還有所謂的「備抵呆帳」（allowance for uncollectible accounts）科目。備抵呆帳通常是用來抵銷應收帳款（accounts receivable）及應收票據（notes receivable）的金額。備抵呆帳的功能是反映應收款成為壞帳的風險程度，通常由管理階層提出預估數字，經會計師查核後確定。

例如某公司在編製財務報表時，共計有應收帳款 10 億元，評估往來廠商的財務情況後，認為可能約有 1 億元無法回收，因此備抵呆帳認列 1 億元，則公司應收帳款之淨額為 9 億元。沃爾瑪的資產負債表並沒有備抵呆帳科目，這不代表沃爾瑪完全沒有壞帳的問題，而是因為壞帳金額很小，對評估沃爾瑪資產品質的重要性不高，沒有必要將應收帳款及備抵呆帳分開表達，直接顯示應收款淨額即可。採取這種做法就是所謂的「重要性原則」（materiality concept）。

關於備抵呆帳，應注意的事項如下：

1. **應收款的集中度**：若應收款集中在少數客戶，只要任一個客戶出現倒帳問題，對公司財務的影響都很嚴重。因此，必須逐一檢視重要客戶的還款能力。若應收帳款的分散度大（如銀行信用卡業務之應收款為大量個人的小額消費），則可利用統計方法估算備抵呆帳之合理金額。

2. **備抵呆帳金額之可靠性**：由於信用風險的評估具有主觀性，管

理階層願意承認多少金額的備抵金額，往往存在操控的空間。但投資人可以透過比較同一產業其他公司提列壞帳準備的程度，間接來評判該公司估計的合理性。

存貨（inventory）

指沃爾瑪可供銷售的商品庫存總進貨成本，是沃爾瑪流動資產中重要性最高的項目，2017 年的金額高達約 430 億美元，占總資產的 22% 左右。沃爾瑪的存貨主要以「後進先出法」（Last in First out, LIFO）計算，這種方法假設最後購買的存貨會最先銷售出去，因此仍列在帳上的存貨是較早期貨品的進貨價格。不同的存貨計價方法，不僅影響存貨價值的表達，也會進一步影響獲利數字；而存貨市場價格的變動，也可能造成存貨跌價損失。關於這些議題，第四章＜損益表＞中的表 4-3 已有詳細說明。

土地、廠房、設備（property, plant & equipment）

包括取得土地、廠房與設備的價款（含必要之稅金、佣金等），以及使這些資產發揮預定功能必須支付的代價（例如整地、設備試車等）。土地、廠房、設備又稱為「長期資產」（long-term assets）或「固定資產」（fixed assets），它們的流動性較低，一般假設需要一年以上的時間才容易出售，因此被歸之為「非流動資產」。在這類資產中，沃爾瑪擁有土地、房屋及房屋改良（例如空調設施）、家具、辦公設備及運輸工具（例如往來於倉庫及賣場間的送貨卡車）等。

對於長期資產的入帳，財務報表採取所謂的「成本原則」（cost concept），意指會計上對資產或勞務的取得，以完成交易的成本來記錄。

此外，為了表達長期資產帳面價值的改變，會計學使用「累積折舊」（accumulated depreciation）的科目來處理。關於資產價值的消耗，有系統地分攤在每一個會計期間，以方便計算損益，這就是折舊（depreciation）的概念。例如公司買進機器設備後，營業使用會耗損機器設備的價值，因此每年提列折舊費用，以表達企業營業的成本（請參閱第五章），同時把每年的折舊費用累加起來，作為機器設備帳面價值減損的紀錄。因此，在資產負債表中，累積折舊是資產的減項，我們稱為「抵銷帳戶」（contra account）。2017 年，沃爾瑪土地、廠房與設備的帳面金額為 1,794 億 9,200 萬美元左右，累積折舊金額為 717 億 8,200 萬美元，土地、廠房與設備的淨額約為 1,077 億美元，占總資產的 54% 左右。值得注意的是，土地不提列折舊，歸類為非折舊資產。

針對資產認列的議題上，國際會計準則（IFRS）與美國的一般公認會計準則（US GAAP）最大的差別，在於每一會計年度結束後，資產價值是否能重新評估（revaluation）。在國際會計準則下，資產價值的重新評估是被允許的，然而美國的一般公認會計準則不允許資產在認列購入成本後，重新評估資產的總價值是否有所變動。由於國際會計準則強調的是價值的攸關性與公允性，因此，國際會計準則認為，購入資產的價值應該證明重新評估。如果資產的價值有上升，就該在其他綜合損益表（other comprehensive income）中揭露，並累積數列在股東權益項下。而假如資產價值下跌，就在損益表下認列為當期損失。

資本租賃下財產（property under capital lease）

指沃爾瑪向其他資產擁有人租借營業使用的長期資產（例如土地及店面）。資本租賃主要須符合下列三項要件之一；不符合資本租賃條件的資產租賃契約，均稱為「營業租賃」（operating lease，只需要在支付租金時列入租金費用即可）。

1. 租期屆滿後，可無條件取得租賃標的者。
2. 承租人在租約期滿後，享有以優惠價購買租賃標的物的權利者。
3. 租賃期間超過資產耐用年限 75% 以上。

這種資本租賃的觀念，再次顯示會計著重經濟實質而不重視法律形式的特性。沃爾瑪租來的資產，法律的所有權當然屬於業主，但是就經濟實質而言，沃爾瑪等於「買」下了這些資產，必須承受這些資產帶來的經濟效益及風險。因此，會計準則要求它把別人的資產登錄在自己的資產負債表上。至於「營業租賃」的會計表達，在損益表上直接承認當期的租金費用即可，並不要求公司把租來的資產列入自己的資產負債表。

上述沃爾瑪的資本租賃，是根據美國的「一般公認會計原則」。在國際會計準則中，主要區分為融資租賃（資本租賃）和營業租賃，在租賃開始日，出租人如果已將租賃資產之主要風險與報酬移轉給承租人，則為融資租賃；反之，則視為營業租賃。

值得注意的是，為了避免兩種租賃契約所產生的重大財報表達差異，由 2019 年起實施的國際會計準則（第 16 號公報），已經不再區分營業

租賃及資本租賃。只有在資產使用權少於一年等少數情況下，企業可以仍用過去營業租賃的方式表達；絕大多數的租賃契約都需以相當於資本租賃的方式表達。然而，美國的會計準則仍然維持目前區分營業租賃及資本租賃的現狀。

累積攤提（accumulated amortization）

凡屬於資本租賃的資產，與機器設備等資產相同，也必須表達資產長期使用所累積的耗損，只是名稱不叫「累積折舊」，而改用「累積攤提」。因此，累積攤提也是資本租賃下財產科目的抵銷帳戶。2017 年，沃爾瑪資本租賃下之財產淨額為 64 億 6,800 萬美元，約占總資產的 3% 左右。

商譽（goodwill）

沃爾瑪擁有的土地、廠房與設備屬於有形資產，而商譽則屬無形資產的一種。商譽是證明企業有賺得超額盈餘的能力，很難用可靠及客觀的方法衡量，所以只能在交易（例如併購）發生的時候認列商譽。商譽是指沃爾瑪在購買其他公司股權時，付出的價格高於該公司資產重估後淨帳面價值（資產減去負債）的部分。（有關商譽金額的計算，本書稍後將有進一步討論。）2017 年，沃爾瑪的商譽為 170 億 3,700 萬美元，約占總資產的 9% 左右。

負債部分

依照會計慣例，沃爾瑪將負債依必須償還的時間長短排列，愈快需要償還的項目排在愈上面。

流動負債（current liabilities）

指沃爾瑪一年內到期、必須以現金償還的債務。2017 年，沃爾瑪的總流動負債為 669 億 2,800 萬美元，約占總資產的 34% 左右，是負債項目中總金額最龐大的項目。

商業本票（commercial papers）

主要指沃爾瑪為籌措短期營運資金，經金融機構保證所發行的金融票據，又稱為「融資性商業本票」。2017 年，沃爾瑪的商業本票為 10 億 9,900 萬美元，約占總資產的 0.5% 左右。

應付帳款（accounts payable）

沃爾瑪向供應商進貨，主要採取賒購的方式，它所積欠尚未償還的金額便稱為應付帳款。2017 年，沃爾瑪的應付帳款高達 414 億 3,300 萬美元，約占總資產的 21% 左右，是沃爾瑪最大的負債項目。

應計負債（accrued liabilities）

　　沃爾瑪將應付利息、應付水電費、應付薪資等已經發生支付責任、但尚未以現金支付償還的項目，加總起來放在這個綜合科目。2017 年，沃爾瑪的應計負債為 206 億 4,500 萬美元，約占總資產的 10% 左右。

應計所得稅（accrued income taxes）

　　沃爾瑪資產負債表的期末時點設定為 1 月 31 日，但繳納上年度稅負的時間為當年 7 月，因此沃爾瑪會先在期末認列自行估計的應繳納稅金額。

一年內到期之長期負債（long-term debt due within one year）

　　原本屬於一年以上到期的負債（例如十年到期的公司債），在一年內將到期的部分，都歸入這個科目。

長期負債（long-term debt）

　　指一年以上到期的債務。在沃爾瑪的資產負債表中，長期應付票據、應付抵押借款等一般長期負債科目，加總起來放在這個綜合科目中。2017 年，沃爾瑪的長期負債為 360 億 1,500 萬美元，約占總資產的 18% 左右。

長期資本租賃負債（long-term obligations under capital leases）

對長期的資本租賃而言，在簽定租賃契約以取得資產使用權之際，除了記錄資本租賃的資產金額，在負債面也要同時認列未來應支付的租賃款項金額（因為資本租賃其實很類似分期付款的形式）。由於應付租賃款屬於長期契約，代表未來長期應付而未付的負擔，所以歸為長期負債類別。2017 年，沃爾瑪該項目為 60 億 300 萬元，約占總資產的 3%。

遞延所得稅負債（deferred income taxes）

指因為一般公認會計準則與稅法規定的不同，造成有些租稅雖然現在不必支付給稅捐單位，但在一段時期後終究必須支付的金額，因而也被歸類為長期負債的一種。2017 年，沃爾瑪該項目為 93 億 4,400 萬元，約占總資產的 5%。

股東權益部分

沃爾瑪的股東權益主要分成普通股股本、溢價以及保留盈餘三個部分。

普通股股本（common stock）

指已流通在外的普通股股權之帳面價值。例如沃爾瑪的普通股每股票面值為 0.1 美元，流通在外的股數有 30 億 4,800 萬股，因此沃爾瑪的

普通股股本為 3 億 480 萬美元。上海、深圳交易所發行的股票法定票面值為每股 1 元人民幣,而台灣股票的法定票面值為新台幣 10 元,倘若一個上市公司流通在外的股數為 1 億股,則該公司的股本為新台幣 10 億元。股本主要是法律的概念,而不是經濟的概念。公司上市後,根據獲利狀況的優劣,每股的市價可遠高於或遠低於票面值。

溢價(capital in excess of par value)

當股權發行時,所收取之股款超過面值的部分,就稱為股本溢價。例如台灣某公司若以每股新台幣 40 元上市,其溢價即為 30 元。(台灣將溢價列入資本公積的　部分,有關資本公積的規定將於第七章進一步說明。)2017 年,沃爾瑪的溢價為 23 億 7,100 萬美元左右。

保留盈餘(retained earnings)

指公司歷年來累積獲利尚未以現金股利方式發還股東,仍保留在公司的金額。2017 年,沃爾瑪的保留盈餘高達 893 億 5,400 萬美元,占總資產的 45% 左右。它也是股東權益中金額最大的項目,占股東權益的 111% 左右。值得注意的是,由於美元較其他貨幣相對強勢,使得沃爾瑪的子公司及國外投資換算成美金時面臨匯兌損失,造成其他綜合損失增加。2017 年沃爾瑪的累計其他綜合損益為 142.32 億美元,使「其他權益」減少至 805.35 億美元,造成保留盈餘大於股東權益的現象。

累計其他綜合損益（Accumulated Other Comprehensive Income/loss）

第五章所討論的綜合損益逐年累計，其結果便是「累計其他綜合損益」（Accumulated Other Comprehensive Income/loss）。2017 年，沃爾瑪的累計其他綜合損益為 142.32 億美元。

———————

扼要地解釋 2017 年會計年度沃爾瑪資產負債表的各個會計科目後，我們簡單地確認會計方程式的成立：

資產（1,988.25 億）
＝負債（1182.9 億）＋股東權益（805.35 億）

就沃爾瑪的基本財務結構而言，負債約占總資產的 59% 左右，而股東權益則占總資產的 41% 左右。

資產負債表與競爭力

接下來，我們試著利用財務報表提出管理問題，並檢視一些基本的財務比率，分析企業可能面臨的競爭力挑戰。

沃爾瑪最重要的資產及負債

若以單項會計科目來看，沃爾瑪的流動資產中，金額最大的是存貨（2017年約為430億美元），流動負債中金額最大的是應付帳款（2017年約為414億美元）。這種現象反映零售業以賒帳方式進貨後銷售、賺取價差的商業模式，也顯示沃爾瑪若無法有效地銷售存貨、取得現金，龐大的流動負債將是個沉重的壓力。其次，龐大的存貨數量也會造成可觀的存貨跌價風險。如何管理這些風險，便成為管理階層與投資人分析資產負債表的重點。此外，沃爾瑪的土地、房子及設備之淨值（扣去累積折舊）高達1,077億美元，這部分產生的管理問題也是很大的挑戰。對此，沃爾瑪成立專業的不動產管理公司，凡是店面的擴充、遷移、關閉、分租等事項，都由專業經理人處理。

如同前文所強調的，財務報表數字的加總性太高，它不能直接提供管理問題的答案，而是協助管理者發現問題、深入問題。事實上，沃爾瑪資產負債表的任一個會計數字，背後都有一系列複雜的管理問題。此外，一些常見的財務比率，往往吐露了更深層的競爭力意涵，「流動比率」（current ratio）就是個好例子。

沃爾瑪的流動性夠嗎？

衡量企業是否有足夠能力支付短期負債，經常使用的指標是「流動比率」。流動比率的定義為：**流動資產 ÷ 流動負債**。流動比率顯示企業利用流動資產償付流動負債的能力，比率愈高，表示流動負債受償的可能性愈高，短期債權人愈有保障。一般而言，流動比率不小於1，是財務

分析師對企業風險忍耐的底限。此外，由於營運資金（working capital）的定義是流動資產減去流動負債，流動比率不小於 1，相當於要求營運資本為正數。

然而，對沃爾瑪而言，這種傳統的分析觀點並不適用。長期以來，沃爾瑪的流動比率呈現顯著的下降趨勢：1970 年代，沃爾瑪的流動比率曾高達 2.4，近年來一路下降，從 2000 年開始至今一直都維持在 0.9 左右（2017 年：576.89 億 ÷ 669.28 億 ＝ 0.86）。這是否代表沃爾瑪的流動資產不足以支應流動負債，恐怕有周轉失靈的危險？其實不然。

沃爾瑪是全世界最大的通路商，當消費者購買商品 2 至 3 天後，信用卡公司就必須支付沃爾瑪現金。但是對供應商，沃爾瑪維持一般商業交易最快 30 天付款的傳統，利用「快快收錢，慢慢付款」的方法，創造手頭上的營運資金。因為現金來源充裕與管理得當，沃爾瑪不必保留大量現金，並且能在快速成長下，控制應收帳款與存貨的增加速度。由於沃爾瑪流動資產的成長遠較流動負債慢，才會造成流動比率惡化的假象。對其他廠商來說，流動比率小於 1 可能是警訊，對沃爾瑪反而是競爭力的象徵。相對地，規模及經營能力都遠較沃爾瑪遜色的通路商凱瑪特，它的流動比率比沃爾瑪高出許多。凱瑪特在 2000 年的流動比率甚至高達 12.63（請參閱圖 6-1）。這難道代表凱瑪特的流動性風險降低？正好相反。

事實上，因為凱瑪特在 2000 年遭遇財務危機，往來供應商要求凱瑪特以現金取貨，或大力收縮凱瑪特的賒帳額度及期限，在應付帳款（出現在流動比率的分母）快速減少之下，才會造成凱瑪特如此高的流動比

圖 6-1　沃爾瑪與凱瑪特流動比率

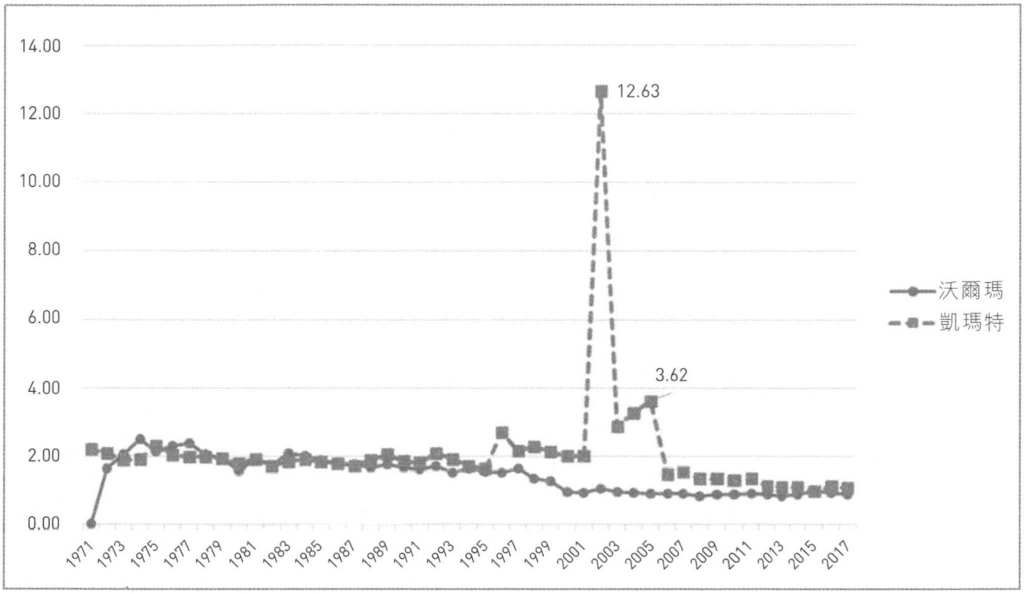

率。傳統的財務報表分析強調企業的償債能力，要求企業的流動比率至少在 1.5 以上。然而，由競爭力的角度著眼，能以小於 1 的流動比率（營運資金為負數）來經營，表現出沃爾瑪強大的管理能力；至於突然攀高的流動比率（例如 2000 年凱瑪特的數字），反而是通路業財務危機的警訊。

　　有關短期流動性的需求，企業可以有「存量」和「流量」兩種不同的對策。例如 Google 在 2016 年的流動比率高達 6.29，它是用大量流動資產的「存量」（約 1,054 億美元），來回應可能的現金周轉問題。一般而言，這是最常見、最安全的方式。雖然沃爾瑪的流動比率都小於 1，若進一步檢視它們的現金流量表（請參閱第八章），讀者會發現沃爾瑪有創造現金流量的強大能力，因此不會有流動性的問題。如果公司的流

動比率很低，同時創造現金流量的能力又不好，那麼發生財務危機的機會就會大增。

　　這個例子提醒我們一件事——閱讀財務報表必須要有整體性，而且必須了解該公司的營運模式，不宜以單一財務數字或財務比率妄下結論。而在通路業中，流動比率也能成為衡量營運相對競爭力的參考。

沃爾瑪整體的負債比率

　　欲了解企業整體的財務結構，我們可觀察總負債除以總資產的比率。近年來，沃爾瑪的「負債比率」（負債÷資產）漸趨穩定，約略在 0.6 左右（1182.9 億 ÷ 1988.25 億）。另外，財務結構也可用負債除以股東權益的比率來表示。由於有會計方程式的關係式（資產＝負債＋股東權益），這些財務結構的比率都能互相轉換。例如沃爾瑪的負債除以總資產之比率為 0.6，則股東權益除以總資產的比率為 0.4，而負債除以股東權益的比率為 1.5（0.6 ÷ 0.4）。凱瑪特在 1990 年代的負債比率與沃爾瑪類似，都在 0.6 左右。1999 年之後，凱瑪特遭遇嚴重的財務問題，因此它的負債比率持續攀升。2002 年，凱瑪特賠光了所有的股東權益，造成負債大於資產的窘境，其負債占資產比率更上升到 1.03，而近年更由於市場競爭激烈，凱瑪特已連續五年都虧損，2015 年股東權益再度轉負，負債占資產比率來到 1.07 的水準，2017 年更上升至 1.41（請參閱圖 6-2）。

　　因營業活動及產業特性不同，企業的財務結構也會有很大的差異。例如銀行業以吸收存款客戶資金的方式，從事各項金融服務，因此負債

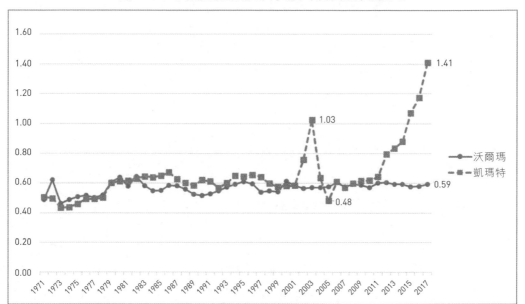

圖 6-2　沃爾瑪與凱瑪特總負債占總資產比

比率非常高。以全球知名的花旗集團為例，它的負債比率在 2016 年時高達 87.4%，股東權益只占總資產的 12.6% 左右。由於花旗集團資產風險相當分散，客戶對花旗集團的信心堅強，背後又有美國存款保險制度的支持，不會發生存款客戶同時要求提領現金的情況（就是所謂的擠兌危機），即使有如此高的負債比率，花旗集團並沒有倒閉的危險。再以中國資產規模最大的中國工商銀行為例，2016 年負債比率更高達 91.8%，股東權益只占 9.2%。相對地，若是一般的製造業公司，如此高的負債比率，恐怕早就發生財務危機了。

　　一般來說，觀察一家公司的財務結構是否健全，可由下列幾個方向著手：

1. 和過去營業情況正常的財務結構相比，負債比率是否有明顯惡化的現象。
2. 和同業相比，負債比率是否明顯偏高。
3. 觀察現金流量表（詳見第八章），在現在的財務結構下所造成的還本及利息支付負擔，公司能否產生足夠的現金流量作為支應。

由負債組成結構看風險與競爭力

除了觀察沃爾瑪的整體財務結構，也應分析沃爾瑪的負債組成結構。1970 年代，沃爾瑪流動負債占整體負債的 80% 左右，隨著展店成功、營收快速成長，這個比率在 1980 年代下滑至 60%。這是因為在初期沃爾瑪的流動負債中，有相當多一年內到期的銀行借款（1971 年占總負債的 15%），但隨著事業日漸穩定，沃爾瑪逐漸將借款還清，1979 年沃爾瑪的短期借款只占總負債的 0.2%。相對而言，自 1980 年起，凱瑪特流動負債占整體負債的比率一直低於沃爾瑪，約在 45% 左右。特別在凱瑪特出現財務危機後的 2001 年，這個比率突然降低到只有 5.76%（請參閱圖 6-3），代表供應商擔心可能倒帳的風險，不願以賒帳方式出貨給凱瑪特。

其他重要資產和議題

以下將進一步討論無形資產的重要性（尤其是商譽），與沃爾瑪財務報表中未出現的其他重要資產項目。

圖 6-3　沃爾瑪與凱瑪特流動負債占總資產比

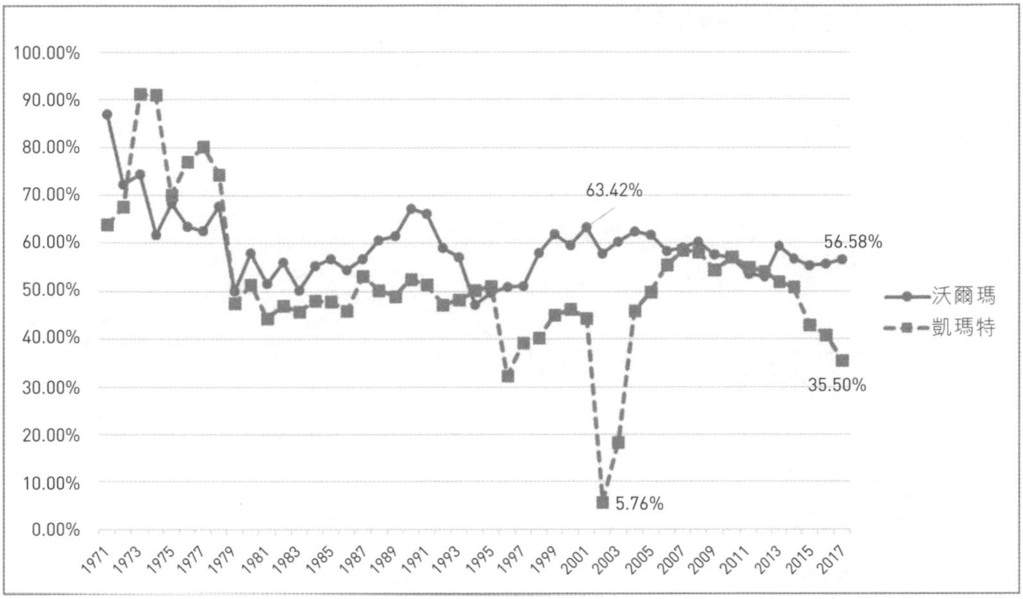

無形資產的重要性

　　無形資產指的是類似專利、商標、著作權、商譽等經濟利益，本質上相異於土地、廠房設備等有形資產。在知識經濟中，無形資產在經濟體系中的重要性與日俱增。

　　公司無形資產的總經濟價值，可用其市場價值減去公司帳面淨值（也就是股東權益）進行初步衡量；而公司流通在外的每一股無形資產的經濟價值，可用其每股股價減去每股帳面淨值來衡量。當每股股價跌破每股淨值，部分財務分析人員便視之為公司被低估的買進訊號。當然，若資本市場經歷特殊的利空事件（例如 SARS 危機），便可能造成這種特殊現象。若股價長期低於淨值，對管理階層則是一個嚴重的警訊。它可

能代表市場認為公司有高估資產、低估負債，以至於有每股淨值虛增之嫌。它也可能代表經營團隊不僅沒有創造「正」的無形資產，反而創造「負」的無形資產。例如，資本市場可能認為經營團隊的能力不佳，會造成未來連年虧損。更糟的是，由於公司治理成效不彰、市場淘汰機制失效，使得沒有競爭力的管理團隊仍繼續當家。因此股價長期低於淨值，可能是反映資本市場對於經理人「做不好，但又換不掉」的無奈。

商譽的形成與計算

在本章沃爾瑪的資產負債表中（請參閱表 6-1），我們發現它在 2017 年約有 170 億美元的商譽。商譽是併購行為中經常出現的無形資產，指的是企業收購價格超出重估後淨資產的部分。表 6-2 即以劉邦公司的資產負債表為例，說明商譽的計算。

若劉邦公司與買主進行資產重估，同意存貨應為價值 500 萬（亦即比帳面增值 100 萬），設備應為價值 1,200 萬（亦即比帳面增值 200 萬

表 6-2　劉邦公司資產負債表

資產		負債	
存貨	400	應付帳款	200
應收款	300	長期借款	600
設備淨值	1,000	股東權益	
	2,200	股本	400
		溢價	100
		保留盈餘	900
			2,200

元），則該公司重估後的資產，應反映存貨與設備的總增值（300 萬），成為 2,500 萬。至於劉邦公司重估後的淨資產，則為重估後資產 2,500 萬扣除負債 800 萬，價值 1,700 萬。

假設購買劉邦公司的買主只願支付資產重估後之淨資產，那麼他只該出價 1,700 萬。若實際成交價格為 2,500 萬，我們稱這部分的差額（800萬）為商譽。根據國際會計報導準則，企業必須每年定期對商譽進行減損測試（impairment test），如果因經濟情況或環境變動而導致商譽有減損時，就其減損部分要認列損失，且減損損失以後不得迴轉。

商譽在資產負債表的比重日益增加，表 6-3 列出了美國 2017 年擁有大量商譽的著名公司，提供讀者參考。

表 6-3　2017 年美國擁有重大商譽的著名公司

公司名稱	商譽價值（億美元）	占股東權益之比率（%）
奇異 GE	680.70	88.16
美國電話電報 AT&T	1,052.07	84.77
波克夏產物保險 Berkshire Hathaway	794.86	27.75
沃爾瑪 Walmart	170.37	21.15
亞馬遜 Amazon	37.84	19.60
谷歌 Google	164.68	11.80
花旗集團 Citigroup	216.59	9.57

長期股權投資

　　部分企業進行金額龐大的投資活動，反映在資產負債表上，是一個叫「長期股權投資」的會計科目。

　　我們在觀察企業的財務報表時，常會看到「合併報表」和「母公司報表」兩種。從合併報表（目前財報主流），我們更能看出整個公司集團的營運狀況和經營績效。

　　我們在看這兩種報表時要注意到，「合併報表」是「母公司報表」加「子公司報表」的概念，所以像現金、固定資產或銀行借款，這些項目是所有公司合起來所持有的金額。但「長期股權投資」這個會計科目比較特別，當母公司投資子公司的時候，是列在長期股權投資裡，若是以合併的公司來看，母公司和子公司都是合併公司的一部分了，所以母公司對子公司的長期股權投資金額會在編制的過程中消除。

　　以遠東新世紀（舊名：遠東紡織）為例，它 2016 年採用權益法之投資金額為新台幣 230.6 兆元，約占總資產的 81%，顯然遠東新世紀也比較類似控股公司，而不是單純的紡織公司。遠東新世紀的轉投資大多是獲利平穩的公司，因此風險不大。如果公司長期股權投資的標的物虧損連連，將對公司造成重大風險，必須進行資產減損的承認（第八章將進一步說明）。許多台商在大陸投資的規模龐大，在財務報表上即屬於長期投資項目。由於對中國大陸投資的管制，許多企業開始利用各種轉投資方式，從海外將投資款項匯入大陸以規避主管機關的追查。例如以公司負責人名義投資，因為不是公司的投資，金額不會列在報表上，也因

此影響了財報的透明度。

其他重要負債議題

以下將討論「或有負債」及負債結構中所反映的公司性格。

或有負債

除了沃爾瑪的資產負債表具備的項目，「或有負債」（contingency liability）是另一個重要的負債項目，值得進一步說明。或有負債指的是企業可能發生的負債，但隨著事件發展，該負債也可能不會發生。例如，1990 年代初期微軟剛推出視窗 3.0 版本時，蘋果電腦曾對它提出侵權訴訟，因為視窗的外表樣貌與使用方式，實在太像蘋果的麥金塔作業系統。如果蘋果勝訴，微軟不僅要付出大筆賠償金（約 30 億美元），對發展視窗事業也會有致命的影響。當時有關軟體的侵權官司案例不多，法官如何判決有相當大的不確定性。對微軟而言，它即是一項可能發生的或有負債。如果微軟認為該訴訟案敗訴的機率很低，那麼它可以只在財務報表附註中揭露此事。如果隨後法院有不利的判決，微軟則應該估計此負債的金額，並將它正式放入負債項目中。1994 年，美國聯邦法官判決蘋果電腦敗訴，理由是軟體的外表樣貌不能列為專利保護，蘋果必須證明它的程式碼被抄襲，因此該訴訟案並未正式影響微軟的財務報表。

近年來另一個著名的或有負債案例，出現在知名日本品牌夏普（Sharp）被鴻海併購的過程。2016 年台灣鴻海集團欲併購日本夏普，

提出百分百股權 6,590 億日圓的高價。夏普於 2016 年 2 月 25 日召開董事會，同意鴻海的併購計畫；但鴻海集團卻於同日宣布，他們在 2 月 24 日收到了夏普提交的一份文件，內容指出夏普約有 3,500 億日圓的或有負債（內容包括退休金、合約的違約金及政府補貼費用的返還等），因此決定暫停交易。此舉讓夏普大驚失色，積極與鴻海溝通。最後，同年三月底鴻海結束調查，仍願意收購夏普，但價格已由原本的 6,590 億日圓降至 3,890 億日圓。2016 年 3 月 30 日，鴻海以原本併購價格的 59% 完成這項收購案，可見或有負債嚴重的程度。

或有負債由疑慮發生到最終解除，有時候需要非常長的時間。例如 2004 年 9 月，世界著名藥廠默克（Merck）突然宣布回收暢銷止痛藥偉克適（Vioxx）。當時偉克適年銷售額高達 25 億美元，是默克藥廠的金雞母。但默克藥廠的研發部門發現，長期服用偉克適，會使心臟病發作的機率增加數倍。這個消息一經公布，資本市場極度恐慌，在一個交易日內，默克股價跌掉 26.7%，相當於 270 億美元的市值。這種恐慌不是沒有根據的，據 2004 年 10 月美國權威醫學雜誌《新英格蘭醫學雜誌》（*The New England Journal of Medicine*）的統計，全美大約有 2,000 萬人服用過這種止痛藥，總共需要賠償的金額為何，實在很難估計。2007 年 12 月，默克與所有曾服用或有親屬曾服用偉克適的民眾和解。從宣布回收以來，共累計約 27,000 件訴訟，由約 47,000 個不同的團體提出，最終默克共需賠償 48.5 億美元給所有告訴人。2016 年 1 月，默克宣布以 8.3 億美元與所有當時因偉克適回收導致股票下跌而承受損失的投資人和解。纏訟十二年後，這件或有負債引發的法律事件才算完全結束。

從貴州茅台看大陸公司的資產負債表

　　製酒公司會成為股王（每股股價最高）？在台灣以電子資訊產業為主的資本市場中很難想像。但大陸「貴州茅台」以其持續成長的業績，股價在 2007 年突破百元人民幣後，一度成為股王。到了 2018 年，貴州茅台甚至以每股人民幣 788.42 元的新高價，持續成為大陸股王；而其市場價值，上市十六年來漲幅約 82 倍，因大陸消費者逐漸注重品質與品牌，使其獲利持續上升。貴州茅台是白酒市場的龍頭，歷史源遠流長，在大陸被譽為中國的「國酒」。其產品主打高級酒品市場，開發出各種不同年份和度數的茅台酒，在高級酒品市場銷售極佳。2006 年淨利約為 15 億人民幣。到了 2016 年，淨利已成長到 179 億人民幣。

　　由於大陸土地國有化政策，貴州茅台的資產負債表中沒有「土地」這個科目，而是企業承租的「土地使用權」，歸類為「無形資產」。財報除了因為不同的國家法令規定有不同的呈現外，不同的產業特性也會有不同解讀。例如，對於電子公司的存貨項目，常要特別注意跌價問題，因為科技產品推陳出新的速度非常快，舊產品跌價風險甚高。製酒業的存貨則相當不同，雖然貴州茅台的存貨占總資產的 21%，但其內涵為製酒的原材料、半成品及成品，保存期限通常較長，存貨跌價的狀況不像高科技公司這麼嚴重。貴州茅台的存貨跌價除了僅針對少數特定品牌提列外，由於品牌建立造成包裝的更新替換，所以多是對包裝物等附屬產品提列跌價準備。另外，固定資產項目裡主要是興建的窖池、鍋爐生產線及供水設備。針對這樣的產業特性，我們應該注意龐大的固定資產未來能不能帶來收入增長。因為高檔類酒和低檔類酒的利潤相差很大，我們還要去思考，新建的窖池是要釀造哪一類的酒，是不是可以釀造出符

合標準的高檔類酒？此外高檔類酒多半要經過長時間的培育期，規模擴張的同時，收益能不能馬上實現等問題。

此外，貴州茅台的負債項目裡幾乎都是流動負債（2016 年流動負債占整體負債 99.9%），且整個負債只占資產的 32.79%，顯示貴州茅台的資金來源都來自股東投入而非向銀行借錢。而流動負債的主要內容為預收帳款（占總負債的 47.3%），但預收帳款指的是收款後尚未出貨給對方，因此列入短期負債中；只要貴州茅台能夠準時供貨，這些預收帳款就會轉為收入。因此，貴州茅台實際上的負債比非常低。

面對真實的資產及負債狀況

商業智謀淺者，直接接受損益表的獲利數字；商業智謀深者，反覆檢討質疑資產負債表中資產是否高估、負債是否低估。經理人最重要的訓練之一，就是「面對現實」，而資產負債表便是修練這項功夫的基本工具。在資產方面，目前國內外的投資人及證券主管機關，都十分重視「資產減損」（asset impairment）的問題。簡單而言，就是擔心經理人不願承認部分資產已沒有價值，因為這樣的會計承認動作，往往代表公司當期必須提列巨額損失，影響經理人的績效。至於負債方面，其中最令人擔心的是：經理人刻意將部分負債項目轉變成「隱藏性負債」（hidden liability），使投資人看不到這些負債對公司可能造成的殺傷力。我們將在第九章＜踏在磐石而不是流沙上＞及第十章＜經營管理，而不是盈餘管理＞，深入討論這些重要課題。

經由本章相關的討論，我們從中發現，在傳統的財務比率背後，其實吐露著重要的競爭力訊息。就流動比率而言，它不只是公司能否支付流動負債的指標，對沃爾瑪及戴爾來說，它更是其商業模式的縮影。沃爾瑪在上市後花了三十年，才磨練出以「負」的營運資金（流動比率小於 1），經營龐大企業體的能耐；可見競爭力的培養，必須靠經年累月的長期鍛鍊。最後，提醒讀者千萬不要誤會，以為筆者鼓吹企業保持低水位的流動比率。畢竟這樣的數字有行業特性差異，也只有頂尖的企業才有能力與信心，以超級強力的現金流量（請參閱第八章）彌補流動資產存量過低的風險。

財報衡量重心轉移到資產負債表

過去，財報衡量的重心是損益表，以幫助報表使用者了解企業的損益，從而進行經濟決策（如買賣股票）。現在，財報衡量的重心轉移到資產負債表，利用公允價值觀點，深入辨識企業資產與負債因公允價值變化，對於狹義及廣義損益產生的影響，其複雜度增加極多。

參考資料

1. Leonard Nakamura, 2002, "Intangible Investment: Barely Visible, Highly Significant", *Business Review* (Federal Reserve Bank of Philadelphia), Spring.
2. 《商業周刊》第 888 期，2004 年 11 月 29 日。

第七章

是誰動了我的奶酪——
權益變動表的原理與應用

2012 年 3 月 19 日，美國蘋果公司新任執行長庫克（Tim Cook）宣布將開始發放現金股利並進行股票買回計畫。這個消息讓華爾街非常興奮，隔天蘋果股票立刻上漲將近 3%。因為在賈伯斯（Steve Jobs, 1955-2011）時代，蘋果一直力抗資本市場期望，堅決不發放現金股利。

1976 年，21 歲的賈伯斯創立蘋果；1985 年，30 歲的賈伯斯被董事會趕出蘋果；1997 年，42 歲的賈伯斯重掌蘋果，此時蘋果在電腦市場占有率只剩 4%，離破產已不遠。賈伯斯如何重振旗鼓，陸續推出 iPod、iPhone 等熱門商品，使蘋果成為全球市值最高的消費電子公司，已經成為企業傳奇。這段顛沛流離、掙扎生存的經驗，讓賈伯斯極端重視現金的充裕度。在 2010 年 2 月的股東會上，賈伯斯對著質疑他不發放股利的股東說：當我們急需某項東西來使得我們的產品更大器、更大膽（big and bold）的時候，我們可以直接簽一張支票買下它，而不是去借錢，並將整個公司置入險境。那些我們放在銀行裡的錢，讓我們彈性絕佳且安全無虞。

在庫克接任蘋果執行長後，股利政策產生了巨大變化。庫克認為，那個隨時都會缺乏資金的蘋果公司已是過去式。2011 年時，即使蘋果大

量支出在研發、併購以及擴廠等活動，蘋果手頭上仍有 98 億美元現金及 161 億美元可隨時變現的金融證券。因此，庫克決定開始發放現金股利。自 2012 年開始，蘋果開始發放每季一股 2.65 美元的現金股利（該會計年度共發放了 24.88 億美元的現金股利），隨後兩年更漲到每股發放 3.05 美元左右的現金，而 2014 年還進行了一次「1 股變成 7 股」的股票分割（stock split）；隨後維持每季發放一股 0.5 美元左右的現金股利，直到現在。

　　而就股票買回的部分，2013 年蘋果共花費 230 億美元在股票購回計畫上。到 2016 年為止，蘋果已花費約 1,330 億美元在股票購回中。其實賈伯斯之所以能力退股東的要求，並非只靠強烈的個人意志。自他於 1997 年重回蘋果以來，蘋果市值由 51.54 億美元成長到 3,543.51 億美元，約為 69 倍；就算沒發放股利，也已經充分照顧了股東的權益。

　　本章首先介紹權益變動表的基本原理和觀念，其次以沃爾瑪和台積電的權益變動表為例，說明相關會計科目的定義。接下來，以沃爾瑪相對於凱瑪特的財務比率，說明股東權益變動表與競爭力衡量的關係。此外，與股東權益相關的融資活動，其背後的管理意涵，本章也將一併討論。最後，筆者將探討部分美國知名企業平衡股東與員工利益的．些做法，並介紹中國著名通訊大廠「華為」在股東權益方面的創新。

權益變動表的基本

　　欲了解股東權益變動表，必須回到基本的會計方程式：

$$資產_t＝負債_t＋股東權益_t$$

其中小寫「t」指的是時間，代表會計方程式在任何時間點 t 都會成立。針對第 t 期的股東權益，可進一步表達如下：

$$股東權益_t＝股東權益_{t-1}＋淨利_t－現金股利_t$$
$$＋現金增資及股票認購活動_t－買回公司股票_t$$
$$＋／－其他調整項目_t$$

這個關係式的意涵為：本期（t 期）的股東權益，是以上期（t-1 期）的股東權益為出發點。如果本期公司賺錢（淨利為正），則股東權益會增加；如果本期公司賠錢，則股東權益會減少。因此，損益表的結果會間接影響股東權益變動表。此外，本期現金股利的發放，也會減少股東權益。若公司在本期中進行向股東籌資的活動（現金增資），或經理人執行股票選擇權（stock options），以低於市場的價格購買自己公司的股票，都會造成股東權益的增加。但是，若公司買回自家股票（例如購買庫藏股），則會造成股東權益的減少。此外，有些會計的調整項目（例如匯率變化引起的未實現損失、長期股權投資未實現的跌價損失等），則不經過損益表而直接影響當期的股東權益金額。

沃爾瑪的權益變動表

相較於其他財務報表，沃爾瑪的權益變動表相當簡單。沃爾瑪的股東權益主要分成普通股股本、資本溢價、保留盈餘及累計其他綜合損益四大部分。

- **普通股股本（common stock）**：普通股是公司資本形成所發行的基本股份。一般而言，普通股的股東享有：①表決權（出席股東會，選舉公司董事、監事等權利）；②盈餘分配權（按持股比例參與盈餘的分配及現金股利的分發）；③剩餘財產分配權（在公司清算時，清償完負債與相關法律費用後，公司剩餘的財產為股東所有）；④優先認股權（在公司發行新股時，可按照原來的持股比率，優先認購發行股份，避免股權被稀釋）。所謂的普通股股本，是指已流通在外的普通股股權的票面價值。沃爾瑪的普通股每股票面值為 0.1 美元，2017 年流通在外的股數有 30 億 4,800 萬股，因此沃爾瑪的普通股股本為 3 億 480 萬美元。

- **資本公積（additional paid-in capital）**：意指投入資本中不屬於股票面額的部分，或經由資本交易、貨幣貶值等非營業結果所產生的權益。資本公積中最常見的是股本溢價（capital in excess of par value），就是當股權發行時所收取的股款超過面值的部分。2017 年，沃爾瑪的溢價為 23.71 億美元。

- **保留盈餘（retained earnings）**：指公司過去累積的獲利，尚未以現金股利方式發還給股東、仍然保留在公司的部分。2017 年，沃爾瑪的保留盈餘高達 893 億 5,400 萬美元，占整個股東權益的 111% 左右。這代表沃爾瑪的資本形成主要靠過去所累積的獲利，而不是向投資人持續募集資金的結果。

- **累計其他綜合損益（accumulated other comprehensive**

Income/loss）：除了前章所介紹的某些投資公允價值調整須列入其他綜合損益之外，沃爾瑪也將「現金流量避險」、「財務報表換算之兌換差額」、「退休金」等項目列入其他綜合損益中。另外，有些公司也會將「資產重估增值」列入其他綜合損益。這些每年發生的其他損益累積起來，便是「累計其他綜合損益」。截至 2017 年，沃爾瑪的累計其他損益為 142 億美元，主要是因近年美元走強，使得沃爾瑪在其他國家的營收及投資換算成美元時面臨損失，造成「財務報表換算之兌換差額」的損失大增。

以前文討論的權益變動關係式為基礎，沃爾瑪 2017 會計年度股東權益的變動（請參閱表 7-1），主要來自下列經濟活動：

- **2016 年 1 月 31 日餘額：**沃爾瑪 2016 會計年度的期末餘額，同時也是 2017 會計年度的期初餘額（所謂的 t-1 期），金額為 836.11 億美元。

- **持續經營業務淨利：**2017 會計年度，沃爾瑪由零售本業賺進了 142.93 億美元，是造成當年股東權益增加的最主要力量，這個數字也同時出現在損益表中（請參閱第四章）。

- **終止業務淨利：**此項目表示當年度企業有中止部分營業項目，這個數字也會出現在損益表中。2017 年沃爾瑪並無中止部分營

表 7-1　沃爾瑪合併股東權益表

單位：百萬美元

	股數	普通股股本	資本溢價	保留盈餘	累積其他綜合損益	非控制權益	總額
2016 年 1 月 31 日餘額	3,162	317	1,805	90,021	(11,597)	3,065	83,611
持續經營業務淨利				13,643			14,293
其他綜合損益					(2,635)	(210)	(2,845)
現金股利（每股 2.00 美元）				(6,216)			(6,216)
購買公司股票	(120)	(12)	(174)	(8,090)			(8,276)
其他	6		740	(4)		(768)	(32)
2017 年 1 月 31 日餘額	3,048	305	2,371	89,354	(14,232)	2,737	80,535

業項目。

- **其他綜合損益**：若沃爾瑪在某期間購買其他上市公司的股票作為長期投資，且在結算時尚未賣出，則需將持有的股票調整至公允價值，並根據採購成本與公允價值的差額認列損益。舉例來說，若沃爾瑪在某期間以 100 萬元的成本購買 A 公司的股票，且在財報結算時仍未賣出，而當時 A 公司的股票已漲價，之前購買的股票如今市面價值是 110 萬元，則公司必須將持有的股票調至公允價值的 110 萬，並根據價差認列 10 萬的收益；但因此投資被分類為「透過其他綜合損益按公允價值衡量」之資產，故此收益不得認列在當期利益，而必須認列在「其他綜合損益」（other comprehensive income）。若股票並非上漲，而是下跌到只剩 90 萬的價值，則須調整至公允價值 90 萬，並認列 10 萬的損失。當然，除了公允價值的價差需要認列之外，尚有其他項目也須計入其他綜合損益，2017 會計年度其他綜合

損失為 28.45 億美元。

- **現金股利：**沃爾瑪的現金流量充沛，決定配發每股 2 美元的現金股利，總金額達到 62.16 億美元。

- **購買公司股票：**目前沃爾瑪投資活動所需的現金，遠低於營業活動所創造的現金流入（請參閱第八章），在資金無法完全消化的情況下，沃爾瑪決定按照股東持股比例，購回他們手中的公司股票。這是另一種以現金回饋股東的方式，2017 年時總金額高達 82.76 億美元。

- **2017 年 1 月 31 日股東權益餘額：**經過以上各種經濟活動，沃爾瑪 2017 會計年度股東權益的餘額為 805.35 億美元，較期初金額減少了 3.7%。

股票選擇權的爭議

沃爾瑪給予高階經理人股票選擇權作為獎酬的做法，在美國企業界十分普遍，在高科技業界更為盛行。英特爾前總裁葛洛夫（Andy Grove），便曾強力捍衛員工股票選擇權對激勵士氣的價值：「以我在知識產業服務四十年的經驗，我實在找不出有哪種方法，會比股票選擇權更能有效地讓員工與公司產生休戚與共的一體感。」

然而，員工選擇權是否該算成薪資費用的一部分？這是個近年來頗

有爭議的會計問題。針對這個問題，巴菲特提出一針見血之論：「如果選擇權不是給員工的報酬，那它是什麼？如果報酬不算費用，它又是什麼？如果計算盈餘時不必考慮費用，它算哪門子盈餘？如果這種費用不列在損益表上，它到底該放在哪裡？」可口可樂的財務長菲雅德（Gary Fayard）也坦率地說：「毫無疑問地，股票選擇權是薪資的一部分。如果它沒有價值，我們（指經理人）都不會要它。」

根據統計，在 2000 年美國年收入前 200 名的高階經理人薪資中，股票選擇權就占總薪資的 58% 左右。若觀察前 100 大的網路公司，股票選擇權占薪資的比例更高達 87%，重要性可想而知。有關股票選擇權的會計議題，筆者以範例簡單說明如下。

釋例

2017 年 1 月 1 日，劉邦公司授予總經理 20 萬股的股票選擇權。這些股票選擇權允許總經理的是：在未來十年內，隨時可用每股 60 元買進劉邦公司的股票，最高可達 20 萬股。目前公司的股價為 60 元，假設這些股票選擇權產生的激勵效果為兩年，試問這些股票選擇權是否該算是劉邦公司的費用？

若按照過去的一般公認會計準則，劉邦公司可以完全不承認該公司有任何費用。因為在授予總經理股票選擇權時，當時市價及總經理的可執行價格都是 60 元，總經理尚未得到任何好處。如果公司未來股價能上升，超過 60 元的部分才是總經理得到的利益。

目前不管是美國的財務會計準則委員會（FASB）或國際會計準則委員會（IASB），均規定應以公平價值（fair value）來衡量員工股票選擇權，並且在選擇權產生激勵效用之期間，承認員工股票選擇權為營業費用的一部分。例如劉邦公司利用適當的財務評價模型（為財務管理課程的討論項目），在股票選擇權授予時，評估這 20 萬股選擇權的公平市價為 200 萬元。由於激勵效果預估為兩年，因此在 2017 年及 2018 年，該公司必須各認列 100 萬元的股票選擇權費用。

此外，經理人執行選擇權會造成流通在外股數的增加，產生降低每股盈餘的不良效果。根據最近的研究報告，在標準普爾五百大的公司中，因發放員工認股權所造成的每股盈餘降低，在 2014 年、2015 年、2016 年分別降低每股盈餘約 4.10%、3.61% 及 3.47% 左右。

台積電的股東權益變動表

除了受到一般公認會計準則的影響，企業的股東權益變動表亦和各國公司法、相關證券法令關係密切。由於法令因素，台灣的權益變動表比美國來得複雜，除了發行股本（每股以票面值 10 元計算）之外，另外還設有公積項目，包括資本公積、法定盈餘公積與特別盈餘公積等三種。

- **資本公積（additional paid-in capital）**：意指投入資本中不屬於股票面額的部分，或經由資本交易、貨幣貶值等非營業結果所產生之權益。資本公積的內容包括股本溢價（沃爾瑪也有此項目）、資本重估價值（例如公告地價超過當初購買成本的

部分，美國公司無此項目）、處分固定資產利益、企業合併所獲利益與受領捐贈所得等。

- **法定盈餘公積（legal reserve）**：按台灣公司法規定，公司分派年度盈餘時，在繳納稅款及彌補虧損後，就其餘額提存 10% 為公積金，法定盈餘公積依性質是屬於保留盈餘。

- **其他權益項目**：包含國外營運機構財務報表換算之兌換差額、備供出售金融資產的未實現損益，還有現金流量避險等項目。

以下以台積電 2016 年的權益變動表為例（請參閱表 7-2），對此加以說明。

- **2015 年底餘額**：也就是台積電 2016 年股東權益的期初餘額，金額為 1 兆 2,226 億新台幣。

- **現金股利**：2016 年台積電配發每股 6 元的現金股利，共計 1,555.8 億新台幣，該項目會成為未分配盈餘的減項。

- **2016 年度淨利**：台積電 2016 年的淨利為 3,343.4 億元（亦顯示在損益表中）。

- **2016 年稅後其他綜合損益**：台積電 2016 年的其他綜合損失約

表 7-2　台灣積體電路製造公司股東權益表

單位：新台幣千元，惟每股股利為元。

	普通股股本	資本公積	保留盈餘		其他	非控制權益	總額
			法定盈餘公積	未分配			
2015 年 12 月 31 日餘額	259,303,805	56,300,215	177,640,561	716,653,025	11,774,113	962,760	1,222,634,479
盈餘分配							
法定盈餘公積			30,657,384	(30,657,384)			
現金股利—每股 6.0 元				(155,582,283)			(155,582,283)
2016 年度淨利				334,247,180		91,056	334,338,236
2016 年度稅後其他綜合損益				(950,314)	(10,110,130)	(6,745)	(11,067,189)
其他事項		(27,911)				(244,206)	(272,117)
2016 年 12 月 31 日餘額	259,303,805	56,272,304	208,297,945	863,710,224	1,663,983	802,865	1,390,051,126

110 億元。

- **其他事項：**台積電 2016 年的其他事項損失約 2.72 億新台幣。

- **2016 年底餘額：**在 2016 年年底，台積電的股東權益達 1 兆 3,900 億元，比起期初股東權益金額增加了 12%。

企業減資的意涵

根據金管會統計，自從 2000 年底通過庫藏股制度（上市上櫃公司可透過買回自家股票並註銷，以達到減資目的）之後，辦理減資的上市上櫃公司數，從原本每年的個位數開始大幅增加，在 2017 年就有 405 家上市櫃公司辦理減資。過去令人矚目的，像是 2006 年在台灣宜蘭發跡的「旺旺集團」，它宣布由原先四億五千多萬的資本額，減資為一千萬。而台灣半導體大廠聯電也在 2007 年 1 月宣布現金減資 573.93 億元，減資比率約 30%，其實聯電已於 2006 年實行庫藏股減資 100 億了。

減資通常可以分為以下三種：庫藏股減資、現金減資及減資彌補虧損。

1. 庫藏股減資

依證交法規定，公司可以為了維護公司信用及股東權益而買回庫藏股，並在買回之日起六個月內辦理減資變更登記。用庫藏股減資，等於

是拿公司的現金去買庫藏股，再將股本消除。簡單來說，假設一家公司減資前股本 100 億（10 億股），保留盈餘 50 億，股東權益合計是 150 億，每股淨值是 15 元（150 億元 ÷ 10 億股），當年獲利 100 億，則每股盈餘 10 元（100 億元 ÷ 10 億股）；此時假設每股市價 20 元，公司等於花了 20 億元買進庫藏股 1 億股，股本減為 90 億元。因為股價超過面額，超過股價的金額要用資本公積或保留盈餘扣除，減資後的每股淨值為 14.44 元（130 億元 ÷ 9 億股），每股盈餘為 11.11 元（100 億元 ÷ 9 億股）。因為股本減少，使得減資後每股盈餘向上提升。聯電在 2006 年宣布以庫藏股減資 100 億的做法即是此類。

2. 現金減資

現金減資就是將股份消除，並將等同於股本的金額直接以現金返還給股東。例如聯電 2007 年宣布辦理減資 30%，即每 1,000 股減資 300 股後剩下 700 股，每位股東可以拿到退回的股款 3,000 元（300 股 × 10 元 =3,000 元）。如果以上面的例子來看，若公司支付 20 億現金給股東，相當於 2 億股（2 億股 × 10 元），股本則減為 80 億元，減資後的每股淨值為 16.25 元（130 億元 ÷ 8 億股 = 16.25），每股盈餘為 12.5 元（100 億元 ÷ 8 億股）。2006 年晶華酒店辦理現金減資，退還股東股款每股 7.2 元；凌陽也辦理減資 50%。這幾家企業減資的原因，多是因為獲利穩定且手頭上現金充裕，但短期內沒有再投資的計畫，所以決定退錢給股東，同時可提升每股盈餘及投資報酬率，並消除股本過大及閒置資金的情形。

3. 減資彌補虧損

　　還有一種常見的減資方式為減資彌補虧損，就是當公司虧損連連、保留盈餘為負數（此時的財報用語稱為累積虧損）時，每股淨值已低於10元，公司利用減資的方式將股本的金額拿來彌補累積虧損。假設一家公司減資前股本100億（10億股），累積虧損40億，股東權益合計是60億元（100億元－40億元），每股淨值是6元（60億元÷10億股）；此時公司宣布減資40%，即每1,000股減資400股後剩下600股，減資的股本40億元可拿來彌補累積虧損。彌補完後，其實股東權益的總數60億元還是不變，只是將股本的金額轉40億去彌補累積虧損。減資後的每股淨值則增加為10元（60億元÷6億股）。近年來辦理減資彌補虧損的公司，例如2007年彩晶宣布減資約104億元；2006年旺宏減資約41.63%、約208億元，旺宏在減資前每股淨值約5.83元，減資後則提升至9.95元。雖然這種減資方式使每股淨值提升了，但每位股東手上的股票也大幅縮水。這種減資方式通常表示公司營運不佳，需要藉由減資來改善財務結構，若公司經營階層有意改善營運策略，減資會對股東有正面效果。像旺宏在經歷多年虧損後努力改善經營策略，業績開始成長的同時，股價也慢慢上漲，從2005年底每股僅5元成長至2007年中約13元。

　　雖然目前資本市場中宣布減資的企業，短期內股價大都上漲，但這只是肯定公司退還閒置資金給股東的負責態度，並不代表企業競爭力的提升。

股利政策的意涵

　　一般而言，股利政策的變化，顯示出經理人對產業與公司前景的看法。以台積電為例，它過去發給普通股股東的幾乎都是股票股利。但是到了 2004 年，台積電的股利政策改成「以現金股利為優先」—— 每股現金股利為 2 元，股票股利為 0.5 元。原本公司章程規定，「現金股利分派比例不超過股利總額 50%」的限制，也修改為「股票股利分派比例不超過股利總額 50%」。

　　台積電股利配發政策的改變（多配現金股利、少配股票股利），除了反映台灣證期局對平衡現金與股票股利的要求，也隱含了一個重要訊息 —— 公司對產業未來成長的前景，態度轉趨保守。在不希望影響每股獲利力道的考慮下，台積電採取了避免未來股本過度膨脹的配股方式。台灣電子產業經過近二十年的發展，有不少上市櫃的電子公司，由當時的小公司蛻變成大型企業。在公司獲利成長的高峰時期，股利分派通常以股票股利（公司保留現金以便進行投資）為主。也因為如此，近年來台灣上市櫃電子股股本膨脹快速，導致每股獲利遭到稀釋，幾乎成了共同的經營壓力。目前台積電以分派現金股利為主要政策，台積電分別於 2016 年及 2015 年分派現金股利新台幣 6.0 元與 4.5 元，總金額分別高達新台幣 1,556 億元及 1,167 億元。

股東權益與競爭力

　　除了參考股東權益變動表的數字，經理人和投資人若能搭配資本市場資訊，還能看出公司競爭力的強弱。

保留盈餘與股東權益的比率

　　分析沃爾瑪的股東權益變動表時，我們應先注意保留盈餘占整個股東權益的比率。假使該比率較高，代表公司帳面的財富大多由過去獲利所累積。相對地，如果股本與溢價占股東權益的比率較高，則代表公司可能不斷地透過現金增資，向股東取得資金。

　　由下圖 7-1 可清楚看出，沃爾瑪的保留盈餘占股東權益之百分比，約在 83% 至 94% 之間；自 1990 年代初期以來，凱瑪特該比率由 80% 左右持續下降，遠低於沃爾瑪。因此，保留盈餘與股東權益的比率，可透露企業相對的體質與競爭力。值得注意的是，2003 年因凱瑪特承認了巨額虧損，保留盈餘及股東權益雙雙變成負數，所以該比率的計算沒有任何經濟意義（2013 年至 2017 年亦為類似原因）。

圖 7-1　沃爾瑪與凱瑪特之保留盈餘與權益比分析

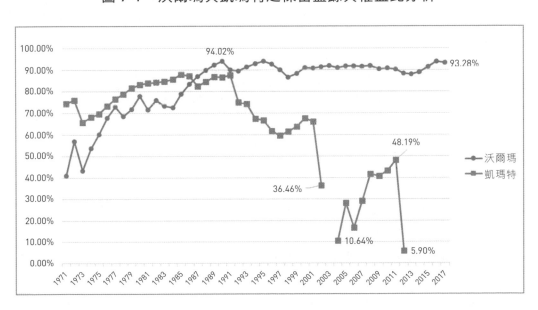

市場價值顯現長期競爭力

對投資人而言，他們最在乎的是股價變化帶來的資本利益，而不是財務報表上股東權益（帳面淨值）的變化。短期內，公司市場價值（每股股價乘以流通在外的股票數目）的變化可能脫離基本面因素，但長期來看，市場價值是外界對公司競爭力相當公允的看法。由圖7-2可清楚看出，1990年代後期，沃爾瑪的市場價值突飛猛進，由不到500億美元暴漲至2002年的2,670億美元。有這樣的表現，部分原因是來自於投資效益的展現，部分原因則是股市整體的樂觀氣氛。隨後因美國景氣衰弱、股市不振，沃爾瑪的市場價值在2003年下跌至2,100億美元左右。自2006年以來美國股市表現優異，但沃爾瑪成長速度明顯減緩，因此雖然它的營收及獲利遠超過2002年水平，但市場價值卻下跌至1,920億美元左右。對沃爾瑪投資的最佳時間是在1990年代初期，因為此時財報數字

圖7-2　沃爾瑪與凱瑪特的市場價值

單位：百萬美元

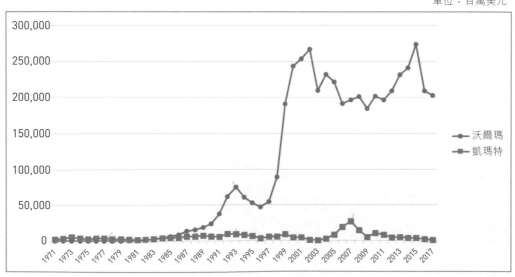

優異，但市場尚未初步反應其經營績效。而在 2000 年以後，投資這個眾所皆知的績優股反而沒什麼利潤可賺。

反觀凱瑪特的市場價值一直停滯不前，2005 年以前最高不超過 99 億美元，尤其 2003 年更因為財務危機，市值下跌至 13.5 億美元。但在 2004 年凱瑪特與美國西爾斯零售集團合併成為美國第三大零售業者後，整體獲利情況逐漸改善，獲利的改善也反映在股價上。我們可以看到凱瑪特的市值從 2004 年約 25 億美元逐漸上升，以 2007 年 1 月底的股價計算，市值已超過 270 億美元；但在 2008 年金融海嘯來襲後，凱瑪特表現每況愈下，市值一度跌至 50 億美元；2010 年因美國景氣回復，市值回升至 107 億美元；但由於競爭能力仍無明顯提升，2017 年市值只剩下 7.4 億美元。

市值與淨值比顯示未來成長空間

企業的市值與淨值比（也就是市值除以股東權益），反映資本市場對公司未來成長空間的看法，也是衡量競爭力的指標之一。市值與淨值比愈高，代表公司透過未來營收獲利成長所能創造的價值，比公司的清算價值（資產減去負債）要高出許多。由圖 7-3、圖 7-4 可看出，在 1995 年以後，沃爾瑪的市值與淨值比都在 5 倍以上，但在 2008 年後，雖然獲利仍持續增長，但因股價波動較大，加上新的對手亞馬遜崛起，市場價值下跌，市值與淨值比也在 2017 年 1 月時降至 2.5 倍。相較之下，凱瑪特的市值與淨值比幾乎都維持在 1 倍左右，顯示市場對凱瑪特未來創造價值的能力十分悲觀，直到近年才逐漸開始上升，並於 2013 年 1 月

圖 7-3　沃爾瑪與凱瑪特之市值與淨值比

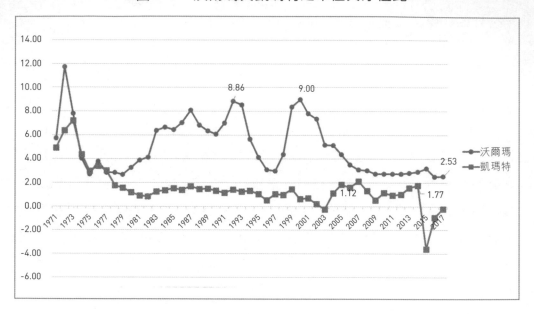

圖 7-4　沃爾瑪與亞馬遜之市值與淨值比

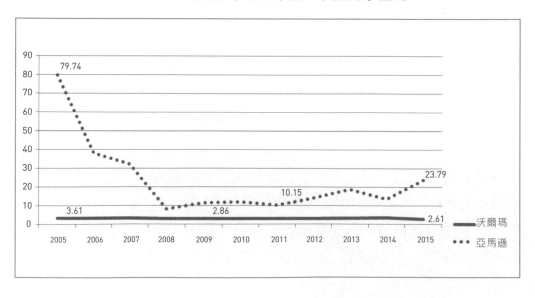

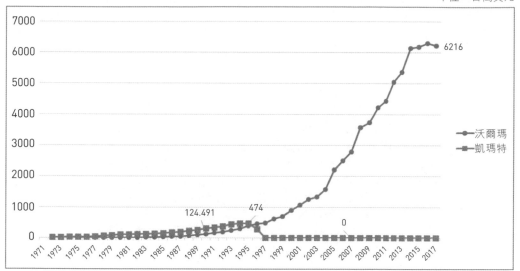

圖 7-5　沃爾瑪與凱瑪特之總現金股利

單位：百萬美元

時上升到 1.77 倍。（凱瑪特 2003 年、2015 年、2016 年及 2017 年的股東權益為負。）

現金股利顯示財務體質

　　除了股價上升可為股東創造財富之外，現金股利的發放也是股東報酬的一個來源。隨著沃爾瑪規模擴大及獲利增加，它所發放的現金股利也持續增加。1990 年，它的股利突破 1 億美元；2017 年，現金股利則已高達 62.16 億美元（請參閱圖 7-5）。相對地，凱瑪特的現金股利在 1995 年達到頂點，共計分配 4.74 億美元。隨著凱瑪特在零售市場的競爭節節敗退，現金股利也隨之縮水，自 1997 年起完全停止配發。

　　若以每股所配發的現金股利來看（請參閱圖 7-6），在 2005 年之前，

圖 7-6　沃爾瑪與凱瑪特之每股現金股利

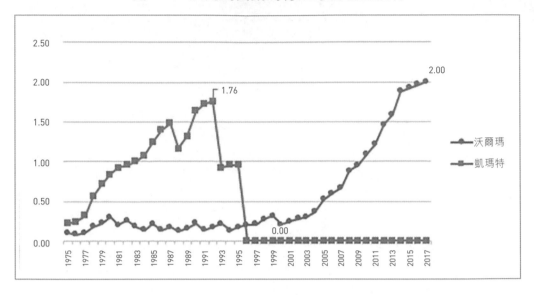

沃爾瑪所配發的現金股利每股不到 0.5 美元。這代表沃爾瑪將大部分的獲利留在公司，以便繼續投資。隨著獲利與現金流量的增加，沃爾瑪 2005 年每股配發 0.52 美元的現金（2017 年已增加到每股 2 美元），呈現緩步上升、十分穩健的趨勢。相較之下，在 1995 年以前，凱瑪特每股配發的現金都遠超過沃爾瑪，1992 年時最高還曾每股配發 1.76 美元。不過，凱瑪特每股現金股利的分配卻呈現暴跌的現象。通常公司都有維持每股現金股利不下降的市場壓力，若棄守這個「穩健配股」的原則，一般被解讀為目前財務實力的衰弱與競爭力的下降。

股利與淨利比應求穩定

　　如果由現金股利占淨利的百分比來看（請參閱圖 7-7），在 1980 年代及 1990 年代中期，沃爾瑪該比率大約在 10% 左右，隨後逐步增加到

圖 7-7　沃爾瑪與凱瑪特之股利與淨利比

圖 7-7　沃爾瑪與凱瑪特之股利與淨利比

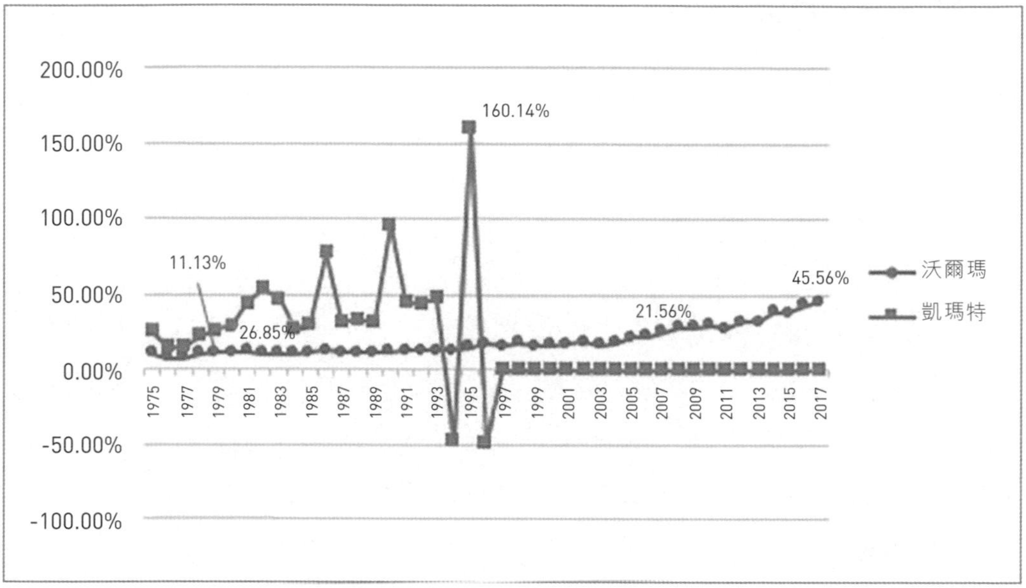

2000 年代的 17% 至 25%，到 2017 年已穩定成長至 45.56%，呈現長期平穩向上的趨勢。相對地，凱瑪特的淨利自 1980 年代起呈現衰退與成長交錯的不穩定狀況，因此它的股利與淨利比也變得起伏不定。一般而言，具有高度競爭力的公司，經常對業務積極而對財務保守。因此，不穩定的股利與淨利比率，往往顯示該公司體質不良，無法有效、穩定地照顧它的股東。

由融資順位看企業前景

近年來，會計學與財務學的研究都顯示，沒有競爭力的企業才會不斷透過融資活動向股東籌資。以沃爾瑪為例，自上市以來它一直積極地

廣建賣場，每年的投資金額都十分龐大，它取得資金的融資活動，一直遵循以下的順序：

自有資金（營運活動）　>　　舉債　　>　發行股票

最優先　　　　　　　自有資金　　　　從來
　　　　　　　　　不足時使用　　　不曾使用

　　這種取得融資活動資金的順序並不是巧合，它符合了財務學著名的「融資順位理論」（pecking order theory）。該理論認為，公司經理人與投資人之間存在資訊不對稱的現象。也就是說，比起投資人，公司經理人對公司未來的發展與真正的價值擁有較多資訊。當公司經理人認為公司股價被高估且有資金需求時，傾向於對外採取權益融資（現金增資），而使財富由新股購買者轉移至公司原有股東。由於理性的投資人了解這種情況，在公司宣告發行新股時，將向下修正他們對該公司的評價，使公司股價下跌。資訊不對稱的幅度愈大，發行新股所造成的股價向下修正幅度也會愈大。可轉換公司債因兼具普通股的性質（通常可享有在股價上升過程中轉換成股票的權利），當宣告發行可轉換公司債，股票市場也會出現負向的反應。

　　下表 7-3 為美國股票市場（較成熟，因此股價反應較理性）有關公司進行融資活動的部分實證結果。由該表的資料可發現，對於發行權益融資，股價通常出現負向反應。相對地，採用銀行借款者，股價則有正向反應（1.93%）。向銀行借款之所以產生正面反應，一方面是因為企業勇於借款，代表對未來償還利息與本金有充分的信心。另一方面則顯示，具有專業能力的銀行在審核公司借款計畫後，同意公司對未來前景的樂

表 7-3 美國股市對企業融資活動的反應

融資來源	股價反應
發行普通股	-3.14%
發行可轉換公司債	-2.07%
發行可轉換特別股	-1.44%
發行私募債券	-0.91%
發行一般公司債	-0.26%
發行特別股（其經濟性質類似公司債）	-0.19%
簽訂銀行貸款協定	1.93%

觀看法。

股權首次公開發行的解讀

雖然發行股權是融資順位的最後一項，但對於股權首次公開發行（initial public offering, IPO）的公司來說，自資本市場取得資金，是企業擴張、成長的重要方式。不過，公司首次公開發行後的經營績效，是變好還是變壞呢？

知名財務金融學者瑞德（Jay Ritter）彙整 IPO 相關實證研究後，說明 IPO 市場特有的三種現象：

1. **短期折價（short-run underpricing）**：新上市的公司，為吸引投資人以順利集資，通常會採取折價發行的方式。亦即以較低的發行價格，透露其中隱藏超額利潤，吸引投資人購買該公

司股票。這種現象一般稱為「蜜月期」，目前國內外研究都一致地發現這種短期的超額利潤現象。但是以台灣股市而言，蜜月期卻有逐漸縮短、甚至完全消失的趨勢。

2. **熱門市場（hot issue market）**：採取折價發行的方式，原本就會吸引大量投資人購買，加上新股上市的宣傳，會使新上市公司的股票成為熱門標的。例如知名的網路搜尋引擎 Google 公司以競標拍賣進行 IPO，在承銷手法上不同以往，吸引許多投資人以直接競標參與 IPO，讓 Google 不僅是網路業的熱門品牌，也成為華爾街的熱門股票。

3. **長期績效較差（long-run underperformance）**：多數研究與觀察發現，IPO 的公司在上市、上櫃後一段期間（一至三年），公司股價的表現平均而言會顯著下降，並明顯低於同時期大盤及各類股指數的績效。在歐美及台灣股市，這種現象同時存在。因此，剛上市的公司通常不是中長期投資的良好標的，投資人必須耐心觀察 IPO 的公司是否具有長期競爭力。

近年來，大陸及香港股市掀起 IPO 熱潮，新上市的股票因為在短期有不錯的漲幅，讓投資人紛紛加入投資。在此我要提醒讀者，應對這些投資標的做長遠評估。多數研究與觀察均指出 IPO 的公司於上市一至三年後，股價表現平均而言普遍下降；也發現公司股價能維持良好表現的，多是在資產報酬率和營收增長率也表現優異的公司。因此，剛上市的公司股票通常只適合短期持有，不一定是中長期投資的良好標的，投資人必須耐心觀察 IPO 公司的後續營運質量是否具備長期競爭力。

現金股利的資訊意涵

在融資活動中，現金股利的支出具有特殊資訊意涵，而現金股利的分配也受到相當多限制，以下列舉五點：

1. **法令限制**：關於股利的分配，公司法規定股利不得超過保留盈餘。另外，公司有盈餘時，必須先彌補虧損、扣除稅額、提存法定公積、支付員工紅利與薪資，有所剩餘時才能分配股利。

2. **條款限制**：某些借貸契約可能限制現金股利發放的時機與金額。

3. **變現性考量**：當公司用於營運周轉的現金不足時，將限制現金股利的發放。

4. **盈餘穩定性考量**：公司維護穩定的現金股利發放，可維護資本市場對公司的信心。

5. **成長前景考量**：當公司面臨良好的投資機會或擴張契機，為利於投資，會盡量將現金保留在公司，因此會限制現金股利的發放。

公司發放現金股利會有諸多考量，當公司宣告股利相關資訊時，也會引起投資人的注意，進而反映於股票價值的波動（表 7-4 即為美國股票市場的實證結果）。

表 7-4　美國股市對企業股利政策的反應

股利相關資訊	股價反應
正向資訊	
向一般股東收購股票	16.20%
從公開市場買回庫藏股	3.60%
股利增加	0.90%
首次股利發放	3.70%
特別股利	2.10%
負向資訊	
股利減少	-3.60%
不配發股利	-7.00%

　　由表 7-4 可看出，不管公司是增加現金股利或買回股票（想像成以現金回饋給股東的另一種方式），市場都給予正面肯定。相對地，當公司現金股利減少或不配發現金股利時，會被市場解讀為背後有重大、不利於公司的訊息，股價因而有負面反應。

同舟共濟話未來

　　部分著名的美國公司，近年來也一直思考如何使股東權益與員工利益更加調和。以微軟為例，自 2003 年 7 月以來，它宣布以「限制性配股」（restricted stock）取代以往的員工認股權。微軟也要求員工在未來五年內必須在職，才能取得出售配股的權利。微軟改變政策的原因，是為了讓員工也承擔市場風險，並與股東的利益一致。

在 2016 年年報中，IBM 也公布旨在調和員工及股東利益的「高階主管股票獎酬辦法」。該辦法包括以下主要內容：

1. **績效股票（Performance Share Unit）**：績效股票是以三年的績效達成度而定（指標為每股盈餘與現金流量）。若達成績效目標，可在每年年底以 1：1 方式換 IBM 股票或折合成現金。

2. **股票增值計畫（Premium Price Plan）**：只有當公司股價成長 10% 之後，高階主管才能享受分紅。

3. **限制型股票（Restricted Stock Unit）**：限制性股票要求員工至少未來二至五年內需在職，並且每年平均取得配股的權利。

4. **留任股票（Retention Stock Unit）**：以留任重要經理人為目的。

保障股東權益是經理人實踐「問責」的重要指標。只有當財富及資訊都處於弱勢的小股東，都能獲得股東權益充分的保障，經理人的天職才算圓滿，而權益變動表正是檢視經理人是否忠於所託的重要工具。

「散財聚人」的實踐

許多通訊相關領域的公司，對中國華為股權設計背後的商業智謀，均感戒慎恐懼。為什麼？因為當所有員工都自覺公司的成長和自己的財

富息息相關時，會釋放極大的向心力和積極性。

　　一開始，華為註冊資本僅 20,000 元人民幣，由於創業初期與銀行借貸資金困難，並且希望找到留下人才的方法，華為決定不公開上市，而採用內部增資的方法，向員工借錢。1990 年，華為以每股 1 元人民幣的方式讓員工入股；1997 年，華為的註冊資本已增加到 7,005 萬元人民幣。隨後為了方便管理及簡化持股方式，華為將員工持股的部分統一由華為投資控股有限公司工會委員會管理。現在的華為是由創辦人任正非持有 1.4% 的股權，剩餘的 98.6% 則由工會持有。

　　2016 年，華為的現金股利為每股 1.53 人民幣，而員工持有的股份高達 100 億股以上；也就是說，該年的員工現金分紅就高達人民幣 150 億元以上。而 2016 年華為的整體員工薪資費用為人民幣 1,218 億元，占該年銷貨毛利的 58%，意即該年的收入在扣除銷貨成本後，近六成都分給了員工。

　　華為將公司獲利以大幅度現金紅利方式回饋給所有員工。這種員工分紅的激勵方式，與華為的業績高速成長關係密切。2006 年，華為營收為人民幣 656 億元，淨利為人民幣 40 億元，到了 2016 年營收已成長至 5,215 億元，淨利為 370 億元。且 2012 年至 2016 年的五年間，華為的營收年複合成長率高達 24%，淨利年複合成長率為 23%，表現相當驚人。

　　雖然華為的股權大多數是由公司員工所持有，但任正非並沒有因此喪失主導權。事實上，華為在 1998 年起，就逐漸將員工的實質股權改為虛擬股，這種虛擬的股票並無所有權及表決權。讓這個議題更加凸顯出

來的，是 2003 年兩位華為資深員工的訴訟案。他們認為，離職時華為是用當初每股 1 元的方式買回股票，而不是用每股淨資產的價格買回，這讓他們蒙受損失。但最後法院判兩人敗訴，最關鍵的原因是員工股份並沒有在工商登記，所以公司的實質股東只有任正非以及工會。簡單來說，員工與公司只有合約關係，而非股東與公司的關係；真正的股東是工會，而員工只是與工會簽了合約、能享有分紅的權利。藉由這種股權管理機制，華為能以相當務實直接的方式激勵員工，卻不會因此喪失管理權。

權益變動表與公司治理

如果只停留在淨利（損）如何累積到保留盈餘、保留盈餘如何透過股利分配到股東，及企業如何透過現金增資蓄積未來發展的資金等議題，對「權益表」的理解仍然相當侷限。隱藏在「權益表變動」背後的，其實是企業公司治理（corporate governance）的根本議題。

以沃爾瑪為例，透過年報資訊的揭露，創辦人華頓家族（Walton family）共有 3 人進入董事會，總計擁有 51.17% 的股權。因此，沃爾瑪可以說是全球最大的「上市家族控制公司」（public family-control company）。結合諸多學術研究結果顯示，如果擁有少數股權而能控制董事會，較容易出現掏空舞弊、經營績效不彰的情況。相對的，如果大股東股權高度集中，則公司利益和大股東利益非常一致，較不容易有掏空、舞弊等行為，公司經營一般而言也較佳。除了沃爾瑪是一個著名案例之外，連 Google 這種高科技公司，股權高度集中是上市時有計畫的設計，並且強烈影響其經營方針（詳見第十章有關盈餘品質的討論）。

參考資料

1. Donald Kieso and Jerry Weygandt, 2004, *Intermediate Accounting*, 9th edition, Wiely.
2. J. R. Ritter, 1991, "The Long-Run Performance of Initial Public Offerings." *The Journal of Finance*, March, 3-27.
3. S. H. Teoh, T. J. Wong, G. R. Rao, 1998, "Earnings Management and the Long-Run Market Performance of Initial Public Offerings." *The Journal of Finance*, Vol. LIII, No.6, December, 1935-1974.
4. 陳俊合，2005，《員工紅利與後續公司績效之關聯性》，國立台灣大學會計學研究所未出版之博士論文。

第八章

別只顧加速，卻忘了油箱沒油——
現金流量表的原理與應用

　　中國中央電視台投資拍攝的《喬家大院》，是 2006 年風靡兩岸三地的連續劇。該劇描寫山西鉅商喬致庸（1818-1907）原本只想做個讀書人，中個舉人或進士來光宗耀祖，卻因家族事業陷入危機，為了挽救家勢不得不棄儒從商。憑著過人的膽識和商業眼光，喬致庸做到了「貨通天下，匯通天下」的大格局，成為清朝末年最成功的商人之一。喬家的事業是怎麼陷入危機的呢？原來喬家的「復字號」與邱家的「達盛昌」是內蒙古包頭市場上的死對頭。達盛昌為了吃掉復字號，設下陷阱，首先抬高高粱市價，聲稱要壟斷高粱的市場，不再讓復字號介入高粱買賣。當時喬家事業的負責人是喬致廣（喬致庸的大哥），他被激怒後決定還擊，也大舉買進高粱，炒高價錢，企圖阻絕達盛昌進貨。不過達盛昌爭奪市場是假，引誘復字號走入困局才是真正目的。他們一邊在市場上虛張聲勢，一邊悄悄地由東北運來大批高粱，讓復字號不斷地吃貨，最後復字號的銀子都變成了高粱，現銀無法周轉，終於陷入財務危機，喬致廣也因憂憤攻心而猝死，企業集團岌岌可危。巧的是，類似的商業競爭劇情也出現在韓國的歷史劇中。

　　韓國電視連續劇《商道》，也是一部探討商業活動不可多得的好戲。這齣戲描述十九世紀初的韓國商人林尚沃（1779-1855），如何由貧無立

錐之地，奮鬥成功而躍居為韓國第一富商。林尚沃早年在濟州的灣商工作，野心勃勃的競爭對手松商想盡一切辦法欲併吞灣商，以擴充其商業地盤。《商道》中有段十分發人深省的情節：松商收買了灣商的高階經理人鄭治壽，要求他想辦法打擊灣商。鄭治壽利用灣商總經理及各店店主出差的機會，以查帳為藉口，要求灣商的所有事業單位交出「財務報表」（帳冊），以便讓他找出灣商的罩門。經過深入分析後，鄭治壽發現當時灣商在大定江海口與清朝商人的黑市交易，不僅數量龐大，而且收取現金，因此成為灣商事業體系的資金引擎。發現了這個罩門後，鄭治壽於是建議松商總裁說服濟州的地方政府，禁止清朝商人到大定江海口進行黑市貿易。這一招卡住灣商現金流量的咽喉，果然使灣商立刻陷入經營危機。這種因現金流量突然萎縮所產生的困境，在古今中外的商界不斷重演，有時連企業績優生也不例外。

傑出的企業家，都深刻了解現金流量的重要性。

奇異前執行長威爾許（Jack Welch）曾宣稱：「如果你有三種可以依賴的度量方法，應該就是員工滿意度、顧客滿意度和現金進帳。」IBM 前執行長葛斯納則認為，要確保股東的持股價值，必須特別注意：「市場占有率上升，是否使現金流量增加，這裡所說的是扣除所有費用後的現金流量，不是惡名遠播的稅前盈餘和胡說八道的試算盈餘（財務預測）。」

1993 年，面對戴爾第一季、也是唯一一季的嚴重虧損時，總裁戴爾深切反省說：「我們和許多公司一樣，一直把注意力擺在損益表上的數字，卻很少討論現金周轉的問題。這就好像開著一輛車，只曉得盯著儀

表板的時速表,卻沒注意到油箱已經沒油了。」因此,他宣稱:「戴爾新的營運順序不再是『成長、成長、再成長』,取而代之的是『現金流量、獲利性、成長』,依次發展。」戴爾如此的自我檢討,印證一位 F1 賽車名將所說的至理名言:「想先馳得點,你必須先抵達終點。」對企業而言,讓現金流量不中斷,是抵達終點的最基本條件。

會感受到現金流量造成的沉重壓力,不只是面臨財務問題的企業,可能也包括無庸置疑的產業龍頭。2008 年金融風暴來襲,許多公司面臨倒閉破產,美國股市由 2007 年的 13,930 點跌到 2008 年的 7,062 點。2008 年 10 月 3 日,美國參議院緊急通過高達 7,000 億美元的「紓困計畫」,但許多國際級的大企業還是擔心周轉不靈。當時,巴菲特便利用旗下的投資公司波克夏金援了許多當時面臨難關的國際級企業,連頂尖的投資銀行都是其中之一。波克夏在 2008 年初,帳上有 377 億美元現金、零長期負債,完全無懼於金融風暴。2008 年波克夏以 50 億美元的資金,換取高盛 5 萬股的累積永久性優先股(cumulative perpetual preferred stock),並享受 10% 的股息;另外還可以在五年內以每股 115 美元的價格,認購共計 4,350 萬股的高盛普通股,這讓波克夏每年可進帳約 5 億美元的利息。最後,2011 年高盛以 55 億美元向波克夏贖回那些優先股,另在 2013 年 3 月與波克夏協議,將之前的認購權轉換為價值 20.8 億美元的高盛股票,波克夏順勢成為高盛的第六大股東,在金融風暴中狠狠大賺一筆。

我們可以發現,連資金雄厚無比的投資證券龍頭高盛,都願意付出如此優渥的條件來確保度過現金流危機,可見現金流量對企業的重要性無可言喻。

本章將先介紹現金流量表的基本原理和觀念，其次以沃爾瑪 2017 年的現金流量表為範例，說明如何解讀營運、投資及融資活動的現金流量。接下來，筆者以沃爾瑪相對於凱瑪特、戴爾相對於惠普的現金流量型態，進一步說明現金流量表與競爭力衡量的關係；並以台灣幾家電子公司如華碩、力廣等，來介紹現金流量與獲利間的變化對企業經營的影響。最後，本章以聯想集團為例，看中國大陸企業的現金流量表特性。

現金流量表的基本原理

編製現金流量表的目的，是解釋資產負債表中企業的現金部位，在會計期間如何因營運、投資及融資活動而增加或減少。現金流量表自 1989 年才開始正式編製，最晚誕生，也最不被經理人與投資人了解，卻是企業生存最重要的憑藉。

回收現金是企業經營的最基本原則。就營運活動而言，由顧客端所收取的現金，必須大於支付生產因素所支付的現金（工資、材料、水電、房租等）；就投資活動而言，投資期間現金的總回收，必須大於現金的總支出；就融資活動而言，不管是短期或長期借款，經過一段時間後，必須連本帶利一併歸還。這麼簡單的原則，卻由於必須對企業進行定期的績效評估（也就是計算當期損益），經常遭到誤解及扭曲。舉例來說，根據收益承認原則，只要企業管理當局認為「完成契約約定且金額可以回收」就可以算成收益，進而提高淨利。但是在應收帳款尚未回收前，

這筆銷售交易事實上並未全部完成。部分企業以浮濫的信用制度來增加營收，隨後卻可能面臨應收款成為壞帳的困境。對銷售人員而言，獲得訂單並順利出貨是他們工作的重點；但是對企業而言，倘若無法收回現金，這筆交易不但不能為企業創造任何經濟價值，還增加了企業的財務風險。

企業的現金存量（stock）與現金流量（flow）可能有極大的不同。2017年，沃爾瑪的資產負債表顯示它的期末現金（存量）約有68億美元，僅占其總資產的 3% 左右。但沃爾瑪當年的銷售金額高達 4,859 億美元，加上龐大的擴店資金支出（約 106 億美元），現金流量的總額十分驚人。

造成現金改變的活動有三大類：

1. **營運活動**：亦即所有能影響損益表的營業活動，例如銷售及薪資費用。

2. **投資活動**：主要指取得或者處分長期資產的活動。例如購買土地、廠房、設備的現金支出，或出售既有固定資產所回收的現金。因為策略布局，購入或出售其他公司的股票，也是投資活動現金流最重要的一環。

3. **融資活動**：包括企業的借款、還款、發放現金股利、購買公司庫藏股及現金增資等活動。有時一筆交易可能包含不同活動類型的現金流量，例如企業償還向銀行貸款的本金及利息，本金部分屬於融資活動，利息部分則屬於營業活動（因為利息費用

影響了損益表）。

現金流量表的觀念架構

欲了解現金流量表的觀念架構，必須回到第四章介紹的會計恆等式：

資產＝負債＋股東權益

在此，我們特別將資產區分為現金與非現金資產。其中非現金資產包括短期流動資產（例如應收帳款及存貨等）與固定資產（例如土地、廠房、設備等）。因此，會計恆等式可以寫成：

現金＋非現金資產＝負債＋股東權益

經過移項可得到以下公式：

現金＝負債＋股東權益－非現金資產

若以△代表每一類會計項目的「期末金額減去期初金額」（也就是當期的變化量），則公式可改寫為：

△現金＝△負債＋△股東權益－△非現金資產

也就是說，當負債增加或辦理現金增資（股東權益增加），都會使

現金流量增加。但增加應收帳款、存貨與固定資產等非現金資產的項目，會使現金流量減少。

編製現金流量表的兩種方法

　　現金流量表的編製，可分成「直接法」及「間接法」兩種，主要差別在於對營運活動現金的表達方法不同。若以直接法編製，特色是直接列舉造成營運活動現金流入及流出之項目；而間接法則由損益表的淨利金額出發，經過加減相關項目的調整（稍後詳述），最後得到營運活動現金淨流入或淨流出的金額。至於投資及融資活動現金流動的表達方法，直接法及間接法則沒有不同。在實務上，目前大部分公司是以間接法來編製現金流量表。

　　營運活動現金的淨流入或淨流出，可想成類似現金基礎下公司的獲利或虧損。透過現金流量表，我們就可以觀察應計基礎與現金基礎下獲利數字的差異。以劉備公司為例（請參閱表 8-1），讀者可檢視以直接法與間接法編製的現金流量表，由該表可看出，兩種方法最主要的差別，在於對營運活動現金的表達方法不同。

間接法調整項說明

　　間接法是一般公司編製現金流量表最常用的方法，但它所牽涉的調整項目往往讓初學者不易了解。以下筆者將討論三個例子，說明損益表的淨利要經過哪些調整才能得到營運活動的現金流量。

表 8-1　劉邦公司現金流量表

會計期間終止日：2016 年 12 月 31 日　　　　　　　　　　　　　　　　　　單位：百萬元

直接法		間接法	
經營活動現金		經營活動現金	
		淨利	9,000
收取顧客貨款	35,000	應收帳款增加	-2,200
支付員工薪資	-20,000	應付薪資增加	3,000
支付貨款	3,200	應付帳款增加	2,000
經營活動現金淨流入	11,800	經營活動現金淨流入	11,800
投資活動現金		投資活動現金	
電腦設備投資	-3,000	電腦設備投資	-3,000
投資活動現金淨流出	-3,000	投資活動現金淨流出	-3,000
籌資活動現金淨流出		籌資活動現金	
現金股利支付	-11,600	現金股利支付	-11,600
籌資活動淨流出	-11,600	籌資活動淨流出	-11,600
本期現金淨減少	-2,800	本期現金淨減少	-2,800
現金餘額（2016 年 1 月 1 日）	4,000	現金餘額（2016 年 1 月 1 日）	4,000
現金餘額（2016 年 12 月 31 日）	1,200	現金餘額（2016 年 12 月 31 日）	1,200

1. 由淨利加回折舊費用

　　為什麼必須把折舊費用加回淨利，以計算營運活動的現金流量？請看以下釋例。

釋例

假設劉備公司今年的淨利為 21 萬元，折舊費用為 2 萬元，那麼劉備公司今年的營運活動現金是多少？（假設劉備公司一切營業交易

都以現金進行。）

按照應計基礎下淨利的定義：

淨利＝（收入－不含折舊的費用）－折舊費用

注意此處假設交易都以現金進行，因此：

淨利＝（現金收入－現金支出）－折舊費用

經過移項後：

（現金收入－現金支出）＝淨利＋折舊費用

按照定義，

淨營運活動現金流入＝（現金收入－現金支出）

因此，我們得到以下的關係：

營運活動現金流入＝淨利 ＋折舊費用
　　　　　　　　＝ 21 萬＋ 2 萬
　　　　　　　　＝ 23 萬

雖然在現金流量表的營運活動中，折舊費用是正向調整（亦即由淨

利加回折舊費用 2 萬元），但我們不該說折舊費用是公司現金的來源。正確的解釋應該是：由於折舊費用並沒有造成實質現金的支出，在應計基礎觀念下，淨利的計算高估了營運活動現金的流出，進而低估了今年營運活動現金的淨流入。因此在調整過程中，必須由淨利加回折舊費用。

2. 由淨利加回處分資產損失

為什麼必須把處分資產損失加回淨利，以計算營運活動現金流量？請看以下釋例。

釋例

假設劉備公司今年的淨利為 21 萬元，在投資活動中，出售舊設備乙台得款 2 萬元。由於該設備的帳面價值為 3 萬元，必須承認處分資產損失 1 萬元，那麼劉備公司今年的營運活動現金是多少？（假設劉備公司一切營業交易都以現金進行。）

按照應計基礎下淨利的定義：

淨利＝（收入－費用）－處分資產損失

注意此處假設交易都以現金進行，因此：

淨利＝（現金收入－現金支出）－處分資產損失

經過移項：

（現金收入－現金支出）＝淨利＋處分資產損失

按照定義，

營運活動現金淨流入＝（現金收入－現金支出）

因此，我們可以得到以下的關係：

營運活動現金淨流入＝淨利＋處分資產損失
＝ 21 萬＋1 萬
＝ 22 萬

　　在現金流量表上，處分資產所獲得的 2 萬元，應列入今年投資活動的現金流入。而處分資產損失的 1 萬元，雖然在現金流量表的營運活動現金中是正向調整，但不該說它是現金的來源。正確的解釋應該是：處分資產損失雖然列入淨利的減項，但實際上公司今年未為此造成任何現金流出。在應計基礎觀念下，淨利高估了營運活動現金的流出，低估了今年營運活動現金的淨流量。因此在調整過程中，必須由淨利加回處分資產損失。同理可知，必須將處分資產利得由淨利中扣除，才能計算出營運活動的現金流量。

3. 流動資產及流動負債的調整

　　關於流動資產及流動負債的調整方向，讓我們暫時拋開嚴謹的會計推理，運用以下的直觀思維來理解。

- **應收款增加**：代表還沒收到錢，會對現金產生不利的影響，因此調整項為負向；反之，若應收款減少，代表已經收回現金，將對現金產生有利影響，因此調整項為正向。

- **存貨增加**：代表還沒收到錢，會對現金產生不利的影響，因此調整項為負向；反之，若存貨減少，代表已經由銷售回收現金，將對現金產生有利影響，因此調整項為正向。

- **應付帳款增加**：代表還沒付錢，會對現金產生有利的影響，因此調整項為正向；反之，若應付帳款減少，代表已經付出現金，將對現金產生不利影響，因此調整項為負向。

簡單地歸納，凡流動資產增加，代表還沒收到現金，都做現金流量的負向調整；反之，若流動資產減少，代表已經收到現金，都做現金流量的正向調整。相對地，凡是流動負債增加，代表還沒付錢，都做現金流量的正向調整；反之，若流動負債減少，代表已經付錢，都做現金流量的負向調整。

沃爾瑪現金流量表範例

我們可以用 2017 年沃爾瑪的現金流量表為例，觀察營運、投資、融資三大類型活動對現金流量造成的影響（參閱表 8-2）。

沃爾瑪的現金流量表顯示，2017 年它的現金及約當現金由期初的 87.05 億美元，減少到期末的 68.67 億美元（請參閱報表底部），減少金

表 8-2　沃爾瑪合併現金流量表

會計期間終止日：1月31日　　　　　　　　　　　　　　　　　　　單位：百萬美元

	2017	2016
營運活動現金流量		
淨利	14,293	15,080
調整項		
折舊及攤提	10,080	9,454
遞延所得稅	761	(672)
其他營運活動	206	1,410
應收款增加	(402)	(19)
存貨增加	1,021	(703)
應付帳款	3,942	2,008
應計負債	1,137	1,303
累積所得稅	492	(472)
營運活動淨現金流入	31,530	27,389
投資活動現金流量		
支付土地廠房設備	(10,619)	(11,477)
處分固定資產	456	635
處分業務	662	246
股票投資	(1,901)	-
企業投資及併購	(2,463)	-
其他	(122)	(79)
投資活動之淨現金流出	(13,987)	(10,675)
融資活動之現金流量		
商業本票	(1,673)	1,235
發行長期負債增加	137	39
清償長期負債	(2,055)	(4,432)
支付現金股利	(6,216)	(6,294)
購買公司股票	(8,298)	(4,112)
支付給非控股權益的股息	(479)	(719)
購買非控制權利益	(90)	(1,326)
其他融資活動	(255)	(513)
融資活動之淨現金流入	(18,929)	(16,122)
匯率影響	(452)	(1,022)
本期現金及約當現金增加數	(1,838)	(430)
期初現金及約當現金餘額	8,705	9,135
期末現金及約當現金餘額	6,867	8,705
補充資訊		
支付所得稅	4,507	8,111
支付利息	2,351	2,540

額為 18.38 億美元，其中營業活動的現金淨流入為 315.3 億美元。投資活動的淨現金流出是 139.87 億美元，主要用途是支付土地、廠房、設備（高達 106.19 億美元），處分固定資產則回收了 4.56 億美元的現金。融資活動則淨流出 189.29 億美元，最主要的現金用途是償還長期負債（高達 20.55 億美元）、支付現金股利（62.16 億美元）與購買自家公司股票（82.98 億美元）。至於長期負債部分，2017 年沃爾瑪發行了 1.37 億美元，但也清償 20.55 億美元的長期債務，使長期負債較去年下降。另外加上匯率損失 4.52 億美元的影響，2017 年沃爾瑪總淨現金流量為負 18.38 億美元。

由於營業活動現金的調整過程容易造成誤解，所以在此簡單地解釋：2017 年，沃爾瑪的淨利是 142.93 億美元，因為折舊及攤提未使用現金，所以加回 100.8 億美元；應收款在本期中增加，因此調整數為減除 4 億 200 萬美元；存貨減少了 10.21 億美元，屬於正向調整；至於應付帳款及應計負債則大幅增加了 50.79 億美元，屬於正向調整。經過這一系列的調整，沃爾瑪由營運活動所產生的現金淨流入為 315.3 億美元，遠高於淨利 142.93 億美元，差額達到 172 億美元（約占淨利的 121%）。

由營運活動現金流量看競爭力

觀察企業獲利與營運活動現金淨流入（或流出）的關係，是檢視企業體質與競爭力的基礎。企業獲利與其營運活動現金流量間的關係，分成以下兩大類型：①獲利與營運活動現金流量呈正方向變動；②獲利與營運活動現金流量呈反方向變動。

1. 獲利與營運活動現金流量呈正方向變動

獲利增加，營運活動現金淨流入增加。

　　營運正常的企業，獲利及營運活動的現金流量都應該為正。當獲利成長時，營運活動的現金流量也應當隨之成長，甚至在部分企業，其營運活動現金流量的成長速度遠高於獲利。例如沃爾瑪 2014 年的獲利為160.22 億美元，2015 年的獲利為 163.63 億美元，成長了 2.12%。相對地，2014 年的營運活動現金淨流入為 232.57 億美元，2015 年的營運活動現金淨流入為 285.64 億美元，成長了 22.8%；但若是獲利下跌，營運現金流量也將隨之減少，2016 年沃爾瑪獲利為 146.94 億美元，相較前年度下跌 10.19%，2016 年營運活動淨現金流入為 273.89 億美元，較前年下跌4.11%。造成沃爾瑪 2015 年營運活動現金流量成長率遠高於淨利成長率、以及 2016 年營運現金活動衰退幅度低於淨利成長率，主要原因如下：

1. **應收帳款成長控制得當。** 沃爾瑪 2015 年的營收成長為 1.96%，應收帳款則增加約 1.51%，表示帳款都有及時收回。而 2016 年營收衰退 0.7%，但應收帳款減少 17%，表示在營收衰退的時期，沃爾瑪仍有能力將帳款收回。

2. **存貨成長控制得當。** 2015 年存貨成長率為 0.63%，低於該年營收成長率 1.96%，這也是沃爾瑪內部自行訂定的績效指標。而 2016 年存貨減少 1.4%，減少的幅度比該年營收衰退率 0.7%多，代表沃爾瑪能及時應變調整存貨。

3. **應付帳款及應付票據大幅成長。**2015 年應付帳款及應付票據成長率為 2.65%，高於該年營收成長率；而 2016 年應負帳款及應付票據成長率為 0.2%。

上述種種現象反映強勢通路業者的常態──收款快，付款慢。財務健全且談判力強的通路商，較容易因收款及付款的時間差，擴大淨利及營運活動現金淨流入的差距。自 1987 年至 2015 年間，沃爾瑪的營運活動現金流量與淨利呈現同步成長（請參閱圖 8-1）；在 1990 年代後期，營運活動現金流量的成長率則明顯高於淨利成長率！

龐大的營運活動現金淨流入，提供企業更大的財務彈性。2015 年，除支付當年全部投資活動現金需求（111.25 億美元），沃爾瑪的營運活

圖 8-1　沃爾瑪營運活動現金流量與淨利關係

單位：百萬美元

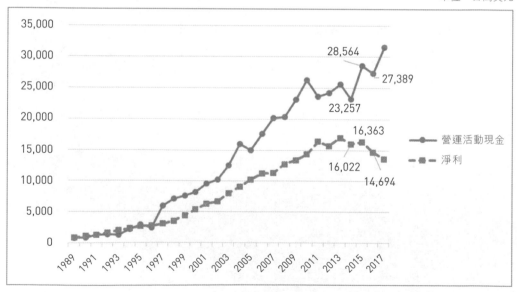

動現金仍能充分支援公司的融資活動（買回公司股票 10.15 億美元、發放現金股利 61.85 億美元）。

在第六章，讀者觀察到 2015 年沃爾瑪的流動比率（流動資產 ÷ 流動負債）小於 1。在一般的財務報表分析中，這種情形會被質疑為流動性不佳，筆者卻認為這反而是通路產業營運效率與競爭力的表現。不過，做出這種解釋要十分小心，如果一家公司維持相當低的「存量」，就必須有能力創造出卓越的「流量」。若我們以營運活動現金流量占流動負債的比率，檢視沃爾瑪因應流動負債的能力，可看出除了少數年度之外，這個比率幾乎都高於競爭對手凱瑪特，且較為穩定（請參閱圖 8-2）。就凱瑪特來說，在 2002 年該比率突然由 2001 年的 27.35% 暴增

圖 8-2　沃爾瑪與凱瑪特之營運活動現金流量占流動負債比

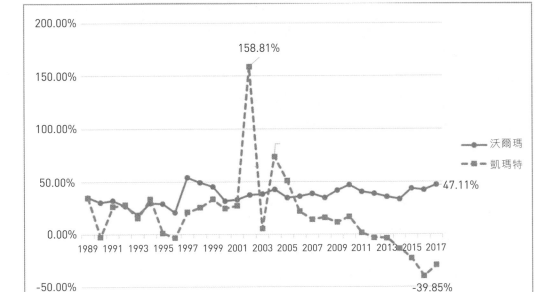

至 158.81%，主因是凱瑪特遭遇了財務困難，供應商要求以現金提貨或縮短可賒帳時間，流動負債大量減少所造成的結果，並不是創造現金能力的加強。

沃爾瑪創造現金的能力，也可由營運活動現金流量與淨利的比率看出（請參閱圖 8-3）。該比率衡量公司創造 1 美元淨利時，可為公司在經營上帶來多少現金流量。沃爾瑪創造營運活動現金流量的能力十分高強──1980 年代，沃爾瑪每 1 美元的淨利，只帶來約 0.6 美元左右的營運活動現金；但在 2000 年以後，沃爾瑪每賺 1 美元的利潤，卻可為公司帶來約 1.6 美元的營運活動現金。這些現金其實就是供應商無息提供的資金，具有為股東降低資金成本的實質經濟利益。

圖 8-3　沃爾瑪營運活動現金流量與淨利之比率

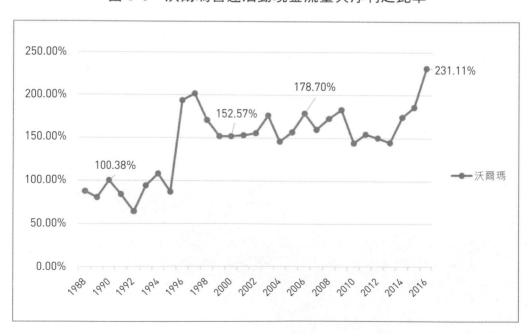

然而，通路商若無沃爾瑪的規模優勢及管理效率，卻刻意透過拉長應付帳款或其他應計負債的支付期間，以追求營運活動現金淨流入的擴大，可能會造成副作用。因為拉長應付的流動負債項目，有可能使供應商採取以下不利於該通路商發展的行為：

1. **提高售價或不願降價**，以反映供應商利息積壓的機會成本。
2. **降低優先供貨的意願**（特別是在旺季缺貨或針對某些熱門商品）。
3. **降低供貨品質**（特別是產品品質難以驗證之時）。
4. **懷疑清償貨款的能力**（特別是在景氣低迷或公司財務體質較差之際）。

　　如何看出上述的負面因素是否產生？一個可能的徵兆是：當應付帳款增加，而營收衰退或成長不如預期時，可能代表這些負面因素正發生作用。另外值得注意的一點：拉長付款時間所獲得的經濟效益，也會由於利率維持在低檔而隨之降低。

　　此外，沃爾瑪以遞延應付帳款取得營運活動現金的方式，主要是建立在信用交易高度發達的美國經濟體系之上，而沃爾瑪本身也有強大的議價能力與健全的財務結構。相對地，如果在信用制度不健全的國家或地區，通路商較難進行信用交易，或賒欠時間較短、或必須以現金取貨，因此當公司擴張時，應付帳款金額的成長會較小。由於無法取得供應商充分的融通營運資金，部分大通路商不得不集中全力提高存貨周轉率，以迅速取得現金。至於規模較小的通路商，可能採取與沃爾瑪相反的營運資金管理策略，例如盡可能以現金或短天期票據支付貨款，以取得供

應商較佳的交易條件，包括價格折讓、優先供貨、良好品質及售後服務
等。

　　一家公司能產生正常的營運活動現金流量，往往是資本市場對該公
司建立信心的重要來源。以著名的網路書店亞馬遜為例，1999 年的每股
股價曾高達 132 美元，但是在網路股股價泡沫化的過程中，始終無法獲
利，使投資人失去信心，股價在 2001 年最低曾跌到只剩 6 美元左右。

　　但是，亞馬遜近年來的淨利逐漸改善（見圖 8-4）。2000 年，亞馬
遜仍然虧損 14.11 億美元；2001 年，虧損縮小到 5.67 億美元；2002 年，
虧損進一步減少到 1.49 億美元；到了 2003 年，亞馬遜第一次出現獲利
3,500 萬美元；至 2005 年，亞馬遜的獲利已增長至 3.59 億美元；而在
2016 年的年報中，亞馬遜獲利為 23.71 億美元。相對於淨利，亞馬遜現

圖 8-4　亞馬遜營運活動淨現金與獲利之關係

單位：百萬美元

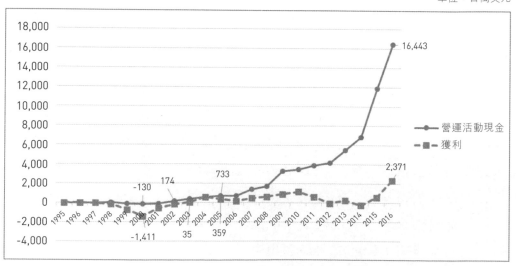

金流量改善的狀況更為顯著。2000 年，亞馬遜的營運活動現金淨流出有 1.3 億美元；2001 年淨流出 1.19 億美元；2002 年，出現公司成立以來首次的營運活動現金淨流入，金額達 1.74 億美元；2005 年，亞馬遜的經營活動現金淨流入增長到 7.33 億美元；到了 2016 年，亞馬遜的現金流量已經成長到驚人的 164.43 億美元，令投資人大為振奮。虧損縮小、營運活動現金由淨流出變成淨流入的現象，證明亞馬遜已經找到一個可以由自主生存邁向產生獲利的商業模式，而隨後不斷成長的現金流以及獲利，更證明了亞馬遜在這條路上走得相當出色。因此，即使在之前金融海嘯以及全球持續不景氣時，亞馬遜的股價仍逐步上升，在 2017 年 9 月時來到每股 965.27 美元左右。而 2000 年亞馬遜將現金流量表的排列順序調整為年報中的第一位，更是突顯現金流重要性的創舉。

<u>獲利減少，營運活動現金淨流入減少，甚至變成淨流出。</u>

此種情況為營運衰退型公司的常態。持續性的營運活動現金淨流出，可能會導致財務危機。以凱瑪特為例，1990 年代，它的營業活動現金與淨利都微幅增加，呈現正向關係；但在 2000 年到 2003 年間，凱瑪特的獲利大幅衰退，甚至產生嚴重虧損，其營運流動現金也呈衰退趨勢（請參閱圖 8-5）。

2. 獲利與營運活動現金流量呈反方向變動

企業獲利與營運活動現金流量呈現反方向變動，是較不尋常的現象，我們分成下列兩種情況來討論。

圖 8-5　凱瑪特營運活動現金流量與淨利之關係

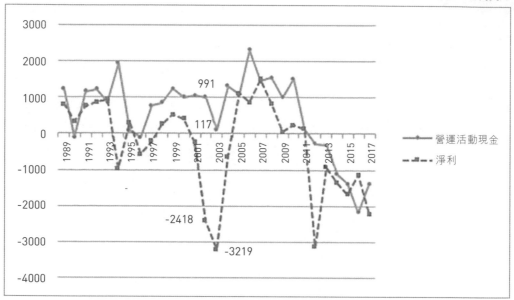

單位：百萬美元

獲利增加，但營運活動現金流量減少，甚至成為淨流出。

　　對於財務報表，大多數經理人及投資人關注的焦點，都放在損益表上的淨利變化，因此這種異常的情形，最容易造成誤判。一般而言，造成這種「似強實弱」現象的最主要原因是：

1. **應收款大量增加**：此現象顯示，公司可能以更寬鬆的信用交易條件來提高銷售，進而美化獲利。例如提供財務不健全的客戶信用額度、或延長還款期間等。如果有下列三種現象，則應收款品質不佳的情況更加嚴重：①應收款來自關係企業，未經正常的信用調查；②應收款集中於單一或少數客戶；③應收款來

自於財務不健全的企業。

2. **存貨大量增加：** 此現象顯示，公司以銷售取得營運活動現金的能力大幅降低。如果有下列情形則更加嚴重：①電子、時尚、服飾等產品存貨的生命週期很短，很容易造成未來的存貨跌價損失；②所謂未完成的「在製品」（work in process），是以投入製造的生產因素成本入帳（材料成本及人工成本等），在製品的品質難以驗證，很可能實際上已變成廢品。這些在製品存貨的風險特別高，必須審慎處理。

根據過去的經驗，營收及獲利快速成長的公司若發生財務危機，多半是因為應收款及存貨暴增。也就是說，這些公司無法維持成長中的營運紀律，往往為了衝高營收及帳面獲利，忽略了現金流量才是企業生存的真正基礎。

舉例來說，力廣科技（原力捷電腦，2003 年 1 月 1 日改名為力廣科技）1995 年的獲利為 3 億 3,000 萬元，營運活動現金流入為 6,300 萬元；1996 年，獲利倍增為 6 億 5,000 萬元，但營運活動現金卻為淨流出 3 億 2,000 萬元；1997 年，力廣科技獲利進一步增加到接近 8 億元，營運活動現金淨流出也擴大到 27 億 3,000 萬元（請參閱圖 8-6）。1998 年，力廣科技才正式認列高達 14 億 4,000 萬元的虧損。不過，自營運活動的現金流量中，早就已經能看到顯著的不正常現象。造成力廣現金嚴重失血的主因，正是應收帳款及存貨暴增。獲利增加，伴隨著營運活動現金流量的衰退，正是企業體質「似強實弱」的徵兆，經理人及投資人必須十分警覺。

圖 8-6　力廣科技之營運活動現金流量與淨利

單位：新台幣億元

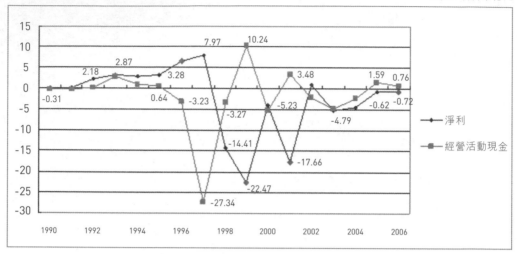

獲利減少，營運活動現金流入增加。

　　這種情形看似矛盾，但在企業積極進行未來布局時可能會出現。以亞馬遜為例，2013 年亞馬遜淨利為 2.74 億美元，2014 年反而虧損 2.41 億美元。但淨營運現金流量卻由 2013 年的 54.8 億美元，成長到 2014 年的 68.4 億美元。這證明了亞馬遜的本業正在穩定成長，但是為了積極投資未來布局，亞馬遜支出大量費用在研發以及物流上，使得營業費用大增，造成淨利減少。

　　前文所討論的力廣科技，在 1998 年承認巨幅虧損 14 億 4,000 萬元後，營運活動現金反而成為淨流入，呈現與淨利反方向的變化。在該年度，因為力廣一方面大量提列壞帳、存貨跌價及投資損失，以反映經營問題；一方面加緊推行回收應收帳款與處理存貨等危機因應，反而使企

業朝體質改善的方向發展。近幾年力廣的營運活動現金與獲利都逐漸增加，顯示企業的經營有獲得改善。

短期來說，企業獲利與營運活動現金的流動方向可能不同；但長期下來，兩者的發展趨勢必定歸於一致。就企業活動的本質而言，它必須能創造營運活動的現金流入。對投資人來說，經常出現營運活動現金淨流出的企業，絕大多數都沒有投資價值。

由自由現金流量看競爭力

2004 年的年報中，亞馬遜執行長貝佐斯宣稱，衡量亞馬遜的終極財務指標是自由現金流（free cash flow）。為什麼自由現金流如此重要？

所謂的自由現金流其定義為：**營運活動現金流扣除資本支出**（指為了成長所必須進行的投資，通常為購買土地廠房設備，再加上長期股權投資）。一家公司有自由現金流，代表有能力在不影響公司的成長下配發現金股利。在 2004 年的年報中，貝佐斯清楚指示亞馬遜的終極財務指標是自由現金流。

營運活動現金流量的變化，可反映企業經營活動的紀律，以及因此產生的競爭力；而投資及融資活動現金流量的變化，則反映經理人對公司前景的信心與看法。企業投資活動現金的流出，大多為購買固定資產（例如土地、廠房、設備）或增加長期股權投資；反之，企業處分固定資產或減少長期股權投資，則會帶來投資活動的淨現金流入。投資活動的效益往往不能立即顯現，光是觀察企業投資金額的變化，很難評估其

管理意義。

　　值得注意的是，由投資活動現金可推測公司的成長機會。高度成長
且對未來樂觀的公司，往往會將營運活動帶來的現金再全數投資，甚至
其投資金額會超過營運活動現金的淨流入，使公司必須以融資方式支應
（特別是以舉債方式籌措資金）。

　　我們再以沃爾瑪為例，從 1992 年到 1994 年之間，沃爾瑪投資活動
的現金都遠超過營運活動產生的現金。不過，沃爾瑪支援投資活動不足
的現金（請參閱表 8-3），全部採取長期或短期借款的方式來支應，從不
進行現金增資，這代表沃爾瑪對未來投資的機會與效益具高度信心。相
對地，當成長趨緩、投資機會相對減少時，沃爾瑪的現金流量關係也有
所改變。2015 年到 2017 年，沃爾瑪營運活動的現金，已足以支應所有
投資活動的現金需求；至於多餘的現金，主要是用來購買自己公司的股
票與發放現金股利（請參閱表 8-4）。

　　若營運活動現金淨流入充沛，可減少企業融資需求及降低經營風
險。但是，當剩餘資金出現後，企業則可能陷入「資金再循環」（capital
recycle）機會減少的尷尬局面。除了沃爾瑪有這種隱憂，以優質主機起

表 8-3　沃爾瑪各項現金流量（1992-1994）

單位：億美元	1994	1993	1992
營運活動現金流入	21.95	12.78	13.56
投資活動現金流出	44.86	35.06	21.49
投資資金不足數	22.91	22.28	7.93
融資活動現金流入	22.98	22.09	8.10

表 8-4　沃爾瑪各項現金流量（2015-2017）

單位：億美元	2017	2016	2015
營運活動現金流入	315.30	273.89	285.64
投資活動現金流出	139.87	106.75	111.25
投資活動現金剩餘數	175.43	167.14	174.39
融資活動現金流出	189.29	161.22	150.71

表 8-5　華碩電腦各項現金流量（1998-2000）

單位：新台幣	2000	1999	1998
營運活動現金流入	151.2 億	107.8 億	116.7 億
投資活動現金流出	64.5 億	33.1 億	16.5 億
投資活動現金剩餘數	86.7 億	74.7 億	100.2 億
融資活動現金流出	38.5 億	31.1 億	1.9 億

家的華碩電腦也面臨類似的問題。（1998 年至 2000 年，華碩各項現金流量的關係請參閱表 8-5。）

四大企業類型

由營運、投資、融資三大類型活動現金流量的搭配，往往可看出企業的性格及特質。茲分成以下四大企業類型：

1. 信心十足的成長型公司

積極追求成長、信心十足且成功機會較佳的公司，其現金流量的特

色通常是：

1. 淨利及營運活動現金淨流入持續快速成長（在對的產業做對的事）。
2. 投資活動現金大幅增加（仍看見眾多的投資機會）。
3. 長期負債增加，不進行現金增資（對投資報酬率高於借款利息充滿信心）。

2. 穩健的績優公司

經營穩健且績優的企業，其現金流量的特徵通常是：

1. 淨利及營運活動現金流量持續成長，但幅度不大。
2. 營運活動現金流入大於投資活動現金支出。
3. 大量買回自家股票與發放大量現金股利。

3. 危機四伏的地雷公司

這是最容易出現財務問題的公司。其現金流量的型態通常為：

1. 淨利成長，但營運活動現金淨流出（好大喜功，管理紀律失控）。
2. 投資活動現金大幅增加（仍積極追求成長）。
3. 短期借款大幅增加，但同業應付款大量減少（短期內有償債壓

力，知情的同業不敢再提供信用）。

4. 營運衰退的夕陽公司

經營績效日益衰退的企業，其現金流量的特徵通常是：

1. 淨利及營運活動現金流量持續下降。
2. 投資活動現金不成長反而下降，甚至不斷處分資產以取得現金。
3. 無法保持穩定的現金股利支付。

中國企業現金流量表介紹——京東方

以中國的液晶顯示器大廠京東方為例，由 1998 年上市至 2016 年以來，京東方十九年之間只有四年是營運現金流入大於投資現金流出，其餘十五年的投資金額皆高過營運現金流入，而不足的部分，則依靠融資現金流入支撐。以 2016 年為例，其三大類型現金流量分別為營運活動淨現金流入 100.73 億人民幣，投資活動淨現金流出 244.94 億人民幣，融資活動淨現金流入為 261.41 億人民幣；這類型公司要能持續擴張，必須依賴持續不斷的融資支持。而當投資成效展現時，其營運活動現金未來也應該成長到足以支應投資活動現金流出，如此才會有正向的自由現金流。而近年來，京東方大多以專款專用的方式來募集資金，2016 年更發行了 100 億人民幣的公司債來籌資。2003 年至 2005 年，公司的投資活動現金流出約在 50 億人民幣左右的水準；到了 2013 年至 2016 年，投資

活動現金流出已來到 200 億人民幣的水準；這與京東方近年來積極投資新事業版圖有關，例如物聯網、人工智能、健康服務等。然而，京東方終究必須向資本市場展示它有創造正向自由現金流的能力。

古戰場巡禮的啟示

麻省理工學院董事會主席米德（Dana Mead）畢業於美國西點軍校，並且在 1957 年至 1970 年曾隨軍隊出征德國與越南。他認為西點軍校的養成教育，最重要的是教學生如何領導。米德成功地把「古戰場巡禮」（battle ride）納入企業領袖的訓練課程中，曾帶著 28 位坦尼科（Tenneco）汽車的資深主管，花了兩個整天，跟著歷史學家與軍事學家前往美國南北戰爭的戰場遺跡實際巡禮，讓他們試著在當年的戰場遺跡上，體會昔日指揮官為何做出這些攸關士兵們生死存亡的重大決定。

如果有機會，我最希望和同學一起造訪戰國時代「長平之役」的遺跡，那是一場血腥、殘酷但令人警惕的戰役……

公元前 264 年，秦國攻打韓國北方領土上黨郡。韓國上黨郡郡守馮亭向趙國投降，趙國不費一兵一卒便獲得 17 座城池。秦王大怒，下令攻擊上黨郡。年輕的趙孝成王任命名將廉頗統帥趙軍西上，和秦軍對峙於長平（山西省高平縣）。

老謀深算的廉頗，採取築壘固守的戰略，靜待秦軍力量削弱。不久，秦軍果然因糧草補給艱難影響全軍士氣，於是秦王派人在趙國首都

邯鄲散布流言，譏笑廉頗年邁畏戰，而秦國最害怕的是年輕將領趙括（趙國抗秦名將趙奢之子）。趙孝成王求勝心切，終於中了反間計，罷黜了廉頗，改用趙括為統帥。

秦國見計謀得逞，暗中改派當時最優秀的指揮官白起為大將。白起故意打了幾個敗戰，引誘趙軍主力出戰，在長平痛擊趙國大軍，並將數十萬大軍團團圍住。為了衝出包圍網，趙括發動數次猛烈的攻擊，但全部失敗。支撐了 46 天後，在彈盡糧絕下，趙括被迫做最後的困獸之鬥，兵分四隊，輪流突圍，卻終究還是失敗了，自己也死於亂箭之下（名導演張藝謀《英雄》一片，便嘗試重現當年秦軍箭陣的震撼力）。趙軍還剩下 40 萬人，全數投降。白起命令這 40 萬投降的士兵，進入長平關附近的一個山谷，並把山谷兩端堵塞。預先埋伏在山頂上的秦軍，拋下土石，40 萬趙軍全部被活埋。長平之役後，趙國從此沒落。

急躁的國君與輕率的將領，造成 40 萬大軍被全數殲滅的血淋淋教訓。以企業來說，資金就相當於軍隊的兵士，現金流量表就相當於布兵圖。不論是目前正在接戰的「營運活動現金部隊」，或是未來陸續投入戰場的「投資和融資現金部隊」，如果經理人不能謹慎部署，在營運、投資或融資決策上的一個輕忽，便會造成致命的錯誤。而一次致命的錯誤，就可能摧毀企業數十年的努力。經理人對現金流量的掌控，豈能不以「死生之地，存亡之道」的嚴肅心情對待！

對沒有紀律的戰鬥部隊（營運活動現金淨流出）與輕率地浪費後備部隊（投資和融資的現金流量）的企業經理人，投資人必須提高警覺。

別忘了，在這個資本市場中，始終存在一群類似白起般、專門坑殺投資人的邪惡將領！

總結而言，招式篇中所討論的五大財務報表重點如下：

- 要快速瀏覽公司歷年的經營績效，必須看**損益表**。

- 要深思市場波動（匯率、利率、證券及商品價格等因素）對公司產生的間接影響，必須看**綜合損益表**。

- 要判斷公司是否在中長期做具有商業智謀的布局，以及公司是否有隱藏的虧損或負債（第九章進一步討論），必須看**資產負債表**。

- 要解讀公司治理結構如何形成公司的企業性格及公司經營成果的控制及分配特性，必須看**權益變動表**。

- 要判斷公司短期內是否有「心肌梗塞」的生死存亡問題，必須看**現金流量表**。

參考資料

1. 羅勃・史雷特（Robert Slater），1999，《企業強權：傑克・威爾許再造奇異之道》（*Jack Welch and the GE Way*），袁世珮譯，台北：麥格羅希爾。
2. 路・葛斯納（Louis V. Gerstner），2002，《誰說大象不會跳舞》（*Who Says Elephants Can't Dance*），羅耀宗譯，台北：時報出版。
3. 麥克・戴爾（Michael Dell），1999，《戴爾的秘密》（*Direct for Dell: Strategies That Revolutionized an Industry*），謝綺蓉譯，台北：大塊出版。
4. 《商業周刊》第 896 期，2005 年 1 月 20 日。
5. 高盛 2008 年年報。
6. 奇異公司 2008 年年報。

Part 3 進階篇

第九章

踏在磐石而不是流沙上——
談資產品質與競爭力

　　遠在 1835 年，年輕、才氣縱橫的法國思想家托克威爾（Alexis de Tocqueville, 1805-1859）在其名著《美國的民主》（*Democracy in America*）中提出一個問題：當時歐洲和美洲之間的貿易，為什麼大部分被美國的商船所壟斷？他的答案是：美國商船渡海的成本，比其他國家商船的成本低。但是，欲進一步解釋何以美國商船有這種成本優勢，可就有點困難了。美國商船的建造成本不比別人低，但耐用時間比別人短。更糟糕的是，美國商船雇用船員的薪水還比其他國家的商船高，表面上看來真是一無是處。托克威爾卻認為：「美國商船之所以擁有較低的成本，並非來自有形的優勢，而必須歸功於心理與智性上的品質」。

　　為了印證這個論點，托克威爾在書中生動地比較歐洲水手與美國水手航海行為的不同。歐洲水手做事謹慎，往往等到天氣穩定才願意出海。在夜間，他們張開半帆以便降低航行速度；進港時，他們反覆測量航向、船隻和太陽的相對位置，希望避免觸礁。相形之下，美國水手似乎熱愛擁抱風險。他們不等海上風暴停止就急著拔錨啟航，日以繼夜地張開全帆以增加航行速度，一看到顯示快靠近岸邊的白色浪花，立刻加速準備搶灘。這種不畏風險的航海作風，使得美國商船的失事率遠高過其他國家的商船（這種風險頗能解釋為什麼支付水手較高的薪資），但確實能

縮短飄洋過海的時間，並大幅降低成本。

　　以十九世紀初在波士頓進行的茶葉貿易為例，美國商船在將近一年十個月的航行中，除了到達目的地中國廣州採購茶葉之外，都不再靠岸補給，水手們只以雨水及醃肉果腹。相對地，歐洲商船一般會停靠幾個港口，以便補給淡水與新鮮糧食。這種艱苦的航海生活，讓美國商人的每磅茶葉比英國商人便宜 5 分錢，取得價格優勢，進而大幅增加銷售量、擴大市場占有率。至於美國商船為什麼建造品質不良？托克威爾在訪問一個美國水手後豁然開朗。那位水手理直氣壯地說：「航海技術進步得這麼快，船隻可以用就好，品質不必太高，反正用壞了就換。」看到美國商船狂熱追求速度及擁抱風險的行為，托克威爾當時就大膽地預測：「美國商船的旗幟現在已經使人尊敬，再過幾年它就會令人畏懼……而我不得不相信，美國商船有一天會成為全球海權霸主。美國商人註定要主宰海洋，正如古代羅馬人註定要統治全世界一樣。」如同托克威爾所預言的，百年之後，美國果真成為全球第一大經濟強權。

無形資產決定長期競爭力

　　托克威爾的觀點絕對是進步的，目前會計學界的研究指出，對企業的經營而言，無形資產比有形資產更為重要。十九世紀時，美國商船的競爭力主要來自他們的企業家精神。他們絕對不是冒無謂的風險，如果沒有這種實事求是、無懼沉船的精神，要如何與歐洲經驗豐富的水手、設備精良的商船競爭？又如何能以些微的成本優勢，在大西洋的貿易戰爭中勝出？

美國水手所擁有的無形資產，是他們身為新興民族自然流露的冒險犯難性格，並不需要額外的投資。然而，現代的企業若想擁有高競爭力的無形資產，必須進行系統性、持續性的投資。例如企業的研究發展支出，雖然其未來效益的不確定性太高，在財報中被歸類為當期費用而不是資產，但研發活動確實是創造無形資產的重要來源。著名的會計學者萊夫（Baruch Lev）曾估計，每1元的研究發展支出，在未來平均可產生 20% 左右的投資報酬率，效益能延續五年到九年。因此，為了加強競爭力，國際級企業莫不積極從事研發活動。（表 9-1 彙整 2016 年部分知名企業研發支出占營收的百分比。）

表 9-1　2016 年知名企業研發支出占營收比例

	金額（億美元）	占營收百分比
默克藥廠	101.24	25.43%
微軟	119.88	14.05%
英特爾	127.40	21.45%
Google	139.48	15.45%
3M	17.35	5.76%
IBM	57.51	7.19%
蘋果電腦	100.45	4.66%

註：蘋果電腦的比例不到 5%，看似偏低，其實主要是因為歷年營收成長非常快，導致研發支出占比較低。

因此，所謂企業經營的「磐石」，長期來看其實不是財報上的現金、土地、廠房、設備，離開了企業家精神和良好的管理制度，有形資產便很容易變成「流沙」。不論是有形資產或無形資產，它們的價值都建立在「能為企業創造未來實質的現金流量」之上。針對這個觀點，本章稍後將進一步闡述。

路易威登（LVMH）以無形資產為尊

法國，是全球頂級奢華商品的聖地，它的確無法在降低成本上和美國競爭，但它非常了解無形資產帶來的競爭優勢。翻開奢華品牌龍頭路易威登的年報，會發現路易威登總是強調「創造的熱情」（passion about creativity）和「創造的渴望」（desire to innovation）。它不是只靠著美麗的模特兒和華麗的商品來刺激消費者的購買慾，而是以非常長期的眼光，扎根於未來的成長。例如，2016 年 9 月路易威登在法國普羅旺斯的葛拉斯（Grasse，號稱香水之都）設置了精緻氣派的香水研發展示生產中心；並創立大型的專業學院，每年訓練數百位皮革、鐘錶等產品研發生產的專家和學徒等。

路易威登的資產負債表非常有趣，其無形資產超過有形資產。以 2016 年為例，其無形資產最大宗是品牌及商標，計 133.35 億歐元；其次為商譽計 104 億歐元，兩者合計就占總資產的 39.8%。而有形資產的最大宗是土地廠房設備，共計 121.139 億歐元；其次才是精品存貨，計 105.46 億歐元，占總資產 38%。路易威登的品牌、商標、商譽等無形資產，主要是集團併購其他知名品牌的產物（例如，2011 年併購義大利著名珠寶精品集團寶格麗〔Bvlgari〕）。

本章接下來介紹路易威登評估無形資產價值的方法。

「內在價值」與資產評估

無論是評估有形或無形資產，最重要的觀念就是「內在價值」

（intrinsic value）。內在價值的定義，是資產在其存續期間所能產生的淨現金流量（扣除成本）加以折現值後的加總值。內在價值的計算式，分子是未來各年度的淨現金流量，分母是折現率；由於離當下愈久遠的未來，考慮現金的時間價值及現金流不確定性愈大，故透過折現率打折的程度也愈大。

釋例

若一個資產預估可以連續三年都產生 100 萬的淨現金，但第一年的 100 萬、跟第三年的 100 萬價值是不同的（因為有利率的成本及市場競爭等不確定性因素），所以要再除以折現率（打折）。愈久遠的年數，就要打更多次折，我們假定這個折現率是 10%，那麼此資產的「內在價值」便不是 300 萬，而會是以下所述：

$$\frac{100\ 萬}{（1+10\%）} + \frac{100\ 萬}{（1+10\%）^2} + \frac{100\ 萬}{（1+10\%）^3} = 248.69\ 萬$$

用上面的例子，我們可以歸納出，當要計算一個資產的「內在價值」時，其公式如下：

$$折現值 = \frac{第1年淨現金流}{（1+折現率）} + \frac{第2年淨現金流}{（1+折現率）^2} + \frac{第3年淨現金流}{（1+折現率）^3} + \cdots + \frac{第n年淨現金流}{（1+折現率）^n}$$

釋例

若路易威登想購買市場上某一精品品牌，其相關業務部門及會計財務部門會利用上述方法評估該品牌的內在價值如下。假設該品牌的

預估壽命是十五年，根據該品牌的市場競爭現況、國際知名度等因素，其各年度的淨現金流入預估如下表（呈現先成長，後穩定，再衰退的情況）。淨現金流量的折現率假設為 9%。

年度	該年度現金流
1	5,000,000
2	6,300,000
3	7,500,000
4	8,400,000
5	9,000,000
6	9,500,000
7	9,800,000
8	10,000,000
9	9,800,000
10	9,500,000
11	9,000,000
12	8,400,000
13	7,500,000
14	6,300,000
15	5,000,000

在此假設下，該品牌的「內在價值」計算如下：

$$= \frac{5,000,000}{(1+0.09)} + \frac{6,300,000}{(1+0.09)^2} + \frac{7,500,000}{(1+0.09)^3} + \frac{8,400,000}{(1+0.09)^4} + \frac{9,000,000}{(1+0.09)^5} + \frac{9,500,000}{(1+0.09)^6} +$$

$$\frac{9,800,000}{(1+0.09)^7} + \frac{10,000,000}{(1+0.09)^8} + \frac{9,800,000}{(1+0.09)^9} + \frac{9,500,000}{(1+0.09)^{10}} + \frac{9,000,000}{(1+0.09)^{11}} + \frac{8,400,000}{(1+0.09)^{12}} +$$

$$\frac{7,500,000}{(1+0.09)^{13}} + \frac{6,300,000}{(1+0.09)^{14}} + \frac{5,000,000}{(1+0.09)^{15}} = 64,229,073.31 \text{ 歐元}$$

如果目前該品牌的市場價格低於所估計的內在價值，對路易威登而言，就有投資利益，也就可能會購買該項品牌。

「內在價值」會因為外在因素而變動。若品牌的未來預估淨現金流入（計算式分子）較原本預估值少 20%，則新的「內在價值」為：

$$= \frac{4,000,000}{1.09} + \frac{5,040,000}{1.09^2} + \frac{6,000,000}{1.09^3} + \frac{6,720,000}{1.09^4} + \frac{7,200,000}{1.09^5} + \frac{7,600,000}{1.09^6} +$$

$$\frac{7,840,000}{1.09^7} + \frac{8,000,000}{1.09^8} + \frac{7,840,000}{1.09^9} + \frac{7,600,000}{1.09^{10}} + \frac{7,200,000}{1.09^{11}} + \frac{6,720,000}{1.09^{12}} +$$

$$\frac{6,000,000}{1.09^{13}} + \frac{5,040,000}{1.09^{14}} + \frac{4,000,000}{1.09^{15}} = 51,383,258.65 \text{ 歐元}$$

也就是價值較原來預估值減損了 12,845,814.66 歐元。

若市場競爭風險加劇，折現率上升到 12%（計算式分母增加），則新的「內在價值」為：

$$= \frac{5,000,000}{1.12} + \frac{6,300,000}{1.12^2} + \frac{7,500,000}{1.12^3} + \frac{8,400,000}{1.12^4} + \frac{9,000,000}{1.12^5} + \frac{9,500,000}{1.12^6} +$$

$$\frac{9,800,000}{1.12^7} + \frac{10,000,000}{1.12^8} + \frac{9,800,000}{1.12^9} + \frac{9,500,000}{1.12^{10}} + \frac{9,000,000}{1.12^{11}} + \frac{8,400,000}{1.12^{12}} +$$

$$\frac{7,500,000}{1.12^{13}} + \frac{6,300,000}{1.12^{14}} + \frac{5,000,000}{1.12^{15}} = 53,812,475.06 \text{ 歐元}$$

也就是價值較原來估計值減損了 10,416,598.25 歐元。

路易威登購買了該品牌，在財報上它就會被認列為無形資產的一部分。每一會計年度，路易威登都必須重新估算該項品牌的價值是否有所變動。若因為營收成長率下降或是折現率增加，而導致該品牌的內在價值低於其當時的購買價格時，必須認列所謂的資產減損損失（asset impairment）。

路易威登計算其無形資產的內在價值，是以上述的未來現金流量之折現值為基礎；而市場價值（market value）則是透過比較近期市場上類似商品的交易價格，或是由獨立估價專家所評估的資產價值為評估依據。路易威登預期的未來現金流量，是以各事業部門（business segment）（包括一個或多個品牌）的年度預算（annual budgets）為預測基礎。而現金流量的折現率，是以市場投資人預期之報酬率以及評估之風險貼水為基準。

巴菲特強烈主張，上述利用折現的概念來衡量投資案，是財務上最適當的做法。

「內在價值」的廣泛應用

內在價值有非常廣泛的應用。凡能產生未來預期現金淨流入的資產，都適用於透過折現來評估內在價值的方法。如果一台機器每年可產生 10 萬元的淨現金流入，且效益可持續二十年，在市場利率水準為 10% 的假設下，這台機器的內在價值應該是多少？我們可套用前文將 10 萬元現金折現 20 次後再全部加總的程序，計算出該機器的內在價值為 851,360 元。

凡是理性的投資人，不會以高於內在價值的金額購買該機器。

　　折現的道理，也能用在企業購買其他公司股票（即轉投資）的決策中。在第六章，我們討論了商譽的計算方法——購買其他企業股權的金額，超過其合理的帳面淨值（重估後的資產減去負債），就會產生商譽。如果一家公司每年能為你帶來 10 萬元的淨現金流入，並且持續二十年，在假設 10% 的投資報酬率之下，利用對未來現金流量的折現，推算出這個企業的內在價值是 851,360 元。如果你真的以 851,360 元購買這個帳面淨值（重估後資產減去負債）只有 45 萬元的企業，你便必須承認 401,360 元的商譽。

　　內在價值的觀念，也可用在負債金額的衡量。假設某公司發行一種特殊的債券，藉以在資本市場籌措資金，這種債券不必還本，只要每年年底支付債權人 10 萬元，連續二十年，則發行此債券對企業真正的經濟負擔是多少？在這二十年間，雖然該企業總共必須支付債權人 200 萬元，但就折現的概念來看，把 10 萬元現金折現 20 次再全部加總，此債券對企業的實質負擔也是 851,360 元。又例如企業租用一台機械二十年，每年必須支付業主 10 萬元，而資金的機會成本為 10%，按照折現的計算方式，該租約對企業造成的負債依然是 851,360 元。

　　利率的變動對資產與負債都會造成重大影響。如果你擁有的資產使你享受每年年底固定 10 萬元的淨現金流入，而市場利率由 10% 下降至 5%，則資產的內在價值會從 851,360 元上升到 1,246,220 元（請參閱之前內在價值的計算式）。相反地，若一家保險公司必須支付保險人每年 10 萬元退休金，連續二十年，當市場利率由 10% 下降至 5%，該筆負債

會由 851,360 元大幅增加到 1,246,220 元。

　　由此我們可看出，即使沒有交易發生，只要利率或匯率發生變化，就會對企業資產及負債產生重大影響。有時候，資產與負債呈現同方向變動，且金額相當，如此就能抵消利率變動對公司財務結構的影響。企業通常會使用衍生性金融商品，以緩和利率或匯率對企業造成的財務衝擊，這種行為稱為「避險」。不過，若操作衍生性金融商品不當，有可能愈避愈險，產生巨額虧損。

資產減損與國際會計準則第 36 號公報

　　國際會計準則第 36 號資產減損公報，於 1998 年開始實行，並於 2004 年發布修正版本，陸續也在 2008 年、2009 年以及 2013 年發布微調更新的版本。這項公報的制定與發布，對於資產價值的評鑑與衡量有極大的影響力，因此造成企業界極大的關注。國際會計準則第 36 號公報的精神很簡單——資產於取得日後，企業應於每一報導期間結束日評估是否有任何跡象顯示資產可能減損，若有任何跡象存在，企業應估計該資產之可回收金額。具體來說，企業必須確保資產帳面價值不超過「可回收金額」，資產帳面價值如果超過可回收金額，就產生資產減損。所謂的可回收金額，意指資產的「淨公平價值」與其「使用價值」中較高的一個。淨公平價值是正常交易中資產銷售扣除相關處分成本後（例如佣金及稅金）取得的金額；至於使用價值，是指預期可由資產產生之估計未來現金流量的折現值（計算方法參閱前文討論的內在價值）。

第 36 號公報適用於所有資產減損之會計，但不包含存貨、建造合約所產生之資產、遞延所得稅資產、員工福利所產生之資產、屬於金融工具範圍內之金融資產、公允價值衡量之投資性不動產等特殊項目。舉例來說，企業擁有的一台機器在 2017 年 12 月 31 日的帳面價值為 500 萬元（取得成本 750 萬扣除累計折舊 250 萬），如果評估該機器生產的產品因市場競爭程度超過預期、未來價格將顯著下跌，可能將對企業發生不利之影響，該機器的可回收金額為 455 萬元；由於該機器的帳面價值超過其可回收金額，所以會發生 45 萬元（500 萬－ 455 萬）的資產減損損失，必須在損益表上認列。

當損失確定發生時，用資產帳面價值減去可回收金額，差額即為資產減損損失，將資產減損損失計入當期損益，同時計提相對應的資產減損準備。而企業於資產負債表日評估，是否有證據顯示資產（商譽除外）於以前年度所認列之減損損失，可能已不存在或減少。若有此項證據存在，應即估計該資產可回收金額，若資產可回收之估計金額較以前年度增加，即應迴轉以前年度所認列之減損損失，並於損益表中認列為利益。惟不得超過資產未認列減損損失情況下，減除應提列折舊或攤銷之帳面價值。

對台灣企業而言，因企業合併所取得的商譽，或進行轉投資所取得的其他企業股票（即一般所謂的長期股權投資），在第 36 號公報要求承認資產減損的條件下，都是可能對當年企業發生重大衝擊的項目。例如 2012 年 1 月 23 日，宏碁就針對其商標權認列減損損失新台幣 35 億元；雖然這項無形資產的減損損失為非現金之減損，對企業營運並沒有實質上的影響，但卻大大影響了當年度損益表上的損益數字。此外，以國際

上的例子而言，2006 年日本東芝企業以 54 億美元收購美國西屋電器公司（Westinghouse Electric Co.），2011 年東芝企業也針對併購西屋電器產生的商譽，認列 23 億美元的商譽減損損失。

一般來說，承認了巨額的資產減損損失後，對公司反而有「利空出盡」的作用。由第一章提及的「心智會計」論點來看，經理人最難辦到的事是坦承失敗，並以具體作為來處理失敗的投資（如處分虧損事業）。承認資產減損往往是面對現實、重新出發的契機。

資產比負債更危險

對一般人而言，資產代表有價值的事物，應該是好的；而負債代表存在的財務負擔，應該是壞的。然而，對管理階層來說，資產卻比負債更加危險。理由很簡單：資產通常只會變壞，不會變好；而負債通常只會變好，不會再變壞。很少有銀行或投資機構看到一家公司負債比率極高，仍然勇於提供借款，或者願意進場投資。許多公司負債比率之所以偏高，常常是資產價值出乎意料地快速降低所造成。以下讓我們檢視幾個資產價值惡化的例子。

資產通常只會變壞，不會變好

存貨會因價格下跌造成重大損失

美國半導體公司美光科技（Micron Technology）以生產 DRAM

為主要業務，因為自 2002 年第三季以來的 DRAM 產品價格下跌超過 30%，美光必須在第四季承認高達 1 億 7,000 萬美元的存貨跌價損失，使美光該年度虧損金額高達 4 億 7,000 萬美元。曾經是華爾街化工類股寵兒的歐姆集團（OM Group），2003 年 11 月 4 日發布高達 1 億美元的存貨跌價損失。一天之內，它的股價由 27 美元暴跌至 8.75 美元，跌幅達 68%。

　　創下資訊產業存貨跌價損失最高紀錄的公司，其實是著名的網路設備供應商思科（Cisco）。2001 年 5 月 9 日，思科宣布了高達 22 億 5,000 萬美元的存貨跌價損失，這個巨額損失源自於管理階層的誤判。1990 年代，思科營業額由 7 億美元成長到 122 億美元，平均年成長率為 62%。思科認為網路設備爆炸式的需求將持續，因此不斷地增加存貨，但當景氣突然反轉時，這些存貨的價值立刻暴跌。存貨跌價損失的消息一經公布，當天思科的股價由 20.33 美元跌到 19.13 美元，下跌幅度為 6%。一般而言，科技產業的產品生命週期較短，三個月到半年間若無法順利售出，價值往往會蕩然無存。加上科技產業存貨中的在製品品質難以查證，也很容易造成後續評價的誤差或扭曲。

應收貸款會因倒帳而造成重大損失

　　花旗銀行 1967 年至 1984 年的執行長魏里斯頓（Walter Wriston）留下這麼一句名言：「國家不會倒閉。」（Countries never go bankruptcy.）1982 年，即使墨西哥政府片面宣布停止對外國銀行支付利息及本金，震驚國際金融圈，魏里斯頓對回收開發中國家的貸款仍舊信心滿滿。正是因為這種信念，魏里斯頓在 1970 年代才會率領美國銀行

團，大舉放款給開發中國家。但是，美國政府介入斡旋好幾年，仍看不到明顯成果後，1987 年 5 月花旗銀行新任執行長瑞德（John Reed）率先向市場宣布，貸款給開發中國家的放款中，有 30 億美元可能無法回收，占花旗銀行擁有的開發中國家債權總金額的 25%。在花旗帶頭之下，美國貸款給開發中國家的前十大銀行，紛紛進行類似的會計認列，光是在 1987 年第二季，它們所承認的壞帳損失總計就超過 100 億美元。在接下來的 1990 年代，國際金融界一片淒風苦雨，高達 55 個國家出現還債困難，總共倒債 3,350 億美元，對開發中國家的放款平均 22% 左右無法回收。銀行家曾以為，對國家放款的資產品質堅若磐石，最後卻發現自己踩在流沙上。

長期股權投資因投資標的經營不善，成為壁紙

部分公司經由現金增資或銀行貸款取得巨額資金，轉投資往往十分浮濫。更糟糕的是，有些公司投資的子公司，主要目的是購買母公司產品，以虛增業績進而操縱股價。有些上市公司常以海外子公司作為塞貨的工具，子公司向母公司所購買的產品，又往往無法順利銷售。這些海外子公司其實不具有經濟價值，資產負債表卻未能公允地呈現。

過分複雜的轉投資，就算沒有操縱母公司股價的動機，也會造成企業管理的死角。例如已經下市的台灣太平洋電線電纜公司（太電），它所轉投資的子公司與子公司再轉投資的「孫公司」就高達 130 家以上，多半虧損累累。2004 年太電下市時，就連當時太電的財務長，也搞不清楚每家轉投資公司的詳細財務狀況，更談不上有效的管理。

資產品質與未來願景

假設你是一個銀行家或投資人，知道以下資產負債表的資訊後，試問你是否願意放款或投資這家公司：

A 公司資產總共是 21.6 億美元，遺憾的是，經過多年的虧損，A 公司已經賠光了當初股東投入的所有資本，並產生負 10.4 億美元的股東權益。經由會計方程式得知，A 公司的總負債金額是 32 億美元（21.6 億＋ 10.4 億）。

對一家上市的企業而言，這種負債遠大於資產的情形很少發生。

2003 年，筆者在教授台灣大學 EMBA 的管理會計課程時，蓋住 A 公司的名稱，只顯示上述的資產負債表給同學看，獲得同學們壓倒性的負面評價，類似「經營不善」、「地雷股」等警語不絕於耳。你是否也和我的學生們有相同看法呢？當我宣布答案，告訴大家 A 公司就是大名鼎鼎的亞馬遜之後，同學們紛紛改變看法，強調亞馬遜未來獲利的前景亮麗，這種因未來遠景而忽略目前經營問題的心態在當時並不奇怪。

在網路泡沫還沒吹破前，投資人普遍存在的熱烈信心，使亞馬遜在 1999 年每股股價曾高達 132 美元，市值為 1,380 億美元。當 2000 年網路泡沫化時，亞馬遜最低股價曾跌到每股 6 美元，市值只剩下 28.5 億美元。直到 2004 年，亞馬遜的淨資產負 2 億美元，還不能算是脫離了歷史低潮。一家虧損累累的公司，憑什麼有這個市值？買亞馬遜股票的投資人，是不是站在流沙上？正因為投資人常常因為持續的虧損而對公司失去信心，亞馬遜的貝佐斯「用財報說故事」的能力，愈發顯得重要。

負債通常不會變壞

太多的負債絕對不是好事。但弔詭的是，負債通常只會變好（不用償還），而不會變壞（最多按照原來金額償還）。我們檢視以下幾個例子：

- 1982 年，因為墨西哥宣告無法支付其國際債務，引發開發中國家的負債危機。1994 年，18 個開發中國家透過美國的安排調解，最後達成協議，將高達 1,900 億美元的負債減免了 600 億美元。

- 在 1997 年亞洲金融風暴橫掃時，由於韓國政府積極介入協調，大宇集團與外國銀行團（以花旗銀行為首，總共約 200 家銀行）達成協議，取消平均約 60% 的銀行負債，總金額高達 67 億美元。

- 2003 年伊拉克戰爭後，伊拉克政府一直尋求完全免除其 1,200 億美元的外債。日本在 2005 年 11 月時，同意免除伊拉克 80% 的債務，以協助該國的重建計畫；2005 年 12 月時，伊拉克也與國際貨幣基金（International Monetary Fund, IMF）協議，在 18 個月內逐步免除其債務；目前美國、英國及俄羅斯均已在該協議中承諾免除伊拉克的債務。時至 2006 年，伊拉克的外債已經從 1,200 億美元降低到 300 億美元。

高負債的確有害，但它的危害顯而易見，企業或銀行不容易一開始就犯錯。負債會成為問題，經常是因為資產價值縮水，或獲利能力萎縮所造成。例如 2001 年廣受矚目的台灣亞世集團（因大亞百貨及環亞飯店

發生財務危機），在 1970 年代時，由創辦人鄭周敏藉著土地投資建立起多角化事業體系，並號稱擁有千億以上資產。乍看之下，集團 250 億新台幣的負債並不算高。但由於當時房地產長期低迷、資產大幅縮水，實際的負債比率遠高於帳面所顯示的數字。更糟的是，大筆土地的流動性較低，想瘦身都十分困難。由此可知，負債問題經常是資產減損問題的延伸。

管理資產減損才是重點

公允地表達資產減損的情況，是近年來財務報表編製最重要的發展方向之一。但是，對公司而言，根本之計還是管理資產減損，避免資產品質惡化。以下列出兩項重點加以說明：控制存貨跌價風險、控制應收帳款倒帳風險。

控制存貨跌價風險

不同類型的廠商，規避存貨跌價損失的方法也有所不同，例如通路商可能以「託銷」（consignment）來減少風險。託銷是指製造商完全負擔存貨跌價的風險，即使產品在通路商的賣場，所有權仍屬於製造商；當產品銷售出去，才由通路商與製造商拆帳。這種託銷的型態，不只是通路商與製造商就個別商品所訂定的銷售契約，也可擴大為通路商的商業模式。也就是說，通路商只提供銷售平台，不介入存貨的買賣，目前具有規模優勢的通路商（例如沃爾瑪），正全力朝著此方向邁進。因此，在託銷的商業模式下，營收成長往往只需要較小幅度存貨的成長。

此外，透過簽訂存貨跌價保護契約的方式，通路商可讓製造商補貼產品價格下跌的部分或全部損失，使本身的存貨跌價損失得以減少。通路商除了必須先簽訂這種契約，也必須確定經理人能有系統地執行這些條款，而不是徒具虛文，這就牽涉到執行力的落實。針對通路商本身擁有的存貨，要求加快出售現有存貨的速度（存貨周轉率），是通路商管理的重點。最直截了當的做法，便是把存貨周轉速度列入賣場經理人的績效評估指標。關於如何設計適當的誘因機制，則屬於「管理會計學」的討論範圍。

至於製造商，它們主要以先下單、後生產、增加存貨周轉速度來降低存貨風險。1980 年代，豐田汽車創造了「零庫存」（just in time）的管理模式──有市場需求才製造汽車，在製造時才將零組件送上生產線。豐田汽車這種創新的管理流程，大幅降低汽車成品、半成品及零組件存貨的風險。1970 年代晚期的克萊斯勒是個鮮明的對比，因為對景氣復甦過於樂觀，克萊斯勒大幅增加生產，在需求不振的情形下，汽車存貨暴增，甚至必須堆到倉庫外面，被媒體嘲笑為「整個底特律都是克萊斯勒的停車場」。克萊斯勒差一點因此倒閉，後來透過美國聯邦政府的協助，以及傳奇執行長艾科卡（Lee Iacocca）的救援行動，才能起死回生。

1990 年代，製造業透過供應鏈進行管理，最卓越的應該算是戴爾電腦。戴爾的存貨控制由 2000 年的 6 天，下降至 2004 年的 3 天，為業界之冠。台灣科技廠商的存貨管理，則以鴻海最為著名。鴻海生產線執行嚴格的材料庫存控制，創造了生產成本的競爭力。鴻海工廠的備料時間比同業短，當備料到了一定時間還沒出貨，就會被打成庫存呆料，先折價一半。經理人要是未嚴格執行生產計畫時間表、準確地拿捏出進貨時

間，財務報表上的業績就會變差，甚至會拿不到年終獎金，這種機制使得經理人嚴格控制材料庫存。由此可見，財務報表的每個數字，必須以適當的管理機制扣緊企業活動，才能產生競爭力。

控制應收帳款倒帳風險

除了落實客戶信用調查外，為避免應收帳款發生倒帳風險，部分企業會將應收帳款賣斷給金融機構。這種交易會使公司資產負債表的應收帳款金額減少、現金金額增加。不過，賣斷應收帳款的做法，是否真能解除公司的信用風險呢？這可不一定。部分銀行為求自保，在應收款賣斷的合約上故意留下灰色地帶，不僅要求客戶現在必須將存款存放在該銀行，萬一有倒帳情事，銀行可優先由該公司存款餘額中直接扣款。因此，現金並非完全由公司自由支配，反而成為「受限制資產」（restricted assets）。就財務報表公允揭露的精神而言，現金中受到限制的部分，應該在附註中加以解釋。就務實的管理來說，應收帳款賣斷是否達到風險轉移的目的，經理人應在相關契約上加以釐清。

此外，還有一個使應收帳款倒帳風險增加的原因：不恰當的績效評估制度。若銷售人員的獎金完全根據業績而定，可能會誘使銷售人員只顧衝刺業績，而忽略了客戶是否有還款意願與能力。信用風險的控制，不該完全推給後段的財務或稽核人員。銷售人員站在第一線，透過與客戶的直接接觸，往往更能有效地評估其信用風險。至於銷售人員的獎金發放，應與應收帳款能否回收加以連結，才是根本改善應收帳款品質的方法。

啥都沒剩下！

　　2004 年美國總統大選，尋求連任的共和黨候選人布希（George W. Bush）和民主黨候選人凱瑞（John Kerry）競爭得十分激烈，兩方陣營莫不挖空心思宣揚己方政績，並攻訐對方，其中一個嘲諷布希的笑話相當經典。話說布希總統在競選期間頭痛欲裂，幕僚找來美國最權威的腦科醫師替他診斷。以最精密的儀器徹底檢查後，醫生面色沉重地說：「總統先生，您有大麻煩了！」布希很緊張地問：「我的腦袋瓜到底出了什麼問題？」醫生說：「正常人的腦袋分成右腦和左腦，總統您也不例外。但是，在您的右腦，沒一樣是對勁的；而在您的左腦，啥都沒剩下。」（In your right brain, there is nothing right. In your left brain, there is nothing left.）。這個笑話利用英文「右邊」（right，也為「正確」之意）與「左邊」（left，亦為「剩下」之意）的雙關語，把有著西部牛仔粗線條形象的布希，狠狠地嘲諷了一番。

　　對財報讀者來說，在這個笑話背後，其實有個十分嚴肅的聯想。讀者還記得會計方程式嗎？在會計方程式的右邊，代表資金的來源，讓人擔心「沒一樣是對勁的」（nothing right），例如企業的負債比例太高、以短期負債支應長期投資等。在會計方程式的左邊，代表資金的用途，也就是企業所持有的各種資產，讓人害怕的是「啥都沒剩下」（nothing left）。畢竟在公司資產中，不論是現金、應收帳款、存貨、固定資產、長期投資等各個項目，都存在著風險——堅硬的磐石可能突然變成流沙。對企業來說，無論是資產、負債或是所有者權益，都對企業競爭力的評估有著重大影響，尤其是無形資產的評價，儘管看不到實體，卻也潛藏企業的真實價值。

經營企業不能不面對風險，也不能不控制風險。在討論內在價值如何計算時，讀者應該已經發現，我們所謂資產的價值，主要是建立在假設「未來能創造的現金流量」之上。對企業而言，未來的現金流量，不是一連串可任意假設的數字，而是發揮競爭力、在市場中獲得實際經營績效的成果。一百八十年前，托克威爾就清楚地指出，在十九世紀大西洋的貿易戰中，美國水手「道德與智性上的品質」，造成了他們的競爭優勢。由此可見，公司的磐石其實根基於 —— 以無形資產結合優質有形資產，藉以創造競爭力，再轉化競爭力為具有續航力的獲利成績。

參考資料

1. Alexis de Tocqueville, *Democracy in America*. J. P. Mayer ed. Garden City, NY: Anchor Books, 1969.
2. 張殿文，2005，《虎與狐：郭台銘的全球競爭策略》，台北：天下文化。
3. Baruch Lev and Theodore Sougiannis, 1996, "The Capitalization, Amortization, and Value Relevance of R&D." *Journal of Accounting and Economics*, 107-138.

第十章

經營管理，而不是盈餘管理──
談盈餘品質與競爭力

2004 年 8 月 19 日，網路搜尋引擎領導廠商 Google，在美國那斯達克市場初次掛牌交易，創造了 2000 年網路泡沫化之後最亮眼的股價表現。Google 初上市的承銷價為每股 85 美元，由資本市場共籌措到 16 億7,000 萬美元。2004 年底，Google 盈餘為 3.99 億美元，而股價也來到每股 193 美元，市值高達 534.7 億美元。隨後幾年，Google 一直保持著優良的盈餘成長（如圖 10-1 所示），只有 2008 年金融風暴時獲利受到影響（成長剩下 0.6%，但其他公司大多嚴重衰退）。但近年來，Google的事業版圖已逐漸穩定，獲利成長率也都保持在 10% 至 20% 左右。這種卓越的經營績效帶動股價，2017 年底，Google 每股股價為 1,053 美元，每股盈餘為 18.22 美元，市場價值高達 7,200 億美元，遠遠超過傳統經典企業奇異公司的 2,763 億美元，或是 IBM 的 1,570 億美元。

資本市場期望甚高、本益比超過 50 倍的 Google，盈餘還能再持續成長另一個十年嗎？

Google 為了保持盈餘長期持續成長，在經營管理上做了兩件不尋常的事。①設計雙層股權結構：Google 上市時提供給投資大眾認購的股票（Class A），每股有一票的投票權；而 Google 創辦人及經營團隊所擁

圖 10-1　Google 上市後之營收獲利圖

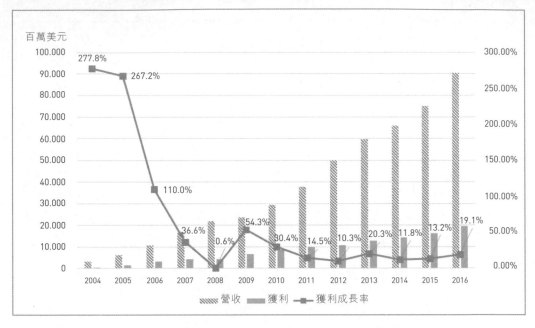

有的股票（Class B），每股有 10 票投票權，占了整體投票權的 61.4%。
因此，雖然一般股東能分享 Google 的市值成長及現金股利分配，卻無法
影響 Google 的經營管理決策。②實施 70-20-10 投資法則：這種特殊的
股權結構，讓經營團隊能貫徹如下的資本分配（capital allocation）——
70% 資源投資於提升顧客使用搜尋引擎的整體經驗，20% 資源投資於與
搜尋引擎相關的周邊服務，而 10% 資源投資於乍看之下毫不相關、甚
至有點投機的事業，以因應科技業破壞性（disruptive）變革的特性。
Google 此舉，是要確保它的經營管理，在上市後不被華爾街追求短期績
效的壓力所扭曲。

　　Google 利用搜尋引擎配合線上廣告收費方式的商業模式，被華爾街
分析師譽為近五十年來廣告界最大的革命。舉例來說，如果你上 Google

網站，在搜尋欄位打上折價汽車保險業龍頭「蓋科」（Geico，波克夏產物保險旗下的汽車保險公司），Google 的搜尋引擎一面找尋與蓋科有關的資訊，一面搜尋與 Google 簽訂廣告合約的其他汽車保險公司。當搜尋結果出來，頁面左邊顯示「蓋科」的資訊，右邊上方則是其他保險公司的建議連結。每當你點選任何一個建議連結，Google 就賺進關鍵字收入。目前 Google 的關鍵字計費以點擊計費及競價方式來計算。[*] 所謂點擊計費，是只在有人點擊了關鍵字廣告的情況下才收費；所謂競價，有點類似於拍賣競標，廣告買家可以自行決定要讓 Google 在每次點擊上收取的「最高價格」，願意付愈高價格的買家，曝光的機會就愈大；而愈熱門的關鍵字，價格的競爭程度也就愈高。浮動計價的方式，讓 Google 的關鍵字根據不同的產業及時段，做出更有效的差別訂價，大大減少了計價策略上所需花費的人力及資源。此外，Google 也針對不同產業策略或不同成長階段的公司，持續推出創新的計費方式（如千次點擊、單次轉換等）。

當讀者使用《紐約時報》線上版的搜尋引擎時，背後使用的也是 Google 提供的技術。若在《紐約時報》網頁透過搜尋引擎點選任何廣告連結，《紐約時報》可以從搜尋結果頁面上的廣告取得 51% 的廣告分潤，Google 則拿走剩餘的 49%。《紐約時報》也可以在自己的網站上，顯示 Google 所承接的廣告。如此，則《紐約時報》取得 68% 的廣告利

---

[*] 搜尋引擎的競價收費在中國引起不小的風波。由於中國對於百度搜尋引擎一直沒有確切的法規可規範，造成只要企業付費夠高，無論內容真實與否，百度的競價系統便會將其資訊擺在搜索結果的前面。2016 年，中國一名叫魏則西的大學生在百度上搜了「滑膜肉瘤」的關鍵字，卻因競價廣告系統的存在，讓一種過時淘汰的療法優先出現，最後魏則西因此去世，在中國引起廣大的輿論撻伐。

潤，Google 拿到剩餘的 32%。Google 不斷地更新廣告呈現方式。例如，在併購 YouTube 之後，Google 的影音廣告日漸重要，廠商可以用競價或預購的方式來購買影音廣告，或是在 YouTube 首頁的版塊廣告等。2016 年，Google 廣告收益占收入來源的 85%。2005 年時，Google 的廣告收入中有 52% 是直接由自己的網頁所創造；到了 2016 年，該比例已高達 80%，這代表 Google 的品牌力量極強。目前名列《財星》雜誌前一百名的美國大型公司，線上廣告業務大多交給 Google。

Google 如此成功的搜尋引擎商業模式，吸引許多競爭對手進入這個領域。2004 年 12 月，微軟前執行長鮑默（Steve Ballmer）不服氣地宣稱：「我們的網路搜尋服務，目前雖然暫時落後 Google，但一定會後來居上。」2005 年 2 月 1 日，微軟終於擺脫對雅虎的技術依賴，推出屬於自己的 MSN 搜尋引擎（也就是 Bing）。此外，雅虎、eBay、亞馬遜等其他頂尖網路公司，也都大力加強自己搜尋引擎的威力，企圖瓜分日益重要的網路廣告市場。但至目前為止，Google 仍是使用率最高的搜尋引擎。2017 年底，Google 的市占率為 69.21%，穩居寶座；第二名是中國百度的 14.69%；其次是微軟的 Bing，只有 8.82%，實力相差甚遠。

除了競爭力的消長會影響企業盈餘成長，美國前證管會主席賴維特（Arthur Levitt）對美國上市公司利用財報大玩數字遊戲的情況，曾有一段發人深省的評論：「我愈來愈擔心，符合華爾街獲利預期的動機，已遠超過對基本管理實務的關注。太多公司的經理人、會計師及財務分析師投身於數字遊戲。在急迫地滿足獲利預期、營造平滑獲利軌跡的心態下，一廂情願的樂觀數字凌駕忠實的呈現。因此，我們看到盈餘品質的降低，進而導致財報品質的降低。管理被操縱取代，誠信不敵幻覺。

當同業的財報遊走於合法及犯罪的灰色地帶，要求經理人保持忠實的會計表達，就變得極為困難。在這個灰色地帶，會計的操縱充滿誘惑，盈餘數字反映管理階層的期望，而非公司真正的財務績效。」

事實上，不論是對經理人或投資人來說，盈餘數字的高低固然重要，但盈餘品質（earnings quality）才能真正反映企業的競爭力，創造企業的長期價值。什麼是盈餘品質？高度的盈餘品質由五項條件所構成：

1. 高度盈餘持續性（persistence）
2. 高度盈餘可預測性（predictability）
3. 高度盈餘穩定性（stability）
4. 高度盈餘轉換成現金可能性（realization）
5. 低度盈餘人為操縱可能性（manipulation）

以下將針對這五項重要因素進行討論。

盈餘持續性

根據國際頂尖期刊《財務金融》（*Journal of Finance*）的研究成果顯示，能維持每年盈餘成長約 20%、又能持續十年之久的美國上市公司不到 10%。可見維持盈餘持續成長的難度非常高，沃爾瑪是最佳範例之一。1971 年上市後，沃爾瑪的盈餘平均年成長率為 32%。此種紀錄讓投資人對它的管理階層產生信心，他們認為只要沃爾瑪能持續開店，獲利都會一直成長。波克夏產物保險也是盈餘持續成長的好例子，從 1969 年

巴菲特擔任執行長至 2004 年為止，波克夏以每年平均盈餘成長 50% 的速度，持續展現傲人的成績。然而，不論是沃爾瑪或波克夏，都遭遇盈餘成長的瓶頸。例如，沃爾瑪 2004 年的盈餘成長率剩下 9%；隨著電商平台的興起，沃爾瑪 2012 年之後的盈餘甚至經常出現負成長（2017 年為負 5.21%）。

2004 年，波克夏的盈餘成長率為負的 10.34%。巴菲特還發表一封給所有股東的特別信，讓股東們了解問題的嚴重程度。2008 年全球金融海嘯，波克夏獲利衰退近六成。巴菲特在年報中發表了一篇長達 22 頁的致股東信，坦承自己所犯下的種種愚蠢的投資錯誤（I did some dumb things in investments.），並在信中解釋波克夏為何要誠實認列這些市值

圖 10-2　波克夏營收獲利圖

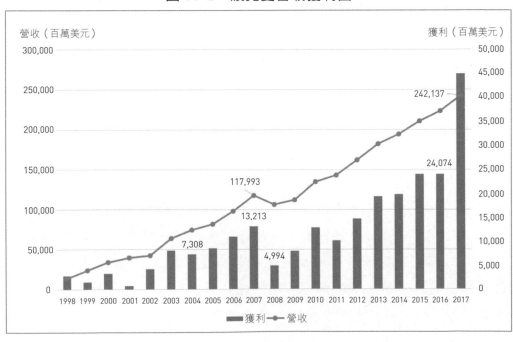

計價造成的損失。同時，巴菲特也不厭其煩的告知股東們，波克夏仍堅持持有多種金融商品的原因，並解釋未來這些商品能帶給波克夏的益處。隨著景氣復甦加上投資得宜，波克夏仍持續創造盈餘成長，近九年的平均盈餘成長率為 31.91%。

2005 年，金偉燦（W. Chan Kim）與莫伯尼（Renée Maubogne）在《藍海策略》（*Blue Ocean Strategy*）一書中強調，要創造新的企業經營版圖或商業模式，以幫助企業在缺乏競爭對手的蔚藍海域中，得到更大的成長空間，並獲得更具續航力的盈餘成長。相對地，如果一家企業被侷限在高度商品化（高同質性）的市場，互相以價格戰作為主要競爭方式，就是陷入「紅海策略」（Red Sea Strategy）、苦戰不已的企業，通常它們的成長空間有很多限制，不易有良好的盈餘品質。一般而言，具高度盈餘持續性的企業，都會享有較高的本益比，也都是產業中擁有高度競爭力的公司。

盈餘可預測性

除了應具有獲利的續航能力之外，高度的盈餘品質還要求盈餘具有可預測性——亦即利用過去的盈餘歷史，可以相當準確地預測未來的盈餘發展。例如盈餘以每年超過 30% 速度成長的，通常是快速成長的公司；以 10% 至 20% 速度成長的，則是穩定成長的公司。盈餘可預測性高的公司，投資人容易評估企業的內在價值，因此可以用合理價格進行投資，不易產生投資虧損。華爾街有句名言：「價格是你付出的，價值是你享有的。」（Price is what you pay, value is what you get!）許多投資人投

資優秀的公司依然受傷慘重，原因是付出太高的價格，盈餘可預測性高的公司能大幅降低這種風險。

美國第三大零售商家得寶（Home Depot）的執行長納代利（Robert Nardelli，2004 年獲選為美國《商業週刊》年度最佳執行長之一），在 2004 年的年報上說：「家得寶的經營目標是可預測持續的獲利成長。」這句話道出盈餘品質的核心要素。

的確，家得寶不僅持續在全美各地擴店，而且總是可以提供顧客良好的購物經驗。每次我到家得寶購物，都發現一些驚喜。例如，我第一次和定居美國的好友前去家得寶，是為了解決一個麻煩——防止小蟲由院子的草地上爬到客廳地毯——服務人員熱心地提供諮詢，建議我們在

圖 10-3　Home Depot 營收獲利圖

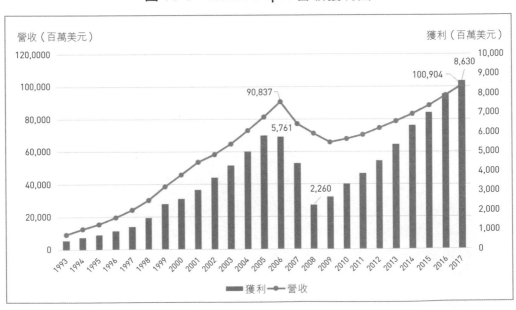

大門底下裝上有毛刷的長條擋縫條，這一招果然有效。讓我驚訝的是，像這樣的小東西，在家得寶的庫存裡竟有將近 10 種選擇，無怪乎光是普通家庭的 DIY 用品，家得寶就有接近 5 萬種的商品庫存。第二次到家得寶是為了買油漆，為客廳弄髒的牆壁補漆。我們碰到一點小麻煩，店裡現成的油漆和原來客廳的油漆顏色不一致。幸好家得寶提供調漆的服務，我們攜帶一小片油漆顏色的樣本，店裡經驗豐富的服務人員看過樣本後，替我們調好一小桶顏色幾乎一樣的油漆。後來，我發現家得寶也開始進入非 DIY 市場，以外包技術工匠的方式幫顧客裝地板、地毯、瓷磚，儼然成為解決家居問題的全方位公司。在這種不斷將核心能力向外延伸的模式下，它的盈餘也持續成長，1985 年到 2006 年的平均年盈餘成長率為 20.15%，也擁有良好的盈餘品質。但到了 2007 年，由於總體經濟環境不佳與金融風暴影響，美國房地產及家具業多半表現下滑，而當時的領導團隊大部分是新上任的主管，專注於每年的成本控制及獲利成長，忽略了維持第一線人員與顧客間緊密關係的重要性，使得顧客滿意度急速下降，家得寶獲利遂由 2006 年的 57.61 億美元下滑至 2008 年的 22.6 億美元。

家得寶董事會察覺情勢嚴峻，而納代利居然分配給自己高達 6,500 萬美元的紅利。被指責為忽視股東利益的納代利，2007 年 1 月遭董事會開除，離職補償金高達 2.1 億美元。隨後董事會找來布萊克（Frank Blake）擔任新任執行長，布萊克將家得寶的重心拉回顧客服務上，並帶起重視第一線員工的風氣，使得顧客經驗豐富的員工能得到重用；此外鼓勵管理層親自到店面了解情況。家得寶的顧客滿意度逐漸上升，配合景氣回溫，獲利再次穩定成長，近九年的獲利平均成長率為 16.15%，2017 年獲利為 86.3 億美元。

盈餘穩定性

盈餘的穩定性，顯示商業模式的特性與經營管理能力的高低。例如半導體產業中的DRAM，具有產品價格暴漲暴跌的特性。以其指標性產品DDR3 2GB的價格指數為例，2011年為0.91，2013年跳到2.24，2015年又降回1.07，導致公司盈餘隨之暴起暴落。像是DRAM領導廠商美光科技的盈餘就非常不穩定，反映了DRAM產業隨著景氣波動的現象。2010年，美光獲利18.5億美元，2012年虧損10.32億美元，2014年卻又獲利30.45億美元。然而近年來DRAM市場已經逐漸成熟，大多數無法負荷的廠商都已退出市場，形成寡占的情形（目前由韓國三星、海力士、美國美光三分天下）。2017年美光獲利達到新高，來到50.89億美元。

而以同樣在半導體產業的台積電來看，其獲利趨勢就與美光完全不同。由於台積電的業務並非製造標準商品，而是提供與眾不同的晶圓代工服務，隨著不斷研發創新技術，台積電得以享有優勢價格以及滿載產能，使獲利穩定增加。2013年、2015年及2017年的獲利分別為62.71億美元、102.19億美元及114.37億美元。

有些企業因策略定位較佳或經營能力出眾，較能抵擋產業景氣循環，也較能抵擋外在突然變故對公司盈餘的影響。例如，第四章曾提及美國911恐怖攻擊對航空業的影響，若以盈餘穩定性的角度來看，美國航空連續幾年的虧損，直到2006年才從虧損8億美元成長至2億美元的淨利，但隨後又繼續虧損。直到2013年，美國航空與全美航空（US Airways）合併成為美國航空集團，除了成為全球最大的航空公司之外，兩者的航

圖 10-4　台積電與美光獲利比較圖

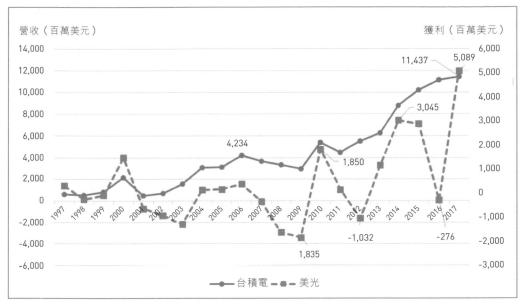

註：台積電獲利以美金兌台幣匯率 30 估算。

圖 10-5　美國航空與西南航空獲利比較圖

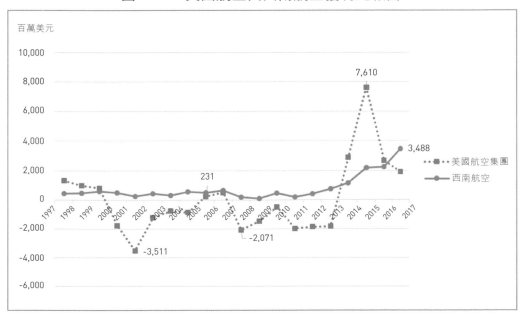

線合併也可達成更多綜效；加上 2015 年後國際油價暴跌，美國航空集團的成本大幅下降，獲利創歷史新高，由 2013 年的虧損 18.34 億美元，到 2015 年獲利 76.1 億美元。然而國際油價回穩後，美國航空集團的獲利就從 76 億美元的高峰，跌回 20 億美元左右的水準。反觀西南航空，除了穩定創造獲利、沒有虧損之外，近年的獲利還逐漸成長。2010 年西南航空獲利為 4.59 億美元，到 2017 年已成長到 34.88 億美元，顯示西南航空的應變能力遠比美國航空要好得多，也擁有優於美國航空的盈餘品質。

盈餘轉變成現金可能性

對企業進行績效評估的最主要方式 —— 損益表 —— 是建立在應計基礎之上，而應計基礎的特色是著重於經濟事件是否發生，不著重於現金是否收到或支出。在信用交易中，只要企業認為應收款可以回收，就可在尚未收到現金時，將這筆交易認列為當期收益，並增加當期盈餘。當然，企業最後還是必須回收現金。雖然無法回收的應收款虛增了當期盈餘，未來終究還是必須承認壞帳損失。有些企業過分著重於衝刺業績、拚帳面獲利，容易造成信用管理鬆散、盈餘空洞化而沒有現金意義的危險狀況。因此，企業盈餘轉換成現金的可能性愈高，其盈餘品質也愈高。

有關盈餘與現金的關係，第六章已利用沃爾瑪的例子來說明。它們平均每 1 美元的盈餘，可轉變成 1.3 至 1.5 美元的營運活動現金流量，這種優質的管理能力，就是造成高度盈餘品質的重要因素。再以 Google 為例，其平均每 1 美元的盈餘，可轉變成 1.85 美元的營運活動現金流量，再加上 Google 沒有存貨積壓侵蝕現金的問題，使其成為一家高盈餘品質

企業。

盈餘人為操縱可能性

在第一章，我們了解會計數字的結構可分成經濟實質、衡量誤差、人為操縱三個部分。就盈餘品質而言，人為操縱造成的殺傷力最大。但我們是否可用最嚴格的會計規則來避免經理人操縱數字呢？例如：一般公認會計準則規定應收帳款必須固定提列 10% 為壞帳費用，超過 6 個月沒賣出的存貨必須提列 50% 的存貨跌價損失。如此一來，經理人操縱盈餘的空間就大大減少。然而，假設你是沃爾瑪或 IBM 的供應商，你被這些國際級企業倒帳的機率幾乎是零，因此提列 10% 的壞帳費用還嫌太多。反過來說，若企業的母公司塞貨給海外子公司，以虛增營收的做帳方式處理，對授信浮濫的關係人來說，應收款提列 10% 的壞帳費用又嫌太少。對電子產業而言，半年未出售的產品可能變得完全沒價值，因此 50% 的存貨跌價損失仍嫌太少。相對之下，又有部分商品的價值十分耐久（例如路易威登的皮包及皮件），幾乎沒有存貨跌價的問題，因此 50% 的存貨跌價損失又嫌太多了。

簡單地說，機械性地要求一體適用的會計方法或會計估計，會使經理人喪失向投資人溝通企業活動真實狀況的空間。因此，人為操縱是企業與資本市場溝通的「必要之惡」。近年來，企業操縱會計數字的例子不勝枚舉，除了廣為人知的恩隆（Enron）、世界通訊（WorldCom）之外，本章將再提供一些足以令人警惕的例子。連續優生也作弊，最教投資人震驚！

績優生的墮落——芬尼梅不再是 A+

2004 年 12 月，美國證管會正式要求美國最大的抵押貸款公司芬尼梅（Fannie Mae）調整 2001 年以來的獲利數字。證管會指控芬尼梅在 2001 年到 2004 年之間，對其衍生性金融商品的處理，違反了一般公認會計準則。如果該項指控成立，芬尼梅必須承認的損失高達 90 億美元，而且會被金融監理單位列「資本嚴重不足」的黑名單上。芬尼梅一直是美國金融界的績優公司，總資產金額高居全美上市公司的第二名，是全美最大的房屋貸款來源，也躋身全球超大型金融服務公司之列。芬尼梅的股票（FNM）在紐約和其他證券交易所掛牌上市，是標準普爾五百的成分股，可見芬尼梅在資本市場的指標性和重要性。

2001 年，柯林斯從全美 1,435 家公司裡，挑選出 11 家「從 A 到 A+」的公司，由於芬尼梅在 1984 年至 1995 年間卓越的股價表現，它被選為金融儲貸業的績效代表。1984 年至 1999 年之間，芬尼梅的執行長麥斯威爾（David Maxwell）為公司創造了新的商業模式。他利用新發展的衍生性金融工具，大幅降低利率變化對公司帶來的損失，使得芬尼梅的經營蒸蒸日上。1999 年開始，芬尼梅由雷恩斯（Franklin D. Raines）接任執行長。雷恩斯出身勞動階級家庭，畢業於哈佛大學法律系，於 1996 年至 1998 年擔任柯林頓總統的財政主任及內閣成員。在雷恩斯的領導下，芬尼梅持續保持十六年來盈餘成長的紀錄，致力於產品的多樣化，並穩住金融科技發展的領導地位。絕大多數人都想不到的是，連這種績優公司都會出現財報醜聞。

芬尼梅高階主管利用遞延衍生性金融商品的投資損失，捍衛每年巨

額的績效獎金。美國證管會發現芬尼梅違反會計規定後，2004 年 12 月 21 日，執行長雷恩斯與財務長霍華德（Timothy Howard）被迫辭職下台。2006 年 5 月，芬尼梅和聯邦住屋企業督察局（OFHEO）與美國證券交易委員會達成協議，支付了 4 億美元的民事罰款，並重新編製財報。2008 年 4 月，雷恩斯、霍華德及另一位前芬尼梅公司高層，以 3,100 萬美元與政府和解。由此案例可看出，企業領導者的一念之私，可以在短期內摧毀一家績優公司的盈餘品質。

而芬尼梅的悲慘命運還沒結束。2008 年美國次貸風暴爆發，手頭上有許多次級房貸的芬尼梅面臨將近 700 億美元的虧損，最後被美國政府收購。次貸危機過後，芬尼梅的股價一落千丈，由 2007 年的每股 60 美元，掉到每股不到 1 美元，最後於 2010 年 6 月 16 日被迫下市。

企業合併財務報表與 IFRS 第 10 號公報

2001 年爆發的恩隆案，把當時企業編製合併財務報表的弱點暴露無遺。過去一般公認會計準則規定，公司必須把持股超過 50% 的子公司編入合併財務報表，以便顯示企業財務活動的全貌。1990 年代，恩隆快速地由天然氣油管事業轉型成各種能源買賣（石油、電力等），並投資與能源相關的各種新興事業，這些交易主要是透過恩隆與其所謂「特殊目的單位」（special purpose entity, SPE）來進行。在複雜的財務安排下，這些「特殊目的單位」逃避了當時一般公認會計原則的規範，不用納入恩隆的合併財務報表。但這些「特殊目的單位」，幾乎清一色是由恩隆的高階主管（例如財務長）所控制。恩隆雖沒有持股的控制，但若按照「實

質控制」的概念編製合併財務報表，則恩隆與「特殊目的單位」交易所產生的獲利，將因互相抵銷（恩隆賺、「特殊目的單位」賠）而不復存在；而「特殊目的單位」所欠下的龐大債務，會在合併財務報表中顯露出來。

在調查恩隆案的過程中發現，恩隆 2000 年的獲利有 96% 是利用「特殊目的單位」做帳產生的。如果把「特殊目的單位」的負債合併計算，恩隆在 2000 年年底的總負債應為 221 億美元，而不是 102 億美元。

國際會計準則第 10 號公報的修正重點，是將原先規定「股權」控制50% 以上才須編製合併財務報表，改成只要有「實質」控制（例如指定經理人及董監事的能力）就必須編製。合併財務報表的編製，可防止企業把虧損及負債隱藏在沒有合併的其他受控公司（例如恩隆的「特殊目的單位」），對增加財務報表的透明度非常重要。但若經理人想找出個別企業的管理問題，還是必須回到非合併報表，因為合併報表資訊的加總性太高，不易看出個別公司的特色。

遵守一般會計原則也能做帳

除了以不法方式扭曲財務報表，遵守一般公認會計原則也能達到做帳的目的。例如對製造商而言，增加存貨具有遞延當期費用、進而增加當期獲利的功能。以下將討論《華爾街日報》（*Wall Street Journal*）報導過的實例，讀者可看出利用存貨增加來轉虧為盈有多麼簡單。

假設劉阿斗公司 2016 年生產且銷售 10 萬單位的產品，當年完全沒

有存貨。在此假設材料及人工費用是變動成本，亦即多生產一單位的產品，該項成本就增加 90 元；工廠租賃費用則是固定成本，亦即不管增加或減少生產量，公司每年都必須付出固定的租金。以此案例推論，劉阿斗公司的租賃費用為 2,100 萬元（210 元／單位 × 10 萬單位，請參閱表 10-1）。

表 10-1　劉阿斗公司 2016 年的營運狀況

銷貨收入（$300／單位 100,000）	30,000,000
銷貨成本	(30,000,000)
材料與人工費用（$90／單位）	
租賃費用　　　（$210／單位）	
其他管理費用	(7,000,000)
淨營業所得	(7,000,000)

該公司 2017 年將生產增加到 30 萬單位，結果只銷售了 10 萬單位，產生了 20 萬單位的存貨，則公司淨營業所得會變成什麼樣了？（請參閱表 10-2）。

表 10-2　劉阿斗公司 2017 年的營運狀況

銷貨收入（$300／單位 100,000）	30,000,000
銷貨成本	(16,000,000)
材料與人工費用（$90／單位）	
租賃費用　　　（$70／單位）	
其他管理費用	(7,000,000)
淨營業所得	7,000,000

由結果來看，短短一年內，劉阿斗公司的獲利就轉虧為盈，增加了 1,400 萬元，但公司營運真有如此大的改善嗎？觀察以上的資料，兩年間的營收及其他管理費用皆不變，差別是銷貨成本由 3,000 萬元變成 1,600

萬元,降低了 1,400 萬。因此,我們將分析集中在銷貨成本的改變。

2017 年,劉阿斗公司生產 30 萬單位,單位工廠租賃費用由前一年的 210 元,降低為 70 元(2,100 萬元 ÷30 萬單位)。該公司只銷售 10 萬單位,因此銷貨成本中的租賃費用只有 700 萬元(70×10 萬單位)。由於存貨有 20 萬單位,因此三分之二的固定成本(高達 1,400 萬元,亦即 2,100 萬 ×2 / 3)會留在資產負債表的「存貨」項目,不會在費用中表現出來。由此可見,存貨增加可遞延固定成本的認列,進而造成 2007 年獲利暴增 1,400 萬元。

若這些存貨持續無法出售,未來就必須承認存貨跌價損失。這位《華爾街日報》所報導的經理人,在領取高額的工作獎金後,就向董事會提出辭呈,另謀高就了。

當經理人把重心放在「盈餘管理」,透過種種不適宜的會計方法或會計估計提升盈餘,而不是從改善管理活動著手,這種做法註定會失敗。盈餘品質的背後是管理品質,只有真正地改善管理活動,才能創造競爭力,進而達到「基業長青」的目標。

延伸核心競爭力,創造盈餘品質

2004 年 12 月中旬,我前往哈佛大學商學院,參加由波特教授主持、有關提升企業及國家競爭力的兩日講習會。我離開波士頓時,在機場看到當地報紙商業版的頭條,大幅報導哈佛大學圖書館將與 Google 聯手,

將哈佛收藏的 1,500 萬冊藏書，逐步納入 Google 線上全文搜尋的範圍。參加此計畫的還有史丹佛大學、牛津大學、密西根大學與紐約公立圖書館等單位。最後從這計畫誕生的便是「Google 圖書」，一個大型的電子圖書資料庫，民眾藉由輸入關鍵字，可以在網路上觀看由資料庫計算出與關鍵字相關的掃描檔案。這使得美國作家協會（Authors Guild）與多位作家在 2005 年決定控告 Google，他們認為之後民眾就會藉由搜尋引擎觀看文章而不是購買書籍，作家的利潤將大大減低，這場官司持續近十一年，直到 2015 年，美國聯邦第二巡迴上訴法院判決 Google 圖書的掃描屬「合理使用」（fair use），Google 圖書才終於正式擺脫陰霾，得以繼續順利發展。在 Google 圖書誕生時，記者為此專訪 Google 創辦人之一佩吉（Larry Page），問他這是否為了增加 Google 的競爭力，欲甩開微軟、雅虎、eBay、亞馬遜等強敵在搜尋引擎上窮追不捨所採行的新策略。佩吉淡淡地說：「這和競爭無關，我們只是想實現 Google 創立之初的夢想──希望能在網際網路無所不『搜』的夢想。」Google 靠持續不斷的「搜」主意和執行力，以確保獲利的持續性及穩定性。盈餘品質其實就是管理品質，若競爭力不存在，就沒有盈餘品質可言。

Google 從來沒有停止創新，藉由大量併購不同產業的公司，Google 逐漸推出更多樣化的服務，帶動持續盈餘成長。例如，2004 年併購了一些擁有相片影像編輯技術及 3D 觀測技術的公司後，Google 便推出眾多創新服務：Google Earth（透過網路可以看到地球的每個角落）、AdWord（只要連上電腦，無須安裝 Office 軟體，即可閱讀或修改 Office 相關文件之功能）、Picasa 網路相簿（可如同在自己電腦中移動檔案般，方便地上傳或下載相片之功能）和 Google Talk（在連上 Google 的 Gmail 網路信箱後，即可透過網路介面與世界各地朋友聯繫的

即時通訊系統）等功能。2005 年，Google 收購 Android，成為一流的手機系統供應商，目前全球前五大品牌就有四個是使用 Android 系統（蘋果 iPhone 除外）。2005 年至 2006 年，Google 的營業收入自 61 億美元暴增至 106 億美元，充分顯示創新為 Google 帶來的強大競爭力。隨後 Google 仍不斷耕耘不同領域，例如瀏覽器 Chrome、系統工具開發、雲端運算等。2016 年 Google 推出自己的智慧型手機 Pixel，2017 年更將 HTC 的手機研發部門買下，顯示出 Google 決定進軍手機市場的決心。到目前為止，Google 已不再是一開始的網路搜尋引擎公司，而是一家巨大複雜的網路科技企業。Google 決定在 2015 年 8 月 10 日進行組織重整，成立母公司 Alphabet，繼承所有 Google 原有的地位，而原 Google 則成為子公司，專職核心搜尋和廣告相關業務，其餘新興業務（如人工智慧及無人駕駛等）則切割開來，成為其他 Alphabet 旗下的子公司。

短期能賺錢，不一定代表有競爭力；但是能持續、穩健地賺錢，就一定有競爭力。因此，盈餘品質就是競爭力最有力的代言人。

參考資料

1. "GOOGLE @ $165: Are These Guys For Real?" *Fortune*, December 2004, 120 (12).
2. Arthur Levitt, "The Numbers Game." the speech was delivered at the NYU Center for Law and Business, New York, NY, September 28, 1998.
3. Louis K. C. Chan, Jason Karceski, and Josef Lakonishok. "The Level and Persistence of Growth Rates." *The Journal of Finance*, Cambridge: April 2003, 58 (2): 643-644.
4. Robert Colman and Patrick Buckley, "Blue Ocean Strategy." *CMA Management*, Hamilton: March 2005, 79 (1): 6.

第十一章

歷久彌新的股東權益報酬率——
談經營品質與競爭力

我聽過不少知名企業的執行長演講，但是沒有一場這麼刺激。

1993 年，我還在馬里蘭州立大學教書，10 月的一個下午，國家銀行（Nations Bank，當時美國第四大銀行）執行長修麥克（Hugh McColl）受邀前來馬里蘭州立大學，對 MBA 學生演講。他的個頭短小精悍，一進會場，雙手一攤地說：「我沒有準備講題或講稿，但我有超過三十年的金融業實戰經驗，曾購併超過 100 家銀行。你們現在就開始問問題，15 秒之內如果沒有問題，我立刻走人，我的司機還在外面等我！」

在 10 秒鐘略帶震驚的沉默後，因受挑戰而激發的鬥志滿場洋溢，MBA 學生尖銳的問題此起彼落。在幾輪問答後，修麥克丟出一個問題，把大家全部考倒了：「我畢業於全美最棒的管理學院，你們猜猜看是哪一所？」

他的簡歷好像沒提到他有 MBA 學位，眾人只好亂猜：「哈佛？華頓？史丹佛？……」修麥克不斷搖頭，然後得意地說：「我是海軍陸戰隊中尉退伍。海軍陸戰隊教會我什麼是團隊精神，那是一種可以在戰場上把

生命交給旁邊夥伴的精神。請問，美國有哪個管理學院有這樣的訓練？」

　　舉座愕然，但沒人敢直接挑戰他的論點。為了替馬里蘭州立大學扳回一城，有位同學移轉話題，直截了當地逼問他：「在你的管理工作中，如果只能挑選一個最重要的數字，你會挑什麼數字？」直到現在，我仍忘不了修麥克那犀利且堅定的眼神，他盯著那位發問的同學，清清楚楚地說：「那就是『股東權益報酬率』（return on equity, ROE）！」

────────────

　　1998 年秋天，修麥克打完了他職場生涯中最大、也是最後的一場戰役。他主導國家銀行和美國銀行（Bank of America）的合併案，創造了美國當時最大的金融機構。合併案由國家銀行主導，但合併後仍用美國銀行的名稱。修麥克把合併後的銀行總部搬到國家銀行的總部所在地——北卡羅萊納州的夏洛特市（Charlotte）。兩家銀行合併後，在一個月之內，修麥克以迅雷不及掩耳的速度，逼退美國銀行原來的執行長，同時開除了一批美國銀行的高階主管，並在 2001 年完成全盤的人事及策略布局後，順利退休。他出手整頓人事的勁道又快又狠，被當時媒體戲稱為「讓美國最多金融機構主管被炒魷魚的老闆」。然而，美國銀行後來的股東權益報酬率還真不錯，2006 年高達 22%。相對地，當年號稱全世界規模最大的花旗銀行，2006 年的股東權益報酬率還稍遜一籌，為 19.8%。雖然之後銀行業面臨金融風暴以及高度競爭造成的低利率市場，股東權益報酬率已經不如十多年前；而中國經濟體的崛起，也讓美國的銀行不再專美於前。例如全球資產規模最大的中國工商銀行，2016 年股東權益報酬率為 14.08%；相對的，2016 年美國銀行股東權益報酬率大約 6.71%，

表 11-1　2016 年全球銀行資產排名

公司名稱	資產排名	股東權益報酬率
中國工商銀行	1	14.08%
中國建設銀行	2	14.61%
中國農業銀行	3	13.57%
中國銀行	4	10.62%
美國銀行	9	6.71%
富國銀行	11	10.94%
花旗集團	14	6.50%

而花旗銀行則約 6.5%。為因應低利環境，銀行業也開始積極設想新的利基市場，近年興起的金融科技（Financial Technology, Fintech）就是很好的例子，除了致力於提供更全面及更人性化的服務外，也往資料整合和動態分析等相關服務邁進。但值得注意的是，許多科技業公司也積極投入該領域，傳統銀行業能否在這個新的局勢下保持優勢，仍值得關注。

呼應修麥克看法的經理人其實不少。例如知名的投資家巴菲特就強烈主張：「成功的經營管理績效，就是獲得較高的股東權益報酬率，而不只在於每股盈餘的持續增加。」此外，許多投資機構也相當重視股東權益報酬率，把它當作長期投資選股的重要指標。

本章的主要目的，就是介紹股東權益報酬率以及它的三個組成因子——淨利率、總資產周轉率及槓桿比率——的概念，並討論不同部分的意義，再以不同產業之著名企業為例加以說明。

檢查經理人的成績單

　　2012 年到 2016 年，台灣與中國大陸上市櫃公司的股東權益報酬率分布詳見表 11-2。如果你是經理人或投資人，看到這樣的成績單，你感到滿意嗎？

表 11-2　2012-2016 年台灣與大陸上市櫃公司 ROE 總表現

ROE（%）	台灣百分率 % （公司家數＝ 1643）	中國大陸百分率 % （公司家數＝ 3440）
＜ -10%	9.8%	3.26%
-10% ～ -5%	5.11%	1.95%
-5% ～ 0%	9.74%	5.81%
0% ～ 5%	18.99%	18.31%
5% ～ 10%	20.27%	23.95%
10% ～ 15%	16.74%	19.62%
15% ～ 20%	9.19%	12.15%
20% ～ 30%	7.67%	10.55%
高於 30%	2.50%	4.39%

資料來源：TEJ 台灣經濟新報。

　　由表 11-2 的統計資料來看，台灣上市櫃公司的股東權益報酬率大約五成落在 0% 至 15% 之間，大陸上市櫃公司的股東權益報酬率大約六成落在 0% 至 15% 之間；這個數字比同時期的定存利率高，但台灣及大陸分別有 25% 及 11% 的投資人必須承受負值的投資報酬率，您是否能接受這樣的成績單呢？

股東權益報酬率的定義及組成因子

重視股東權益報酬率的企業，執行長往往在年報上公開宣告公司預定的目標，以及可以容忍的底限。例如，沃爾瑪設定股東權益報酬率的底限是不低於 20%；由 1971 年上市迄今，沃爾瑪的股東報酬率幾乎都有 20%，惟近年受到電子商務興起競爭影響，股東報酬率有稍微下滑的趨勢（2016 年及 2017 年分別為 18.24% 及 17.53%）。

股東權益報酬率的定義為：**淨利除以期末股東權益或平均股東權益**。若是比較合理地計算股東權益報酬率，應該要調整非經常性的會計項目（例如排除當年處分資產利得的影響）。在財務報表分析中，股東權益報酬率通常可分解成以下三項因子，亦即有名的「杜邦方程式」（Dupond Equation）。

$$股東權益報酬率 = \frac{淨利}{期末股東權益}$$

$$= \underbrace{\frac{淨利}{收益}}_{（純益率）} \times \underbrace{\frac{收益}{總資產}}_{（資產周轉率）} \times \underbrace{\frac{總資產}{期末股東權益}}_{（槓桿比率）}$$

事實上，在各種財務比率中，股東權益報酬率是其中最具代表性的一項。首先，它本身就是對股東展現「問責」的最重要數字之一。其次，除了對股東交代「事實」（即股東權益報酬率高低）之外，拆解成三個財務比率則是要提供合理的「解釋」。在這三個比率中，純益率代表當期營運活動的成果，資產周轉率代表過去投資活動累積所產生的效益，而槓桿比率則是融資活動的展現。

此外，其中所謂的槓桿比率，如果透過會計方程式的恆等關係，它可以轉換成負債對資產的比率，或是負債對股東權益的比率。假設一個公司的股東權益為 10 億元，又向銀行貸款 10 億元，那麼它的資產會是 20 億元，槓桿比率便是 2。或者也可以說，它負債對資產的比率為 50%，負債對股東權益的比率為 1。這些都是衡量公司融資程度常見的財務比率。為了控制公司的財務風險，股東權益報酬率的增加通常不應依賴提高槓桿比率。穩健經營的公司會責成財務及會計部門，針對公司所處的產業與其營運特性，訂定合理的槓桿比率目標區間，然後動態地調整財務工具，使實際的槓桿比率能控制在目標區間內。至於企業的純益率及資產周轉率，亦各有其管理意義，管理階層也應訂定目標區間，並注意造成它們變化的主要原因。例如強調成本領導策略的公司（薄利多銷），當發生資產周轉率降低的現象時，必須注意它是否陷入薄利卻無法多銷的困境。對於強調差異化策略的公司，如果毛利率及純益率降低，則必須注意它的品牌力量是否減弱，導致顧客不願再支付高於競爭對手的價格，來購買其產品或服務。

　　對於股東權益報酬率及其組成的三項因子，要做綜合分析，不能單獨只看一個比率。例如，當公司股東權益報酬率很好、淨利率卻不如預期時，要評估該公司是否過度削價競爭；又若當股東權益報酬率很高，但槓桿比率也相對非常高的話，就需要檢視是不是潛藏著高度的財務風險等等。

　　股東權益報酬率同時涵蓋營運、投資及融資三大活動，因此最能表達企業整體的經營品質，並透露公司的競爭力強度。

股東權益報酬率實例分析

　　以下討論三大類型企業：成長型、穩定型及景氣循環型（暫不討論衰退型企業）。一般來說，公司會經歷三個階段：第一個階段是成長期，主要特徵是規模逐漸擴大、獲利逐漸好轉、策略持續改善等；第二階段為穩定型，當公司已確立其經營策略、獲利及市場占有率均已達到一個不易突破的程度時，即為此類型；最後是景氣循環期，當公司已達到非常大規模、市場占有率達到飽和時，能影響該公司獲利的主要原因是景氣的循環。

穩定型公司與成長型公司

沃爾瑪 vs. 亞馬遜

　　首先，我們簡要地比較沃爾瑪與亞馬遜，觀察兩者股東權益報酬率的變化。由下圖可看出，在長期快速發展之後，沃爾瑪的股東報酬率已經趨於穩定，自 1995 年來的二十多年，沃爾瑪的股東報酬率都維持在 20% 左右。相較於沃爾瑪而言，亞馬遜的股東報酬率仍然波動幅度很大。而沃爾瑪之所以能保持如此穩定的股東報酬率，除了企業已經成熟穩定之外，沃爾瑪每年藉由買回庫藏股以及發放現金股利的政策，也有相當程度的幫助。藉由這類的手段，沃爾瑪得以調整（主要是減少）每年的股東權益，進而達到穩定股東報酬率的效果。例如沃爾瑪 2017 年支出約 60 億美元來發放現金股利，並花費 82 億美元購買庫藏股。因此，沃爾瑪長年以來的股東報酬率都保持在 20% 左右。相對的，如本書前面章節所討論，亞馬遜的許多業務都在快速地變化調整中。重大投資的財務效應

仍然不明顯，因此股東權益報酬率及其三大構成因子，都呈現上下大幅變動的不穩定狀況。

圖 11-1　沃爾瑪與亞馬遜股東報酬率比較

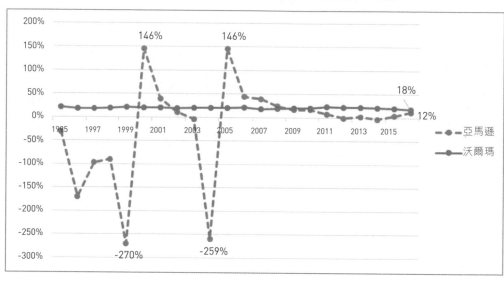

圖 11-2　沃爾瑪與亞馬遜純益率比較

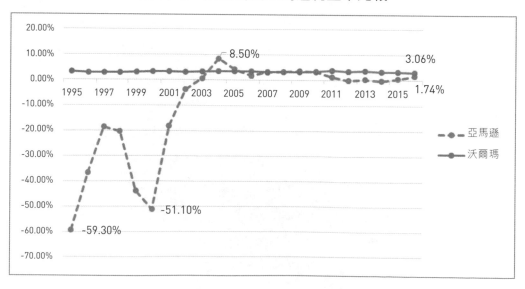

圖 11-3　沃爾瑪與亞馬遜資產周轉率比較

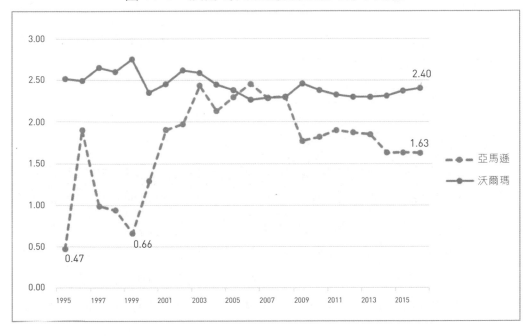

圖 11-4　沃爾瑪與亞馬遜槓桿比率比較

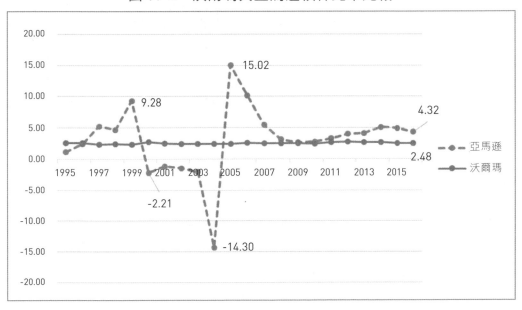

景氣循環型公司

接下來，我們將觀察景氣循環型公司股東權益報酬率的變化，討論的主要是半導體產業的重要廠商。

台積電 vs. 英特爾

台積電首創晶圓代工的商業模式，是台灣最具國際聲望的上市公司。在台積電的發展歷程中，一直以英特爾為學習標竿，因此筆者將這兩家世界級的半導體公司拿來比較。在 1990 年至 1995 年期間，台積電的股東權益報酬率快速爬升，曾高達 45%；但在 1998 年的不景氣後，該比率下降至 16%（請參閱圖 11-5）。在台積電股東權益報酬率的三個因子中，由於淨利率與資產周轉率為高度正相關，因此其股東權益報酬率的波動

圖 11-5　台積電與英特爾股東權益報酬率比較

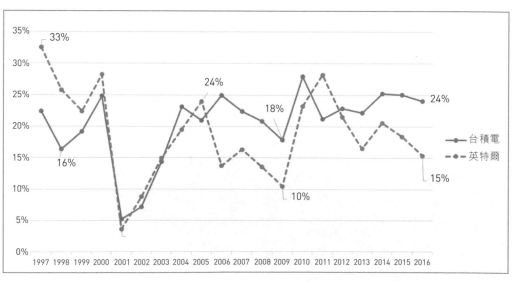

較沃爾瑪高出許多。為了穩定股東權益報酬率，台積電的槓桿比率控制得十分穩健，約在 1.2 至 1.3 之間（亦即負債占資產比重約為 17% 至 23% 之間）。相對地，在 1990 年代的全盛時期，英特爾的股東權益報酬率不到 40%，比台積電稍微遜色。然而，英特爾的公司規模較大、歷史也較長，屬於較成熟的公司，這種股東權益報酬率較低的情形，在較成熟的公司裡相當常見。2000 年和 2001 年時，英特爾的股東權益報酬率一度下降到 4% 左右，對經理人造成很大的壓力。2002 年之後，英特爾以裁員、精簡支出作為改善的方式後，股東權益報酬率開始穩定增長，直到 2006 年達 24%；但隨著台積電在晶圓製程上開始領先，產品的品質也超越英特爾及三星等對手，甚至搶下蘋果手機大部分的訂單，台積電的股東權益報酬率開始超越英特爾。

台積電採用差異化策略，強調客戶為了得到優質的晶圓代工服務，必須支付較高的價錢。在過去景氣高峰時，台積電的純益率可達到 52%。2001 年雖因景氣下跌，但隨後景氣復甦過程後，台積電的純益率仍慢慢回復（請參閱圖 11-6）。但 2008 年後全球經濟不景氣，台積電也受到衝擊而表現下滑，純益率由 40% 下滑到 30%。台積電在金融風暴後，張忠謀董事長決定大幅提高研發投入以及資本支出。2009 年，台積電的研發費用為新台幣 196.88 億元，隔年立刻拉高到 297.06 億元，漲幅高達 51%；至 2016 年，台積電的研發費用為新台幣 712 億元。在台積電大舉研發新製程以及提升產能後，開始與對手拉開差距。2010 年，以高良率在 28 奈米的製程擊敗三星及格羅方德（GlobalFoundries）；2014 年又以 16 奈米的高效能晶片搶下 iPhone 6s 一半的訂單；而隨後問世的 iPhone 7、iPhone 8 則由台積電以更先進的製程獨占。透過新技術、新製程不斷搶下高價訂單，以及較成熟製程（成本較低）充分運用在非

尖端的客戶上，2013 年台積電的純益率為 32%，到了 2016 年已回升到 35% 的水準。

特別值得注意的是，隨著景氣循環的變動，台積電的純益率與資產周轉率形成高度正相關。由於在半導體廠商的成本結構中，有相當大的部分是固定成本（例如機器設備的折舊費用），當半導體景氣循環轉佳時，在固定的產能下接單及增加生產量，造成單位成本下降，帶動純益率快速提升。通常這段時期也是股價上漲最快的時段。當景氣達到高點，產品價格又開始調漲，純益率便更加提高。由於資產周轉率與純益率同時改善，股東權益報酬率於是大幅提升。當景氣轉弱，先是價格鬆動造成純益率下滑，接著是產能閒置，造成單位成本的提高，使毛利率更加低落，進而使股東權益報酬率迅速惡化。

圖 11-6　台積電與英特爾純益率比較

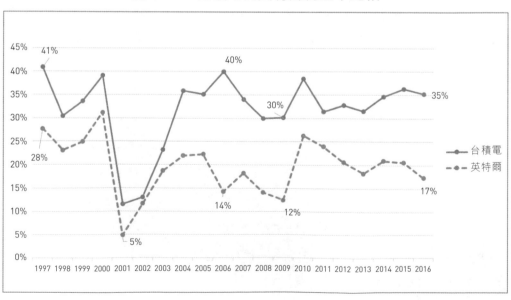

與英特爾相比，台積電的純益率平均較高，但資產的周轉率（台積電約在 0.3 至 0.6 左右，英特爾約在 0.5 至 0.9 左右，請參閱圖 11-7）與周轉率的穩定性都略遜一籌；唯兩者間的差距逐漸縮小，2016 年英特爾的資產周轉率為 0.52，台積電為 0.5。

與沃爾瑪低純益率、高資產周轉率的經營模式相比，半導體的特色是高純益率（景氣好時），但資產周轉率較低（投資金額太高），且股東權益報酬率起伏很大。不過，就財務槓桿而言，台積電和英特爾都十分保守，只有 1.4 左右（亦即負債占資產比率約 29% 左右，請參閱圖 11-8），反映半導體產業景氣起伏較大的情形，需要有更多自有資金作為經營後盾。

圖 11-7　台積電與英特爾資產周轉率比較

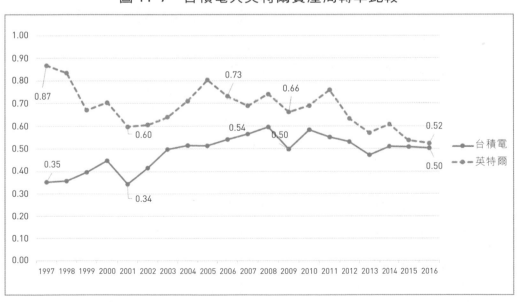

圖 11-8　台積電與英特爾槓桿率比較

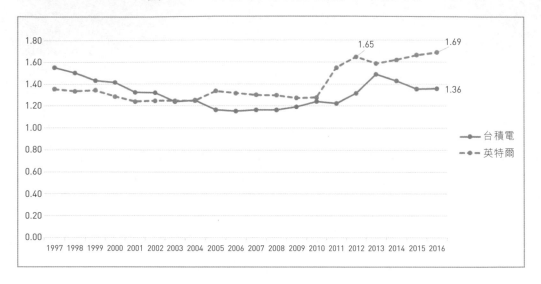

台積電 vs. 三星

　　台積電以及三星電子兩家企業在高階晶圓代工上是競爭激烈的對手。然而，台積電專注於晶圓代工，三星電子則是規模更加龐大，橫跨半導體、液晶面板、消費電子（手機、電腦）等不同領域的大型綜合性公司。兩者股東權益報酬率的比較，在解釋上較為困難模糊。

　　如圖 11-9 所示，可以發現在 1999 年至 2004 年期間，兩者的股東報酬率相差不大，但自 2005 年開始，兩者的差距逐漸拉開，台積電的股東報酬率都比三星多了 10% 左右；2016 年台積電股東報酬率為 24%，而三星為 10%。原因是台積電在純益率的表現上遠超過三星，在 2005 年後台積電的純益率都超出三星近 30%，2016 年台積電的純益率為 35%，而三星只有 10% 左右。若是觀察兩者的資產周轉率，則是三星表現較好，2016 年三星的資產周轉率為 77%，台積電為 50%。

另外值得一提的是，1997 年亞洲金融風暴爆發時，三星的負債比相當高，1997 年三星負債比為 85%，因而深受其害。為此，三星決定進行改革，在 1998 年及 1999 年間進行企業重整，隨後三星的負債比率不斷

圖 11-9　台積電與三星股東權益報酬率比較

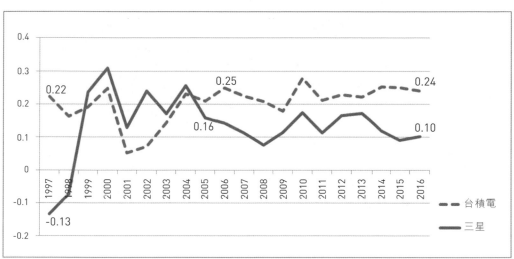

圖 11-10　台積電與三星純益率比較

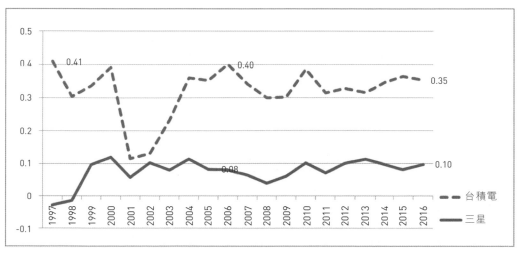

下降，如圖 11-13 所見；2016 年時，三星的負債比已降低到 26%，是一家財務上非常穩健的公司。

圖 11-11　台積電與三星資產周轉率比較

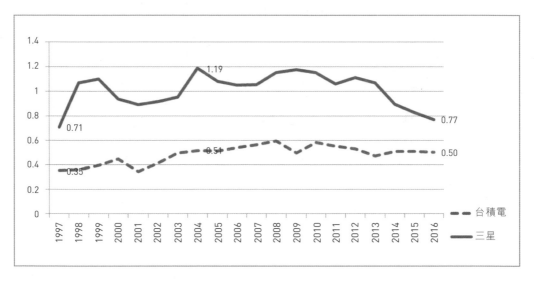

圖 11-12　台積電與三星槓桿率比較

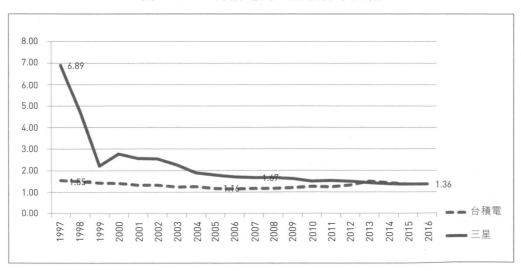

圖 11-13　台積電與三星負債率比較

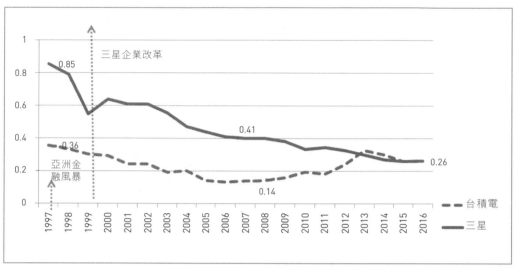

西南航空 vs. 新加坡航空

再以航空產業為例。新加坡航空一向以高品質和創新的服務著稱，是亞洲最著名的航空公司之一。西南航空則是全球廉價航空的鼻祖。透過兩家公司股東權益報酬率的比較，可清楚看出新加坡航空的困境。

新加坡航空的高品質服務及創新應該能帶來差異化的效果，但若觀察兩者的純益率比較，可以發現新加坡航空的純益率在 2009 年後並無特別優勢，甚至自 2012 年起就一直低於西南航空。高品質的服務通常帶來高價格的效果，但新加坡航空近期的純益率居然比廉價的西南航空還低，成為經營上值得檢討的問題。

廉價航空最大的特色之一，便是要盡量利用有限資產創造最多的營

圖 11-14 西南航空與新加坡航空股東權益報酬率比較

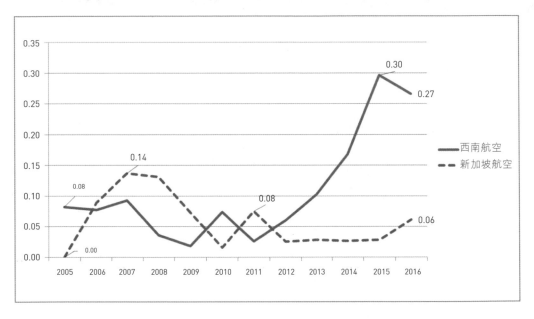

圖 11-15 西南航空與新加坡航空純益率比較

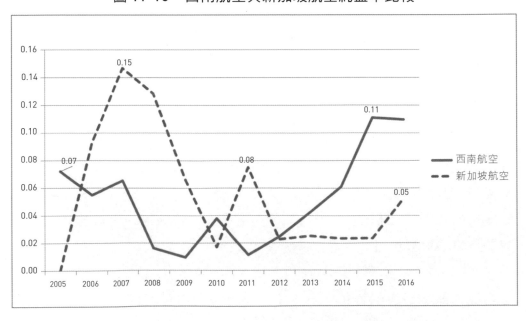

圖 11-16　西南航空與新加坡航空資產周轉率比較

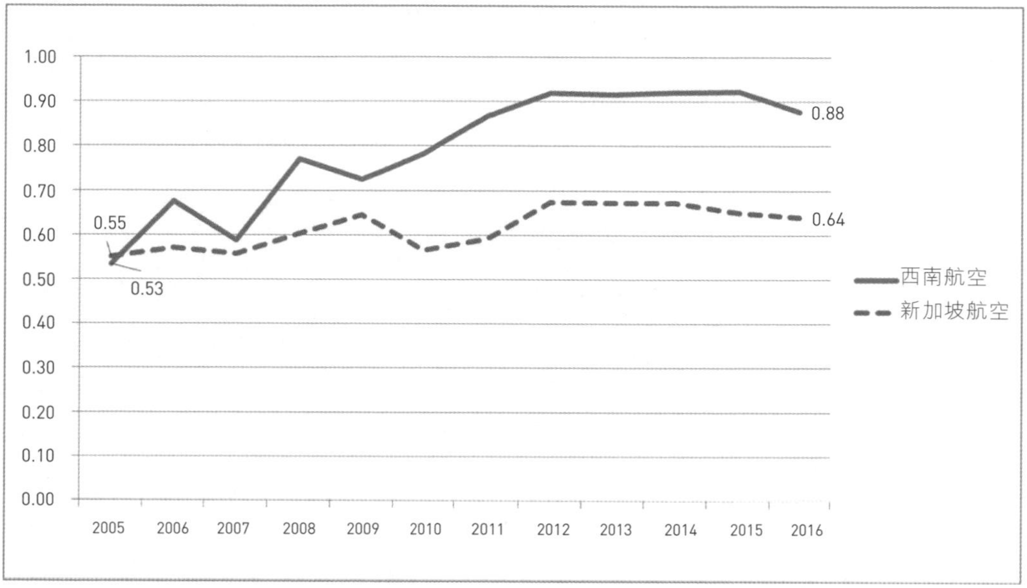

收，所以西南航空的資產周轉率一直都高於新加坡航空。

　　若比較兩者的槓桿比率，乍看之下西南航空的槓桿率較高，似乎新加坡航空比較穩健。但事實上，西南航空的負債有相當大的部分是預收機票款。預收機票款雖然被歸類在負債，但若西南航空仍能正常地提供服務，這類負債都能很順利的轉變為收入，跟企業借款的負債意義並不同。若將預收機票款剔除，則 2016 年西南航空的負債比將由 63.75% 下降至 50.37%。

　　此外，若觀察兩者的自由現金流量，可發現西南航空 2016 年的淨營業現金流入為 42.9 億美元，淨投資現金流出為 22.7 億美元，仍有 20.2 億的自由現金流量。而新加坡航空 2016 年的淨營業現金流入為 25.3 億

圖 11-17　西南航空與新加坡航空槓桿率比較

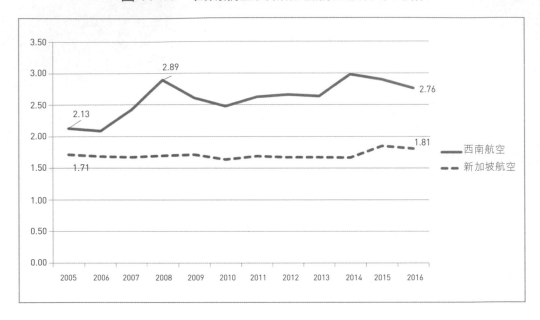

美元，淨投資現金流出為 29.4 億美元，自由現金流量是負的 4.1 億美元。由此可見，西南航空能有更多本錢去承受較高的負債比。因此，即使西南航空的槓桿率比較高，我們也不能說它在財務上不穩健。

股東權益報酬率的限制

　　本章一再強調，股東權益報酬率可總結企業的營運、投資及融資等三大經營活動，反映企業的經營品質及相對競爭力。然而，股東權益報酬率仍有其限制。例如公司用可轉換公司債來籌募資金，在公司債還沒被轉換成股票前，這種融資方式會使股東權益看起來沒有增加，因此股東權益報酬率看起來比直接現金增資好，當然這可能只是暫時性的。

然而，股東權益報酬率也可能出現「扭曲」現象，最常見的是企業利用提高負債（高槓桿）比率來增加股東權益報酬率。然而，高槓桿經營在景氣突然變差時，會造成高風險。例如，以經營飯店聞名的拉斯維加斯金沙集團（Las Vegas Sands Corp.）在 2008 年金融海嘯時陷入危機，正是因為負債過高：當時金沙集團負債比為 72.34%。甚至，當企業經營虧損時，具有放大效果的槓桿比率，更是讓呈現負數的股東權益報酬率倍數顯著提高。正因為有此問題，不少知名企業（例如全球電機產業龍頭愛默生〔Emerson〕）改用「投入資本報酬率」（return on total capital）作為衡量公司整體績效的標準。它所謂的「投入資本」包括股東權益及長期負債，目的是避免不同負債結構造成報酬率的扭曲。與原本的股東權益報酬率相比，在分母的部分多了長期負債；也就是說，在淨利不變的情況下，企業的長期負債多，則全資本報酬率就會下降。例如，有 A、B 兩家企業的股東權益都是 1,000 萬美元，而兩者的淨利皆為 500 萬美元，則兩者的股東權益報酬率都會是 50%。但若 A 企業沒有長期負債，而 B 企業有 1,000 萬美元的長期負債，則 A 企業的全資本報酬率仍為 50%，但 B 企業只剩下 25%，也就是說，全資本報酬率在某種程度上可以衡量企業利用「長期資本」創造利潤的能力。

　　此外，企業也不宜把股東權益報酬率視為經營的唯一目標。當經營規模擴大，企業就不易保持 30% 以上超高的股東權益報酬率，這是資本報酬率遞減的自然現象。若為了保持超高的股東權益報酬率，企業因而減緩或停止經營規模的擴張，也會產生盲點。不成長的企業往往缺乏戰鬥力，也不易吸收新的人才，組織容易老化。但股東權益報酬率的概念是如此簡單、清楚，無怪乎成為一個歷久彌新的財務比率。

至於本章開頭提到的前美國銀行總裁修麥克，他在 2001 年退休後也沒閒著。除了開設管理顧問公司、提供與併購有關的商業諮詢外，2003 年他創立了「企業良知論壇」（Forum of Corporate Conscience），並擔任榮譽主席。該論壇的最主要使命，便是向全美企業執行長宣導企業倫理的價值和重要性。企業良知論壇定期舉辦演講、座談會等活動，並採取問卷方式，追蹤企業領袖參與論壇活動後，是否針對企業倫理等議題進行公司內部的必要改革。該論壇成立後的首位演講貴賓，正是以重視股東權益聞名的巴菲特。看來，如果我有機會再問修麥克一次：「在你的管理工作中，如果只能挑選一個最重要的數字，你會挑什麼數字？」我相信修麥克的回答應該不會改變──「那就是股東權益報酬率！」

第十二章

最重要的是，要隨時保護你自己——
如何避開商業陰謀

　　2004 年奧斯卡最佳影片《登峰造擊》（*Million Dollar Baby*），敘述了一個激勵人心但又令人遺憾的故事。片中的女主角麥琪出身於一個貧窮的家庭，沒受過什麼教育，從 13 歲起就開始在餐廳打工糊口。31 歲時，麥琪決心脫離這輩子永遠當女侍的命運，她發現自己生命中最熱愛也最有潛力的是拳擊。於是，她以鍥而不捨的毅力，感動了孤僻但經驗豐富的老教頭鄧恩，受其指導，正式練拳。

　　麥琪既有天分又肯苦練，技藝不斷增強，正式參加職業拳賽後勢如破竹，總是在第一回合就把對手擊倒。但教練鄧恩對此卻大為憂慮，因為沒有經過多個回合的考驗，就無法顯現出拳手的缺點。當鄧恩不斷指出麥琪打拳時不懂得保護自己，她不太服氣地回答說：「照你這麼說，我能不被擊倒，還真是個奇蹟。」

　　麥琪終於等到她這一生最重要的機會——在美國拉斯維加斯向外號叫作「藍熊」（Blue Bear）的世界女子重量級拳王挑戰。藍熊不僅拳擊技術兇狠潑辣，更以背後暗算對手的骯髒伎倆而惡名遠播。在拳王爭霸戰中，麥琪在教練點醒下找到藍熊的罩門，不斷猛攻藍熊背部的坐骨神經，逐漸取得優勢。意想不到的是，惱羞成怒的藍熊竟在第三回合鈴響

的休息時間，從背後偷襲麥琪，麥琪受傷倒地，頭部大力撞上休息區凳子的邊緣，造成脊椎嚴重受損，全身癱瘓。麥琪醒來後，充滿悔意地對教練說：「我忘了您再三的告誡——最重要的是，要隨時保護自己。」全身不能動彈的麥琪眼看著自己的身軀逐漸萎縮退化，甚至因血液循環不良必須截肢。失去人生希望的麥琪一心求死，而視她如女兒的老教練鄧恩，最後萬般不捨地成全她，親手拔掉她的呼吸器……

　　這個令人唏噓的故事，對投資人有著非常重要的啟示。投資大師巴菲特曾說：「投資有兩大要訣：第一，絕對不要賠錢；第二，請不要忘記第一條。」以一個簡單的例子來說明巴菲特的忠告：假設你以 100 萬元投資，如果賠了 50%，只剩下 50 萬元，要再恢復原來的財富，必須要有 100% 的投資報酬率；而如果你不幸投資在發生財報弊案的公司，賠了 90%，只剩下 10 萬元，那麼你必須有 1000% 的投資報酬率，才能回到原有的財富。這個例子告訴我們，為了彌補任何一個投資的錯誤，必須創造極高倍數的投資績效，這非常困難。

　　在資本市場中，不僅要注意由於企業競爭力的消長所引起的風險，更必須留心人為的財務報表扭曲。當企業經理人刻意地操縱財務報表，甚至發生重大財務弊案時，財報就不再是投資人可以信賴倚重的「儀表板」了，反而是造成錯誤投資決策的幫兇。由於財報數字是經營活動的滯後指標（lagging indicators），因此投資人想要預見財務弊案保護自己，必須同時注意相關的非財務報表資訊。本章提出十個「警訊」，希望幫助投資人（個人投資或企業轉投資）提升商業智謀、看穿商業陰謀，結合財報和非財報資訊，學會「隨時保護自己」。

商業智謀能幫助投資人看穿商業陰謀，而最常見的是以扭曲財報來編織虛假故事。財報上不誠信，是資本市場中放空機構（以股價下跌獲利，俗稱「禿鷹」）賴以維生的糧食。

渾水方能摸魚

近年來最著名的禿鷹，是在 2010 年初創立「渾水」（Muddy Waters）的布洛克（Carson Block）。取名「渾水」，是來自「渾水摸魚」的成語。布洛克是美國紐澤西州人，在上海創業以及為投資機構調查中國資本市場上投資標的的經驗，讓他成為新一代的中國通。「渾水」專門狙擊在國際資本市場上市的中概股，其著名戰役整理如下：

資本市場	企業名稱	造假方式	狙擊後果
加拿大	嘉漢林業（Sino-Forest）	• 虛報資產 9 億美元 • 利用代理公司購買土地、與中介機構拆帳以獲得不正當收入	• 2012 年破產 • 2017 年公司前執行長及高階管理階層被判刑
美國納斯達克*	綠諾國際	• 在美國呈報造假的收入，實際數字低了 94.2% • 高階管理職公款私用	• 股價暴跌，最後下市
美國納斯達克	中國高速頻道（CCME）	• 虛報能夠提供的廣告車輛數 • 謊報現金餘額 • 自稱的最大合作廠商並無實際合約關係	• 繳交 4,100 萬美元左右的罰款以及 725 萬美元的民事賠償 • 永久不得在美上市 • 禁止該公司執行長擔任任何美國上市公司的管理職務
美國納斯達克	東方紙業	• 誇大了 2008 年的收入近 27 倍、2009 年40 倍，以及資產高估 10 倍	• 股價由每股 8 美元跌至 2 美元，2017 年只剩每股 1 美元左右的水準

* 中國企業多以「反向併購」（reverse takeover）的方法在美國納斯達克上市。這些企業先收購在美國已經上市的空殼公司，再由空殼公司反向收購中國企業的資產以及業務，這些中國企業就成為美國上市公司的子公司，藉此達到上市目的。此種方法受到的監管程度較低，花費也較低廉。

除了上述的例子之外，有許多中國企業在美國也被渾水機構狙擊，造成下市摘牌，引起了許多投資人對中概股的不信任，甚至引發了中國企業在美國的下市潮。

本章提出十個警訊，希望幫助經理人及投資人，結合財務報表和非財報資訊，用商業智謀看穿商業陰謀。

警訊一：注意市場「禿鷹攻擊」的警訊

個案解析：Ｆ再生

亞洲塑膠再生資源控股有限公司（簡稱「Ｆ再生」）是一家中國的再生資源回收廠，2011 年 8 月在台灣上市，主要業務為鞋類、箱包、玩具及體育用品等發泡材料的研發及銷售。但在 2014 年 4 月 24 日，放空機構格勞克斯（GLAUCUS）研究公布了一篇調查報告，指出「Ｆ再生」聲稱自己是中國最大的發泡塑膠製造商，但實際上根據中國官方的資料，「Ｆ再生」實際收入只有在台灣申報的 10% 左右。

中國政府網站公開的土地紀錄顯示，「Ｆ再生」涉嫌謊報土地資本支出，誇大其 2011 年至 2013 年福建廠與江蘇廠擴建之資本支出人民幣 4.22 億元；而另外根據福建省晉江市政府公布的年度納稅企業名單，「Ｆ再生」從 2010 年至 2013 年間的納稅總額為人民幣 2,800 萬元到人民幣 8,000 萬元之間，只有在台灣所稱的 4% 至 12%，「Ｆ再生」誇大了其利潤近 10 倍。另外該報告也指出，「Ｆ再生」的利潤明顯高出同產業的競

爭對手許多，其平均息稅前利潤率為 33% 左右，但同產業的廠商大多在 7% 左右。而報告中也懷疑「F 再生」的股息分紅根本是來自於其 2011 年起的連環融資，也就是說，「F 再生」依靠借錢來發放現金股利。

　　報告公布後，「F 再生」的股價大跌。報告公布前為新台幣 90 元，公布後約一年，股價只剩下約新台幣 30 元。短短一年股價暴跌 66%，對此，台灣的金管會及證交所都展開調查，但並沒有公布相關後續資料。然而「F 再生」的股價仍繼續下挫， 2017 年 10 月股價為新台幣 13 元左右。

警訊二：注意股價「利多下跌」的警訊

　　所謂「利多下跌」，是指在有利多消息的情況下，股價卻出現與趨勢相反的滑落。一般而言，在出現利多消息時，股價應會隨之上漲，以反映公司的成長性及獲利能力。然而，股價若不升反降，很有可能是公司本身暗藏了某些隱蔽的問題。投資人應特別注意股價下跌背後隱藏的負面資訊，以避免地雷爆發所造成的巨額虧損。

個案解析：銀廣夏

　　銀廣夏 1993 年在深圳證券交易所發行上市，屬於醫藥生物產業，公司資產總額上市時為人民幣 1.97 億元，至 2000 年已增至人民幣 24.3 億元。股價則從 1999 年 12 月 30 日的人民幣 13.97 元，漲至 2000 年 12 月 29 日的人民幣 37.73 元，成為證券市場極具影響力的上市公司。

2001 年 3 月 1 日，銀廣夏發布公告，宣稱與德國誠信公司（Fidelity Trading GmBH）簽訂連續三年總金額為人民幣 60 億元的萃取產品訂貨總協定。消息發布後，財經媒體普遍對於該合約的數量及價格多有懷疑，深入探究發現，該公司年報中沒有出口退稅的項目。如果不是銀廣夏的財務報表揭露不詳，就是有虛偽銷貨的可能。

該利多消息發布一週內，股價卻下滑人民幣 1.09 元，有關部門因接獲檢舉開始介入調查，銀行也提前終止貸款。後經半年的搜證，查出銀廣夏從 1999 年開始編造虛假盈餘，假造不實財務報表。2001 年 8 月，證交所發布銀廣夏停牌公告，2002 年 6 月 5 日公告下市。銀廣夏從此一蹶不振，2009 年，銀廣夏唯一的經營性資產──廣夏賀蘭山葡萄釀酒有限公司股權被司法拍賣，並在 2011 年宣布破產重整。直到 2014 年底，銀廣夏收購寧東鐵路及其倉儲物流和酒店餐飲事業，並改名為「西部創業」。

其實弊案爆發前，銀廣夏的股價已有警訊。請參閱圖 12-1，觀察該公司股價圖的變化可知：1999 年至 2001 年初，該公司股價逐漸向上攀升，吸引了許多投資大眾。自 2001 年 3 月媒體發布質疑資訊直到 2001 年 8 月該公司公告停牌前，股價的累計跌幅達 16%。

這五個月中，公司一再發布分紅及轉投資等利多消息。在這些利多消息之下，股價不但沒有往上爬，反而分別在 4 月 13 日、5 月 10 日、7 月 16 日連續三次下跌。

投資者如果注意到這樣的情況（可於證交所或投資顧問公司的網站

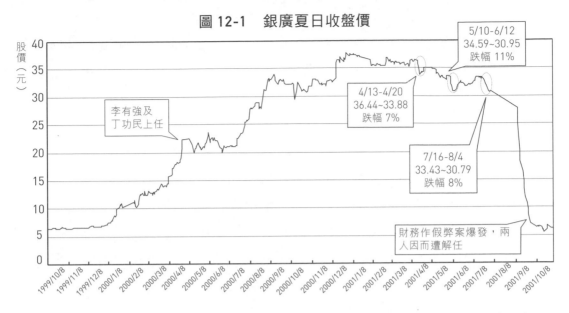

圖 12-1　銀廣夏日收盤價

股價（元）

李有強及丁功民上任

4/13-4/20
36.44~33.88
跌幅 7%

5/10-6/12
34.59~30.95
跌幅 11%

7/16-8/4
33.43~30.79
跌幅 8%

財務作假弊案爆發，兩人因而遭解任

查詢公司股價的變化），並評估相關報導提供的消息，就應及早採取保護措施。

警訊三：注意公司董監事等內部人大舉出脫股票的警訊

　　董監事是公司重要的決策者，對公司的經營狀況最為清楚，所以他們對公司的持股比率經常被視為重要的參考指標。此外，大股東及機構投資人皆屬重要的內部人，也較一般股民具備專業知識和人脈，容易察覺公司的變化及獲得相關資訊。因此，當這些內部人開始大量拋售持股時，代表他們可能認為股價已超過公司該有的價值。

個案解析：銀廣夏

　　觀察銀廣夏股價圖，銀廣夏的股價自 1999 年開始向上攀升，2000

年 7 月至 2001 年 7 月皆維持在 30 元以上的高價。然而,在股價行情最好的這一年,銀廣夏的董監事卻陸續出脫持股,於 2000 年下半年出脫了 4,344,318 股,持股比率由 7% 下跌至 4%。

2001 年 3 月,《財經》雜誌發布了對銀廣夏的相關質疑資訊後,該公司公開表示並無虛偽銷貨,且聲稱公司前景仍然看好。但由公司公告重大資訊中我們可以看到,其董監事出脫持股的情況愈來愈嚴重,至 2001 年 6 月,合計持股比率僅剩 1%,累計下滑共達 85%;大股東持股比率也下降了 8%。若公司情況真如管理者所聲稱,則董監事不應有出脫持股的動作;再者,當時的股價還維持在 30 元以上的高價。這種董監持股比率與股價背道而馳的情況確實是投資人應注意的警訊。

依證券交易法規定,公司的董監事或經理人轉讓持股時均須公告申報,故在上海及深圳交易所的網站中應有公告資訊;另外,在公司的半年報及年報中也有董監事、大股東及機構投資人的持股狀況。投資人應注意這些內部人持股的轉讓情況,若發現異常,就應採取措施,及時保護自己。

警訊四:注意董監事或大股東占用公司資金的警訊

大股東或董監事等內部人常濫用決策權,利用關聯交易等方式侵占公司資金作為非營業之用,即內部人以公司的名義籌資,資金成本及其他財務風險卻由公司代為承擔,這種情況對公司的財務狀況影響深遠,也會損害一般投資大眾的權益。

個案解析：托普集團

2000 年 5 月，托普軟體成功取得增發資格，以人民幣 28.91 元的高價增發 3,380 萬股，募集資金人民幣 9.54 億元。2000 年至 2002 年間，托普集團號稱總資產達人民幣 100 億元，擁有 3 家上市公司及 100 餘家控股子公司。

然而，由於董事長宋如華濫用經營控制權，占用公司大量資金，至 2003 年資金流動不良的問題非常嚴重，以致公司無法在財務報表中掩蓋，在 2003 年年報中一口氣認列了人民幣 3.89 億元的虧損。

宋如華占用公司資金的手法可歸納成三類：①**直接占用上市公司資金**。2003 年 1 月到 2004 年 6 月間，托普軟體與其控股子公司以外的關聯公司之間，進行了大量沒有實質交易的資金劃撥，金額達人民幣 21 億多元。②**提供擔保**。由托普軟體提供擔保而取得的貸款直接進入關聯企業，卻由上市公司承擔大量連帶還款責任。③**高價購買關聯方資產**。托普軟體增發募集的資金人民幣 9.54 億元大部分投向關聯方，購買無形資產、股權等。

2004 年 2 月，監管部門開始追蹤托普。2004 年 7 月 15 日，托普正式接到證監會成都稽查局立案調查通知，同年 8 月被打入特別處理公司，2006 年公告暫停上市。最後因未能向港交所提交復牌建議，在 2007 年 5 月 18 日被撤銷上市。

為促進資訊透明以達成公平交易，上海證券交易所特別將各公司資

金占用狀況列於上市公司「誠信紀錄」欄內，以便投資人查詢。

警訊五：注意公司更換會計師事務所的警訊

　　會計師的工作是依據查核後的結果，對公司財務報表出具意見。會計師如果認為財務報表恰當表達公司狀況，會出具無保留意見；反之，會依情節輕重出具修正式無保留、保留或否定意見；若會計師因故無法對公司的財務報表進行查核，則會出具無法表示意見。通常，會計師在簽發意見之前必須與公司管理層溝通，當管理層不同意會計師的看法時，就可能更換會計師。此外，公司出現舞弊嫌疑時，會計師為求自保，也可能拒絕查核，造成公司被動更換會計師。

個案解析：金荔科技

　　金荔的前身是 1996 年 10 月於上海證券交易所上市的飛龍實業，1999 年更名為金荔科技（農業）。該公司在 2000 年因連年虧損一度被打入特別處理股，2001 年初卻突然轉虧為盈，並更換會計師事務所，申請撤銷特別處理。後經查明，金荔利用財務報表作假手法於 2003 年及 2004 年虛增利潤共計人民幣 1.5449 億元。2005 年 3 月，該公司因挪用公款及提供虛假財務報告被停牌處分，並再度打入特別處理股。2006 年 7 月，上海證交所公布金荔暫停上市。2017 年 5 月 8 日也在網路上發布了延後披露年報風險的提示公告。

　　金荔公司創設時，由湖南開元會計師事務所查核，因連年虧損導致

2000 年 4 月被打入特別處理股。2000 年 6 月,開元事務所仍對金荔的半年報出具保留意見。2000 年下半年,金荔為求翻身,另由深圳華鵬會計師事務所做審計;雖 2000 年 12 月的年報仍無法獲得無保留意見,但該年淨利已轉虧為盈。2001 年起,金荔改聘深圳鵬城會計師事務所審計,在鵬城事務所的查核驗證下,該公司終於撤銷特別處理,轉回一般上市股。金荔公司歷年來的審計意見彙整如下:

年度	審計意見說明
1999	無保留意見。
2000	半年報為保留意見。更換會計師及事務所後,年報為修正式無保留意見。
2001	再度更換會計師及事務所,年報為無保留意見。
2002	無法表示意見。
2003	無法表示意見。
2004	11 月財務弊案爆發,證監會專案查核。年報為無法表示意見。

金荔主體是兩個農場,審計工作量並不大,但審計風險非常高。該公司在虧損年度頻頻更換會計師、甚至是會計師事務所,可視為財報作假的警訊之一。有關公司更換會計師的說明,可於各大財經報刊雜誌或證交所網站內的公司重大訊息處查看。

警訊六:注意公司頻繁更換高階經理人或敏感職位幹部的警訊

高階經理人是公司的重要資產,學術研究顯示,公司頻繁更換高階經理人隱含著負面資訊。除更換高階經理人外,更換相關敏感職位也是一個警訊。這類敏感性職位,比如董事長秘書等,是最能了解公司實際

狀況的關鍵人物。如果是被迫換人，或許隱含著一些不為人知的問題，投資人應詳加查證。

個案解析：西安達爾曼實業公司

達爾曼於 1993 年設立，主要從事珠寶、玉器的加工和銷售。1996 年 12 月，公司在上海證券交易所掛牌上市，在股市募集資金共計人民幣 7.17 億元。

從公司報表資料看，1997 年至 2003 年間，達爾曼資產總額比上市時增長 5 倍。在 2003 年之前，公司各項財務資料呈現均衡增長。然而，2003 年公司出現淨虧損達人民幣 1.4 億元；同時，公司的重大違規擔保事項也被曝光，涉及人民幣 3.45 億元、美金 133.5 萬元；還有重大質押事項，涉及人民幣 5.18 億元。

2004 年 5 月 10 日，達爾曼被上海證交所實行特別處理，同時證監會對公司涉嫌虛假陳述行為立案調查。2004 年 9 月，公司公告顯示，自 2004 年 1 月 1 日至 2004 年 6 月 30 日，僅半年時間虧損即高達人民幣 14 億元，公司總資產也從 2003 年的人民幣 22 億元銳減到 2004 年 6 月 30 日的人民幣 13 億元。2005 年 3 月 25 日，達爾曼被終止上市。

達爾曼從上市到退市，造假時間長達八年之久，主導者是公司原董事長許宗林。經相關部門查證，1996 年至 2004 年期間，許宗林等人以支付貨款、虛構工程項目和對外投資等多種造假手段，將十幾億元人民

幣的上市公司資金騰挪轉移，並在 2005 年春節出逃加拿大。中國證監會在 2 月 5 日對許宗林實施了永久性市場禁入的處罰。達爾曼成了名存實亡的空殼。

達爾曼的公司治理結構形同虛設，存在嚴重的內部人控制問題，許宗林在達爾曼唯我獨尊，人員任免、專案決策、資金調動、對外擔保等重要事項全由其一人控制。其公司財務主管頻繁更換如下表。

日期	事件
2000 年 11 月 8 日	更換財務工作負責人。
2001 年 2 月 28 日	關於改聘董事會秘書的議案。 李西明由於工作變動原因不再擔任董事會秘書一職，聘任王全勝為董事會秘書。聘任楊宏偉為董事會證券事務代表。
2001 年 10 月 28 日	更換財務工作負責人。 通過了關於聘任公司副總經理的議案：聘任黃瑋華、賈如意分別擔任公司副總經理；免去黃文財務總監職務，聘任范衛東、李瑛分別擔任公司財務總監、副總監。
2004 年 5 月 17 日	更換總經理。高芳辭去總經理職位，提名單巨仁為總經理。
2004 年 6 月 25 日	免去高芳董事職務。

警訊七：注意集團企業內複雜的相互擔保借款、質押等行為的警訊

集團企業（或稱關係企業）是指若干法律上獨立的企業，因為某些特殊關係而結合的企業體，而特殊關係包含彼此持股，或是多家企業的董監事為同一人等。

雖然集團間的各企業擁有獨立的法人資格，但就企業經營上，經營者往往將集團視為一個整體，追求整體性的利益，因此可能會犧牲集團中部分企業的利益，以成就其他企業的利益。較常見的手法包括集團間企業相互擔保以達成借款的目的，或是彼此銷貨以求美化報表等。

個案解析：德隆系

中國建國以來最大的金融證券案──德隆系案，即是典型的集團企業舞弊案件。德隆掌門唐萬新於 1995 年成立新疆德隆國際實業總公司。第二年，唐萬新受讓新疆屯河法人股，組建新疆屯河集團；1997 年受讓瀋陽合金法人股與湘火炬法人股，成功進入家用戶外維護設備、電動工具製造、汽車零部件製造等領域。新疆屯河（600737）、湘火炬（000549）、合金股份（000633），德隆系這三家核心企業曾經創造中國股市罕見的漲勢。但 2004 年，由德隆一手打造的股市神話開始破滅。2004 年年初高點至 2004 年 4 月，僅德隆系三家核心企業的市值就已經蒸發了人民幣 97 億元，而受德隆事件影響的三類 19 家上市公司市值共損失近人民幣 200 億元。2004 年 12 月 30 日，德隆集團核心人物唐萬新及六十多名高管被捕受審，而德隆則由中國政府交給華融資產託管。新疆屯河、合金股份、湘火炬三家核心企業，在隨後幾年分別被其他公司收購。

德隆系弊案的操作方式，是透過關聯企業間的相互質押擔保，達到吸取資金的目的。其主要手段為大量、持續地質押所持公司股權，或是公司間相互擔保借款。其中湘火炬及合金等多家公司，對外擔保總額已

違反證監會「上市公司對外擔保總額，不得超過最近一個會計年度合併會計報表淨資產的 50%」的規定。以質押所持股權為例，德隆在 2003 年 12 月 16 日、2004 年 3 月 5 日、2004 年 3 月 31 日，分別質押所持湘火炬 10,020 萬股、3,733 萬股、4,341 萬股（至此所質押股數已占所持湘火炬股權的 88.18%）；又於 2004 年 4 月 5 日質押新疆屯河 5,924 萬股數。如此頻繁的質押動作，投資人應能看出德隆對於資金的取得存在極大的壓力，必須頻頻質押所持股權以維持其資金的獲取。

警訊八：注意損益項目中非營業利潤百分比大幅上升的警訊

損益的組成項目眾多，比如營業收入、營業成本、營業費用、營業外收支等等，由於管理階層可透過會計政策的變更來操縱損益的認列，因此投資人在檢視損益專案時，不應僅看最終結果的「營業淨利」，還需注意其損益內容。而當損益有重大變動時，投資人也應了解變動的原因，若其中多源自於管理階層可控制的專案，這就是財務報表帶給投資人的警訊之一。

個案解析：鄭州百文集團

鄭州百文 1996 年 4 月 18 日於上海證交所掛牌，主要營業活動是銷售百貨文化、五金交電、針織服裝、化工產品等。如果我們仔細研讀該公司的財務報表，可以發現它從 1994 年至 1997 年（上市前與上市後）的表現不凡——稅後淨利呈現持續上升的變化（1994 年至 1997 年分別為人民幣 2,496 萬元、2,784 萬元、5,001 萬元、7,483 萬元）；而 1998 年、

1999 年卻突然出現巨額虧損（1998 年虧損人民幣 5 億多元、1999 年虧損人民幣 9 億多元）。

2000 年 1 月，鄭州百文造假及巨額虧空事件遭到披露。2001 年 8 月，人民檢察院正式對該公司涉嫌提供虛假財會報告案提出公訴。2002 年 11 月，百文集團的總經理、財務處主任被判刑。2003 年，百文集團由三聯集團收購，2009 年 2 月國美控股集團入主三聯，並進行改組，百文集團更名為國美通訊設備股份有限公司，簡稱國美通訊。

若我們進一步檢視當時鄭州百文稅後淨利的組成，可發現該公司稅後淨利的產生有很大變動。譬如 1994 年至 1996 年營業利潤（營業收入－營業成本－營業費用）占稅後淨利平均約為 123%，而各項損益（證券投資損益及長期投資損益）占稅後淨利平均約為 19%；但 1997 年營業利潤及各項損益所占稅後淨利的比重，卻分別為 75% 及 54%，淨利的組成與前幾年相比差異非常大。

原來，在公司信用銷售的鼎盛時期，公司往往利用銀行承兌匯票（承兌期長達三至六個月）進行帳款結算。因為從回籠貨款到支付貨款之間往往有三個月的時間差，公司利用這筆巨額資金委託證券商進行短期套利。僅 1997 年，該行為所產生的投資收益就達 4,066 萬元，占當年公司利潤總額的 54.34%。因此在當年的利潤總額構成中，投機行為所產生的收益占了相當大的比重。如果投資者僅考察其利潤總額數，而忽視了其利潤總額的構成，往往就會被表面假象所迷惑。所以，在鄭州百文財務報表造假及巨額虧空事件被披露之前，投資人就可以透過分析該公司淨利組成專案，或是透過該公司突如其來會計政策的改變，了解其損益暴

增暴跌的原因，及時採取措施，保護自己的利益。

警訊九：注意應收帳款、存貨、固定資產異常變動的警訊

　　當一家公司有舞弊的傾向時，通常不會只針對一個財務報表科目進行，而是同時操縱多個科目，所以當投資人發現一家公司財務報表上有多個科目呈現較異常的走勢時，這就是財務報表帶給我們的又一個警訊。本節將以一家同時針對資產類三個科目進行舞弊的企業為例說明，這三個科目包括應收帳款、存貨及固定資產。

個案解析：藍田股份

　　1996 年 6 月 18 日，藍田股份有限公司在上海證交所上市，為農業部首家推薦上市的企業，主營業務範圍是農副水產品種養、加工，生產基地位於湖北洪湖。藍田股份自上市以來，在財務數字上一直保持著快速的增長：總資產從上市前的人民幣 2.66 億元發展到 2000 年末的人民幣 28.38 億元，增長了 10 倍；淨利潤從人民幣 0.59 億元快速增長到人民幣 4.32 億元；歷年年報的每股收益都在人民幣 0.60 元以上，最高達到人民幣 1.15 元，創造了「藍田神話」，被稱作「中國農業第一股」。2002 年 1 月 21 日、22 日，生態農業（原藍田股份）的股票突然被停牌，接著藍田高階管理層受到證監會深入的稽查。2002 年 5 月，生態農業被迫暫停上市，而在隔年更進一步被終止上市，此後一直背負著巨額負債，直到 2010 年成功提出破產重整後才出現轉機，並由廣東華年生態投資有限公司入主，仍然從事水產品養殖、銷售以及旅遊景點開發等業務。

究竟藍田神話當時出了什麼問題？可由以下分析得知。

①應收帳款與營業收入的比例下滑

一般而言，當公司的收款政策並無重大改變時，期末應收帳款與當期營業收入應會呈現同向的變動；若營業收入不變或持續增加時，期末應收帳款餘額的減少，可能代表該公司的收款速度變快了，或者是公司透過舞弊刻意製造這種假象。

如果我們將藍田股份 1997 年至 2001 年五年來的半年報攤開來看，可發現藍田的營業收入持續上升，而期末應收帳款與營業收入的比例卻逐漸下滑，甚至在 1999 年 6 月 30 日時，該比率僅為 1%。根據該公司「2001 年中期報告補充說明」表示，由於公司地處洪湖市瞿家灣鎮，占公司產品 70% 的水產品在養殖基地現場成交，上門提貨的客戶個體比重大，當地銀行沒有開通全國聯行業務，客戶辦理銀行電匯或銀行匯票結算業務，必須繞道 70 公里到洪湖市，故採用「錢貨兩清」方式結算並成為慣例，造成應收帳款數額極小。

湖北武昌魚股份有限公司，與藍田一樣是位於湖北省的漁業養殖公司。據該公司 1997 年底至 2001 年底的財報資料顯示，武昌魚期末應收帳款占營業收入的比例，均維持在一定比例（5%）以上。比較同樣位於湖北省的藍田與武昌魚，我們可以發現，五年來藍田的營業收入約為武昌魚的 12 倍多，但資本僅約武昌魚的 2.5 倍（2001 年藍田股本約人民幣 4.5 億元，武昌魚股本約人民幣 1.7 億元）。同樣在湖北養魚，何以藍田的營業收入會如此高？因此投資者應特別注意這些營收的真實性，並可

透過類似的比較發現問題。

②藍田存貨金額異常增加背後的警訊

如果我們進一步分析流動資產，可發現藍田股份的存貨占流動資產的比率，由 1997 年中的 9.06% 攀升到 2001 年中的 43.82%（五年平均為38.42%），但年報中並未說明存貨的構成專案與計價。藍田負責人霍兆玉在 2000 年 3 月甚至聲稱洪湖共有 100 萬畝水面可以開發，藍田當時僅開發了 30 萬畝（每畝產值約人民幣 3,000 元），其中高產值的特種養殖魚塘面積共 1 萬畝（每畝產值高達人民幣 30,000 元）；而同樣位於湖北的武昌魚公司，在招股說明書中稱其魚塘每畝產值不足人民幣 1,000 元。同樣是在湖北養魚，藍田股份的粗放經營養殖業績是武昌魚的 3 倍，而精養魚塘更高達 30 倍，這不禁讓人懷疑，藍田股份水塘中的魚種，是否真能創造如此高的收入？偏偏農林漁牧產業的存貨是會計師難以盤點的項目，因此在面對這類產業時，投資人應特別注意其存貨增減變動的情形是否合理，並與同業比較作為參考。譬如武昌魚存貨占流動資產比例同樣接近 20%（1997 年底至 2001 年底），五年來最高與最低比例相差28.53%；而藍田最高與最低比例竟相差了 46.4%；再者，武昌魚在其財務報表附註中明確說明存貨的核算方法、計價方法、盤存制度與期末的評價方式，這應該是投資人較能信賴的財務報表表達方式。

③藍田固定資產巨額增加背後的警訊

根據統計資料顯示，一般農林漁牧業的固定資產占總資產比率約為22.97%，讓我們來看看個案公司的實際情形。

1997 年中至 2001 年中，藍田資產逐年上升，且主要為固定資產的上升；2001 年，資產中固定資產所占比例高達 66.55%。如果我們同時參考同業資訊，則可以發現藍田固定資產占資產比率高於同業平均值 1 倍多，且 5 年來均高於該產業的平均值。接著檢視藍田五年的半年報之營業收入與固定資產，可發現固定資產增長的速度，遠高於業績的增長；到了 2001 年，固定資產的金額甚至約為當期營業收入的 2.57 倍。相對地，同業的武昌魚營業收入與固定資產金額均較平穩（固定資產約為營業收入的 50% 至 85%）。

固定資產的計價、折舊方法與盤點事宜，均應記載於財務報表附註中，這點我們可在武昌魚公司的財務報表附註中看到，但藍田股份卻沒有做這樣的記載。再者，藍田股份所處的農業和農產品加工行業具特殊性，資產折舊沒有固定標準（年報中也沒有提及）；同時因為藍田股份的固定資產多位於水塘之中，會計師查核時難以盤點。所以，當固定資產持續增加時，投資者應將這種情況視為財務報表所能提供的警訊之一。

警訊十：注意具批判能力的新聞媒體對問題公司質疑的警訊

新聞媒體較一般股民具專業知識，比較容易察覺公司舞弊的狀況，許多弊案爆發前，已有媒體提出批判報導，即使是美國的恩隆案也是如此。因此，當具有批判能力的媒體報導相關質疑時，投資人應詳加參考。

個案解析：媒體的影響力

2001 年 4 月，《新財富》第 2 期刊登了由郎咸平主筆的《「德隆系」

類家族企業中國模式》，質疑德隆的經營模式、炮轟德隆斂財模式，懷疑德隆坐莊，引發了全國性的信用危機。

《財經》雜誌 2001 年 8 月號發表封面文章「銀廣夏陷阱」，揭露銀廣夏 1999 年度、2000 年度業績絕大部分來自造假。2001 年 3 月 1 日，銀廣夏發布公告，稱與德國誠信公司簽訂連續三年的總金額為人民幣 60 億元的萃取產品訂貨總協定。但《財經》雜誌卻對該份合約發表質疑：第一，以天津銀廣夏萃取設備的產能，生產不出合約所宣稱的數量；第二，產品出口價格高到近乎荒謬；第三，合約中的某些產品，根本不能用二氧化碳超臨界萃取設備提取。該份報導發布後半年，經證交所調查終於揭開弊案，銀廣夏於 2002 年下市。

2001 年 11 月，劉姝威在《金融內參》發表 600 字短文質疑藍田，此後藍田資金鏈開始斷裂。2001 年 12 月 5 日，〈藍田神話凋零〉一文在《財經》雜誌發表。此後不久，證監會對藍田進行稽查，同時公安機關也對公司高管展開刑事調查；一個號稱「績優股」的股票，價格一路下跌，並暫停交易，直至 2003 年 5 月 23 日終止上市。

探險切莫忘記避險

2001 年 10 月 29 日，中國前總理朱鎔基視察北京國家會計學院後，為該校題寫如下校訓——「誠信為本，操守為重，遵行準則，不做假帳。」這說明他對維持財務報表誠信的高度重視。朱鎔基說：「市場經濟的基礎是信用文化，一個沒有信用文化的國家，怎麼能夠建立市場經濟？」

但有人開玩笑說，「不做假帳」只是上聯，沒有寫出來的下聯是「那做什麼」。這個笑話說明許多人對公司編制財務報表的高度不信任，事實上，中國官方確實勇於面對普遍的財報不實狀況。由於部分中國上市公司的財務報表的確存在相當嚴重的品質問題，投資人千萬別忘了本章的叮嚀：「最重要的是，要隨時保護你自己。」

2017 年 6 月 23 日，中國審計署公布了針對 20 家央企（包括中國石油天然氣集團公司、寶鋼集團有限公司、中國鐵路物資〔集團〕總公司）所做的調查報告，其中 18 家央企都存在作假問題。報告指出，這些央企在 2015 年約共虛報營收人民幣 2,000 億元，利潤人民幣 202 億元，大多藉由違規購銷、虛構業務等方式來誇大營收。例如中國電力建設集團有限公司所屬的中國水電建設集團新能源開發有限責任公司，透過虛構風機購銷的方法，造假其收入及成本，2015 年假報收入達人民幣 1.47 億元、成本人民幣 1.45 億元。

造假的原因可能是其績效制度所致。據中國「中央企業負責人經營業績考核辦法」，若央企的表現不佳，則負責人的薪資及紅利分配都會大受影響，甚至遭到免職。而由於績效制度的瑕疵，這些央企們無不大力造假，以繳出漂亮的數據。審計報告顯示，這些央企近年來都因各種原因面臨嚴重虧損，例如投資失利、併購策略過於魯莽、海外官司等，這更給了央企經理人造假財報的動機。

除了央企之外，中國 A 股上市公司近年也有造假嫌疑。2017 年 6 月 25 日，中國商務部國際貿易經濟合作研究院與中國財富傳媒集團中國財富研究院，聯合發布《中國非金融類上市公司財務安全評估報告》。報

告內容顯示，2,629 間非金融類中國 A 股上市公司中，近 1,139 間有粉飾財務報表的嫌疑，占全部的 43.3%。其中以地產業作假比例最高，138 間中、有 98 間有作假嫌疑，比例高達 71%；其次是家電產業，56 間中有 34 間有作假嫌疑，占比約 60%；休閒服飾產業 34 間中，20 間有作假嫌疑，占比約 58%。

　　本章列舉避開財報弊案公司的十大警訊，並不代表只要有該現象，公司必然就有弊案；但「隨時保護自己」最好的作為，是在看到高度不確定性時，就應先出脫手中持股以保留資金。從中國長期經濟成長的趨勢來看，一定還會有許多投資機會，但投資人若因誤踩地雷股，使資金大幅減少，要再翻身就非常困難了。而台灣股市這十年來，財報弊案較過去減少許多，這或許可歸功於監理機制的進步，及市場更趨理性。但或許更重要的原因是，台灣股市本益比大幅降低，財報作假的經濟報酬愈來愈低所致。利益，是滋生財報弊案的最後溫床。

參考資料

1. 中國註冊會計師協會網站 http://www.cicpa.org.cn
2. 深圳證券交易所 http://www.szse.cn
3. 上海證券交易所 http://www.sse.com.cn
4. 《互聯網周刊》
5. 財務顧問網，會計人才網 http://www.cwgw.com
6. 納稅服務網 http:www.cnnsr.com.cn
7. 中國公司治理網 http://www.cg.org.cn
8. 新浪網財經縱橫 http://finance.sina.com.cn
9. 中國網 http://www.china.org.cn
10. 東方財經網 http://finance.eastday.com/

第十三章

用《孫子兵法》看財報

最後，讓我們發揮一下天馬行空的想像力，試想如果孫子（即孫武，545B.C.-470B.C.）在世，他會怎麼教我們從《孫子兵法》的角度看財報？

首先，孫子會教我們要有「慈悲心」。許多人誤以為兵法只是「求勝」的工具學，但《孫子兵法》之所以遠勝於其他兵法，是其背後有很深沉的「慈悲心」。孫子描述智謀不足的將領，驅使士兵如螞蟻般爬梯攻城，死傷超過三分之一，仍攻城不下的慘狀，令人為之動容：

> 而蟻附之，殺士三分之一，而城不拔者，此攻之災也。──《孫子兵法‧謀攻篇》

慈悲能啟發智慧，才會發展出「不戰而屈人之兵」的高超智謀。「慈悲心」在經營管理上的應用，最主要的就是能對顧客的感受有高度的同理心。以「破壞性創新」（disruptive innovation）學說而舉世聞名的哈佛商學院克里斯汀生（Clayton Christensen）教授，在其著作《創新的用途理論》（*Competing Against Luck*, 2016）中大力提倡，能以無比細膩的同理心，認知顧客至關重要、但不知如何描寫的「未完成任務」（jobs to be done），才是企業創新勝算最高的作為。這個看法，非常符合《孫子兵法》的深義。

其次，孫子會教我們「專注」於建立勝利的條件，做到「勝兵先勝而後求戰」（軍形篇）。因為專注，才能蓄積壓倒性的力量。要多少倍才算壓倒性的力量？要 500 倍！

勝兵若以鎰稱銖，敗兵若以銖稱鎰。——《孫子兵法·軍形篇》

其中，「鎰」和「銖」都是古代的重量單位，「鎰」大約是「銖」的 500 倍。如果以本書的觀點來比喻，企業要成就一個精彩絕倫、取得競爭優勢的「大故事」，內部經營過程的細節，得要創造超過 500 個環環相扣、精緻深刻的「小故事」。

最後，孫子會教我們建立堅實的資訊系統，精確的衡量評估與「決勝」相關的訊息。《孫子兵法》一開頭就是〈計篇〉，所謂「計」，就是以量化資訊進行計算的意思。木書所強調的「用財報說故事」，正是這種量化思維的實踐。至於有關如何以財報為基礎、以孫子兵法為架構，進一步提升商業智謀的討論，請參考拙著《財報就像 本兵法書》（時報出版，2018）。

米開朗基羅的專注

2004 年 6 月，我率領台大 EMBA 歐洲產業經濟參訪團，前往義大

利和法國考察創意設計產業。在米蘭的史佛拉城堡（Sforza Castle），
我們看到了文藝復興時期藝術家米開朗基羅（Michelangelo Buonarroti,
1475-1564）雕製的聖殤像（Pieta，即一般所謂的「聖母慟子像」）。
米開朗基羅一生中共雕製了四座聖殤像，世人最熟悉的那一座（也是他
雕的第一座），收藏於梵蒂岡的聖彼得大教堂；該座雕像在 1972 年曾被
狂徒以鐵鎚毀損，舉世震驚。米蘭收藏的則是最後一座聖殤像，它仍然
是個粗胚，若非有米開朗基羅的落款，一般人很難相信是出自他之手。
由它所呈現的樣貌與線條，可斷言這座雕像絕對和他以前的作品不同。
我在雕像前佇立良久，內心充滿感動與尊敬。這尊作品雕製於 1564 年，
米開朗基羅臨死前五天，仍在這塊堅硬的白色大理石上孜孜不倦地工作。
因為對藝術的熱情與專注，使這位高齡已屆 89 歲的老人，臨死前仍絲毫
不懈，並持續地追求創新。

　　專注與創新，正是米開朗基羅一生創作的寫照，也是《孫子兵法》
中的關鍵用兵之道。1508 年至 1512 年之間，在離地約 18 公尺高的鷹架
上，他獨自一人繪製梵蒂岡西斯汀教堂（Sistine Chapel）的屋頂壁畫
《創世紀》，時間長達四年半之久。當他平躺身子仰天作畫時，畫筆的
顏料不斷地滴落在他的身上、臉上，甚至眼睛裡。完成《創世紀》後，
米開朗基羅的背脊挺不直，眼睛也已昏花，那年他才 37 歲。從 1538 年
到 1544 年的六年之間，在相同的創作環境中，他又完成了西斯汀教堂另
一幅高 70 米、寬 10 米的壁畫《最後的審判》。由於他的藝術天分與工
作紀律，五百年之後，我們才能欣賞他留下來的不朽傑作。

　　身為一個專業經理人，承擔著股東與其他管理團隊成員的期望，當
你的心態開始有所懈怠、或是變得墨守成規，不妨緬懷米開朗基羅留下

的典範！

專注才能創造競爭力

本書的主要目的，在於探討財務報表如何顯現企業競爭力的強弱。簡單地說，能賺錢不見得就有競爭力，因為許多企業賺的是偶發性或短期性的機會財。然而，能持續地、穩定地賺錢的企業，一定具有競爭力。對有競爭力的公司而言，獲利是結果，從事具高度附加價值的管理活動才是原因。

知名的運動心理學家韓森（Tom Hanson）與拉費沙（Ken Ravizza），曾在 2002 年提出「一次專注一球」（one pitch at a time）的概念，強調專注對運動員績效的重要。所謂「一次專注一球」，包含以下兩個重點：

1. **運動員要專注於目前必須處理的事件，不要因為已經無法改變的事實而分心。** 例如，一個打擊者最緊張的處境，是在第九局最後一個打次、面對兩好三壞滿球數，而且落後對手一分。雖然他此時背負著決定比賽勝敗的沉重壓力，但他必須面對的，其實只是投手投出的下一個球，而不是當下球場上的緊張情況。

2. **運動員要實踐完全的自我控制，包括控制自己的注意力及情緒。** 例如當揮棒落空後，打擊者必須控制自己的情緒，不要讓

前一次打擊成果不佳的失望心情，影響了下一次的揮棒。

傑出的運動員都具備專注的本領。美國大聯盟全壘打紀錄保持人漢克（Aaron Hank，紀錄為755支）曾做過如下的自我評估：「我能每天全神貫注於打球的能力，造就我成為一個成功的球員，我想我是有點天分。但只靠天分，成就十分有限。我學會專注，這並不是與生俱來的能力！」

以「一次專注一球」獲得成功的，還有鈴木一朗。一個身高175公分、體重74公斤的東方人，在美國大聯盟裡顯得單薄瘦小。他究竟是靠什麼出人頭地？鈴木一朗的成功之道，也在於專注聚焦。因為了解自己的體型限制，鈴木一朗有著清楚的策略定位——打出連續的安打，不執著於打出全壘打。

鈴木一朗以左邊打擊，本來就有離一壘距離較近的先天優勢，為了增加安打的機會，鈴木一朗特別加強跑壘的速度。在擊出滾地球的情況下，鈴木一朗跑到一壘的平均時間是 3.7 到 3.8 秒，大聯盟裡沒有任何一個選手有這樣的速度。因此，鈴木一朗打擊出的內野滾地球，不論落點好壞，都有50%的機會成為安打。在前往美國大聯盟之前，鈴木一朗就已經是日本連續七年的太平洋聯盟打擊王。之後為了適應美國職棒選手更快的投球和傳球速度，到了美國大聯盟後，鈴木一朗刻意減輕球棒及釘鞋的重量，使自己能揮棒得更快、跑壘時更輕盈；隔年，他立刻獲得美國職棒大聯盟打擊王、盜壘王、銀棒獎、金手套獎、新人王、安打王、MVP 等獎項，隨後連續 10 個球季都擊出 200 次以上的安打。到了 2016 年，鈴木一朗成為世界上擊出最多安打紀錄的球員，是金氏世界紀錄的

保持人。

　　在自己的事業上，一個高階經理人必須具備鈴木一朗的熱情與專注，也必須連結所有與策略目標相關的優點及技能，才能不斷地交出每季、每年營收及獲利成長的好成績。

由個人專注到企業專注

　　荷蘭的艾司摩爾（ASML Holding），是毫無媒體知名度的全球半導體顯影設備領導廠商。2012 年，ASML 的顧客共同投資計畫（custom co-Investment Program）讓全球三大龍頭紛紛投資巨額入股，才讓它聲名大噪。例如，英特爾投資 41 億美元收購 ASML 15% 的股權，另在未來五年出資 10 億美元，支持 ASML 下一代技術開發。而台積電投資 ASML 8.38 億歐元、取得 5% 股權，未來五年出資 2.76 億歐元。三星電子投資 5.03 億歐元，取得 ASML 3% 股權，並投入 2.75 億歐元。

　　2000 年左右，ASML 評估 TFT-LCD 與半導體都是未來極為看好的產業，一個選項是將資源平均分配在這兩個研發項目，但 ASML 考慮到半導體製程愈做愈精微的趨勢，未來技術突破的難度愈高、投資也會愈來愈大，分散資源恐怕兩頭落空。因此，最後決定把資源集中在半導體領域。除了資源集中以外，ASML 的核心能耐是善用開放性創新。除了本身擁有的先進技術之外，ASML 善於結合全球傑出的零組件供應商，共同創造突破性的產品。例如，ASML 最先進的極紫外光線刻機（EUV），最主要的零件是光學鏡頭，由德國蔡司公司提供，占其生產

成本 20% 以上。ASML 能整合全球的策略夥伴，以卓越的專案管理能力，讓研發能有效率的進行。

相對的，該領域原來的領導廠商是日本的尼康（NIKON）。尼康是高度垂直整合的公司，其半導體設備部門堅持使用光學部門的鏡頭，這種封閉式創新雖有清通整合的便利性，但缺點在於未能結合全球最佳的供應商。2001 年，NIKON 的半導體曝光機在全球有 41.6% 的市占率，而 ASML 只有 22.4%。到 2016 年時，ASML 的全球市占率高達 80%，NIKON 僅剩 10%。在 ASML 專注策略的長期耕耘下，2016 年 ASML 營業淨利率為 22%，而 NIKON 只有 3.5%。

競爭力要靠綿密的企業活動網絡

著名策略學者波特教授曾大力倡導，好的策略必須聚焦，而且要能取捨。事實上，要經理人「取」（例如擴張新的事業版圖）比較容易，要「捨」（處分不具競爭力的事業或部門）比較困難。杜拉克（Peter Drucker）說得好：「真正的紀律，來自於對錯誤的機會說『不』！」簡單地說，要先「捨」，才能聚焦。

在策略聚焦之後，個人或企業必須把所有活動有系統地聯結於聚焦點。波特以西南航空為例，他指出，西南航空能在美國航空業持續保有競爭優勢，在於它能形成一個綿密、互相支援的企業活動網絡。簡單說明如下：

1. **擁有獨特的市場定位**：西南航空的市場聚焦，在於中型都市間「點對點」飛行的商務客人，捨棄以休閒度假為主要目的之一般客人。

2. **進行飛航服務內容的取捨**：不事先劃位、不提供餐點、不提供行李轉運、不與其他航空公司聯運。每刪除一項活動，西南航空就能省下一筆可觀的成本。對一般的商務客人來說，這些被刪除的活動並沒有什麼附加價值。

3. **創造固定資產的高度經營效率**：西南航空只購買波音737機隊，以減少飛機零件採購、維修及駕駛員飛行訓練的各種成本。它以頻繁的起飛降落次數（要求做到落地後15分鐘內必須完成再次起飛的準備），來產生足夠的規模經濟，降低每次飛行的平均成本。

4. **訓練精簡而有效率的空勤及地勤人員**：西南航空以高額的員工薪資、高百分比的員工股票擁有率、與工會簽訂彈性化的勞動合約，來增加員工的生產力。

　　以上所看到的，是西南航空以一系列「成本領導策略」為聚焦點的管理活動，並不是單一活動，或是幾項所謂的「關鍵性成功因素」（key success factors）而已。此外，西南航空董事長克萊勒（Herb Kelleher）也不斷強調無形資產的重要：「競爭對手可以購買和我們一樣的飛機，但無形資產遠比有形資產重要。」高齡87歲的克萊勒常說，他所得到最受用的觀念是：「尊重且信任別人，但不是因為他們的職位或頭銜。」

這種真誠地以顧客及員工為尊的思想，是其他對手短期模仿不來的組織文化。競爭對手若想跟上西南航空，就必須學會它善用無形資產與有形資產的整套功夫，而不是只學一招半式就期待能發揮功效。

圖 13-1　西南航空企業活動系統圖

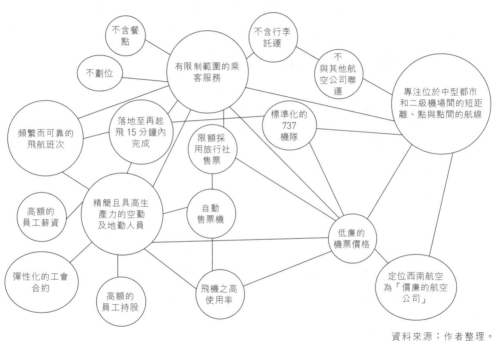

資料來源：作者整理。

事實上，波特教授的企業競爭策略精華，就在於「聚焦聯結」這四個字。「聚焦」要求企業找到獨特的定位；「聯結」則要求企業的活動要與策略相連，活動與活動間也要聯結成互相支持的網絡，才能造就持續性的競爭優勢。這種持續性的競爭優勢，最終可轉化為高度的盈餘品質（如獲利的持續性、低變異性及可預期性等），以及令投資人滿意的股東權益報酬率。

相對地，若企業採取「差異化策略」，那麼其企業活動的重點，必定與以成本領導為主要策略的企業大不相同。以擁有世界頂尖消費品牌的路易威登集團為例，該集團商業活動的重點是維護品牌價值，它所進行的主要活動包括：

1. **持續不懈地打造精品品牌**：路易威登同時兼顧商品高度的實用價值，並創造新的流行時尚趨勢。

2. **嚴格控管產品的製造與配銷品質**：路易威登要求近乎完美的手工技藝與近乎苛求的品管監控。它不採取批發方式營運，要求所有產品在法國製造（已關閉美國的製造設施），以維護純正歐洲皇室御用的高貴形象，同時也要求所有產品都由巴黎直接運出。

3. **創造行銷傳訊的獨特性**：路易威登投下巨資禮聘著名建築師參與規畫，使全球的旗艦店都具高度的建築特色，成為營造當地城市文化的領導指標。路易威登也舉辦令人永生難忘的宴會及行銷活動，創造它的獨特性。

4. **培養高素質的人力資源**：路易威登不斷發掘新設計師及知名的合作對象（如日本藝術家村上隆），並舉辦具高度人文精神與創意的員工教育訓練活動。

路易威登對品牌的呵護極端細膩，令人印象深刻。當旗艦店整修時，它會用巨大優美的皮箱造型，把整個施工樓層包覆起來，即使是在施工

圖 13-2　路易威登企業活動系統圖

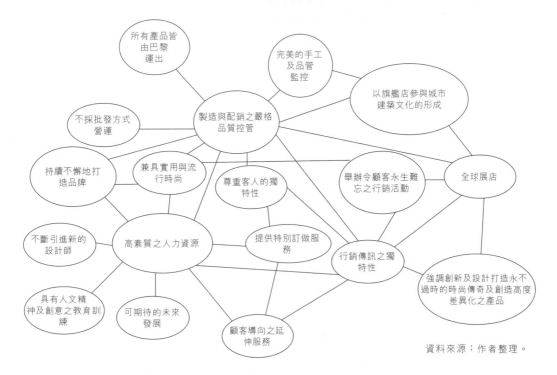

資料來源：作者整理。

期間，過往行人也看不到路易威登紊亂粗糙的一面。當然，頂級精品形象的呵護，反映在財務報表上就是高比例的管銷費用了（2016 年，路易威登管銷費用占營收約 46% 左右）。路易威登這些維護品牌價值的管理活動，依然環環相扣，互相支援。

　　除了西南航空和路易威登之外，本書經常討論的沃爾瑪也是聚焦專注的典範。沃爾瑪成立迄今，所有投資都圍繞在低價促銷為主的通路事業。除了沃爾瑪本店，該集團還經營山姆俱樂部（Sam's Club）—— 專門針對大盤商需求的通路商。也由於高度的聚焦專注，沃爾瑪才能在存

貨管理、供應鏈管理、資料倉儲、流通運輸等領域達到爐火純青。

沃爾瑪除了以低價為主要競爭武器，它也強調給予顧客鄉村小鎮特有的人情味（沃爾瑪發跡於美國的鄉下地區阿肯色州）。在沃爾瑪的年報中，曾刊登過一封溫馨的顧客投書。話說這位顧客在沃爾瑪的某個賣場購物，結帳時才發現皮包遺失了。他焦急地請客服人員協助找尋，但一無所獲。這位顧客告訴賣場經理，皮包裡除了私人證件之外，還有100美元現鈔。

幾個星期後，顧客收到賣場經理的一封信，內附一張100美元的支票。店經理在信中寫道，店內員工為了他在賣場遺失皮包感到十分遺憾，因此他們在星期天發起「糕點義賣」活動，拿出看家本領，做出一道道可口的私房點心，義賣所得的100美元隨信附上，希望他不要留下不愉快的購物經驗。這是沃爾瑪溫馨體貼的「經典小品」，卻也是最犀利的行銷手法。

一位長期與沃爾瑪和凱瑪特做生意的企業執行長，曾與我分享他的經驗：沃爾瑪的採購人員不拿回扣，也不接受供應商設宴招待；相較之下，凱瑪特採購人員的操守平均較差。當然，羊毛可是出在羊身上，操守的差異自然反映在凱瑪特較高的採購成本上。正因為建構整套企業活動網絡如此困難，即使西南航空、路易威登、沃爾瑪等企業早就廣為媒體報導，成為許多商業個案討論、學習的目標，更是許多競爭對手拆招解招的假想敵，但能真正創造相同競爭力的企業卻相當少見。

對經理人而言，最重要的任務就是下足「聚焦聯結」的苦工。

避開無法競爭的困境

當企業無法規畫與執行屬於自己的獨特活動，就只能和競爭對手打效率戰、價格戰。在沃爾瑪的賣場，顧客到處可見「每日低價」（everyday low price）的大幅標語；在凱瑪特的賣場，顧客隨目可見「每天低價」（low price everyday）的廣告。說穿了，兩家公司的策略定位幾乎沒有差異，但凱瑪特的管銷成本相對於營收的比率，長期以來比沃爾瑪高出 4% 至 5%（請參閱第五章）。在一個利潤率通常不到 4% 的產業中，凱瑪特處於劣勢的成本結構及營運效率，無疑是缺乏競爭力。這種競爭力的不足，很清楚地反映在凱瑪特營收及獲利長期衰退的趨勢中。

欲躲開沃爾瑪炮火的零售業同行，必須要有獨特的定位及獨特的活動。例如美國另一家零售商塔吉特（Target）便採行差異化路線，以女性顧客為強調重點，聚焦在高品質、流行性強的產品上。2016 年會計年度，塔吉特的毛利率比沃爾瑪高了將近 2.5%，管銷費用占營收的比率也比沃爾瑪低 1.82% 左右，最後淨利率卻比沃爾瑪高出約 1.1%。塔吉特的營收雖然只有沃爾瑪的七分之一，獲利卻約為沃爾瑪的五分之一，於 2016 年達到約 27.4 億美元，股東權益報酬率則在 25% 左右。更難能可貴的是，塔吉特能避開與沃爾瑪直接競爭的「不可能任務」，保持中長期獲利的穩定成長。

而「新零售」代表廠商亞馬遜，更是以全新的商業模式，讓沃爾瑪飽受「看不起、看不懂、趕不及」的困惑和威脅。

以上這些零售業者，不僅能避開沃爾瑪的陰影籠罩，更能在自己獨

特的聚焦點上，建構一套綿密的企業活動網，因而能創造各自專門領域的競爭力。

招式已老，風華不再——績優公司的成長困境

由於美國本身經濟成長趨緩，來自美國的世界零售業巨人沃爾瑪，一早就將目光瞄準在年成長率超過 15% 的海外新興市場。然而，抱持著量販包裝、低價促銷策略的沃爾瑪，卻屢屢在海外市場慘遭滑鐵盧。例如在香港、印尼、南韓以及德國市場，都因經營績效不佳而宣布撤點；十年前進軍的大陸市場，也是連虧十年。2006 年底，沃爾瑪更進一步試圖將未來寄望在印度接近 2,500 億美元規模的零售業市場，然而，沃爾瑪能否擺脫過去在歐亞市場上屢戰屢敗的陰影，將其在美國的成功經驗複製到海外新興市場上，卻還是個未知數。

追求優質成長要有優先順序

2004 年，夏藍（Ram Charan）透過《成長力》一書疾呼企業應追求優質成長。所謂企業的優質成長，主要反映在同時且持續地達到營收成長、獲利成長、營運活動現金流量的成長。這三者的相對優先順序，隨著企業的策略定位及發展階段有所不同。經理人以財務報表進行自我評估或分析其他公司時，必須區分這三種不同的優質成長類型。

1. **重視獲利成長甚於營收成長：**此類型的代表性公司是沃爾瑪。

沃爾瑪的一貫策略是以降低成本及「每日低價」創造競爭優勢。它最重要的經營目標之一，便是追求獲利成長率高於營收成長率，如此才能確認成本控制的績效。

2. **重視營收成長甚於獲利成長**：此類型的代表性公司，是目前亟欲改造企業文化的奇異電器。奇異在充滿個人色彩的前任執行長威爾許領導下，一直是個紀律嚴謹、以達成獲利目標為重心的優質企業。然而，下一任執行長英梅特（Jeffrey Immelt）卻發現，由於過分強調獲利，使奇異高階經理人對開發新事業不夠積極、害怕犯錯，並傾向於改善作業流程、降低成本或利用財務操作來達成獲利目標。因此，目前英梅特把提高營收成長率（希望由 5% 提高到 8%）的優先性放在達成獲利目標之前；而奇異高階經理人績效評估的最主要指標，也調整為「開創新事業的構想」、「顧客滿意度」與「營收成長」，希望藉此提高衝刺業務的動能。

3. **重視營運活動現金流量的成長，甚於獲利及營收成長**：此類型的代表性公司，為全球個人電腦龍頭戴爾。總裁戴爾面對公司 1993 年的嚴重虧損時，才警覺到過去一直把注意力擺在損益表的獲利數字，卻鮮少討論現金周轉的問題，但現金周轉才是企業能否存活的最後關鍵。從此以後，他將戴爾營運的優先順序改成：「現金流量」、「獲利性」、「成長」。

不論是沃爾瑪、奇異或戴爾，它們長期都能同時且持續地達到營收成長、獲利成長與營運活動現金流量的成長，因此三者都是優質成長的

典範。企業領導者的重要任務之一，便是依公司策略定位及發展階段，動態地調整營收、獲利、現金流量的相對優先順序。

相對地，企業劣質成長的指標有下列常見的兩種，它們是經理人應極力避免的：

1. **營收成長，但獲利不僅沒有成長，甚至是負成長。**這種情況顯示企業在追求成長的過程中，失去對成本的控制，甚至陷入「為了成長而成長」的迷思中。

2. **營收及獲利成長，但營運活動流入的現金持續萎縮，甚至成為現金淨流出。**快速成長型的企業若沒有好好控管應收帳款或存貨的增加，往往會陷入這種劣質成長的陷阱，甚至造成財務危機。

幾乎全球的財報系統，都在這幾年內要求上市公司必須公布「企業社會責任報告」（中國大陸為 2012 年，台灣為 2015 年）。許多人認為社會責任和投資價值無甚有關，只把這份報告當成「公開文件」，沒什麼價值。然而，「企業社會責任」的議題，在短期間或許看不出收關性，但對企業的永續經營而言，卻非常重要。以瑞士全球食品業龍頭雀巢（Nestle）來說，其企業社會責任報告有個與眾不同的名稱，叫做「創造共享價值報告」（Creating Shared Value report, CSV 報告）。CSV 報告強調的重點，不是雀巢以企業經營的獲利來投注於慈善公益事業，而是雀巢如何在其事業經營的每一個環節協助其「利益相關者」（stakeholders）增加價值創造的能力（即生產力），進而讓大家都更蒙

其利。筆者 2015 年曾到雀巢位於日內瓦湖畔的全球總部參訪，雀巢高階經理人強調，他們的董事長和執行長，對於和外界人士談企業經營已經不太感興趣。因為在 2016 年創立滿一百五十年的雀巢，於全球擁有 2,000 個食品品牌，對企業經營已有極深厚的經驗，也有一群極為傑出的專業經理人審慎明智的在做各種商業判斷。雀巢在一百五十年的歷史中，學到一個極重要的觀念──「一個企業如果讓社會覺得它是一個不可或缺的部分，如此它才可能永續經營。」所以，雀巢是利用創造價值的思考來引導商業決策，也就是「共榮共存」的長期經營觀點。

十大建議：應用財報增加競爭力

在本書的結尾，筆者總結了十大建議，協助企業應用財報淬煉商業智謀，達到「武林稱雄」的目的，也協助投資人辨認具長期競爭力的公司之特質。

1.「你是對是錯，並不是建立在別人的認同上，而是建立在正確的事實上。」

2005 年春天，74 歲的巴菲特接受《財星》專訪時，引述這句來自其師（人稱「現代投資學之父」的葛拉漢〔Benjamin Graham〕）的告誡，他認為這句話是他這輩子得到最棒的忠告。身為一個經理人，你之所以對，是因為財務報表的事實不斷顯示你做得對、想得對，而不是因為公司股票的漲或跌（代表投資界同意與否）。短期內股票超漲或超跌的現象十分常見，但長期下來，股價終究會回到「事實」。著名的基金經理人彼

得林區說得好：「公司的市場價值能成長，有三個要素——那就是盈餘成長、盈餘成長、盈餘成長。」當經理人能創造盈餘成長的事實，就不怕得不到別人的認同。太容易屈就於市場的看法，會讓經理人失去獨立判斷。對投資人而言，如果只見公司股價持續上漲，卻看不到經營「正確的事實」（獲利、現金流量等），就可能是有財務弊案的公司。

2. 你必須讓公司的財報盡可能快速地顯示「經濟實質」，減少「衡量誤差」，並拒絕「人為操縱」。

財報的會計數字並非完美的溝通工具。首先，它存在著**衡量誤差**。由於未來的不確定性，無人能完全去除估計壞帳、保固維修等項目的誤差。值得注意的是，發生衡量誤差並非都是會計部門的職責。例如部分公司會要求業務人員，運用面對客戶的第一手觀察資料，協助會計部門決定合理的壞帳費用。如此不僅是為了減少衡量誤差，也加強了企業內部溝通協調的功能。但是切記，千萬不要進行**人為操縱**，它將使經理人迷失在「做帳」而非真正解決問題的惡性循環裡。務必記住，「公開欺人者，必定也會自欺。」對投資人來說，避開有做帳嫌疑的公司，則是保護自己的第一要務。

3. 財報是你問問題的起點，不是問題的答案。

財務報表的數字加總性太高，通常無法直接回答經理人關心的管理問題。然而，當你反覆追問「事實是什麼？為什麼變成這樣？」的時候，你終究會找出解決問題的關鍵。財務報表無法告訴你該怎麼做，經理人

才是解開「波切歐里密碼」的偵探。此外，不要輕信一般人宣稱的「合理」數字。我們看到沃爾瑪與戴爾的流動比率都小於1，這並不代表它們有財務危機，反而顯示它們具有以「負」的營運資金推動企業的卓越競爭力。經理人必須有能力找出一組「合理」的關鍵財務數字，有效地管理企業。相對地，投資人雖然無法如此深入地分析公司的財務數字，但質疑財報合理性的習慣，絕對是必須具備的自保功夫。

4. 企業像是一個鼎，靠著三隻腳（三種管理活動）支撐，任何一隻腳折斷，鼎就會傾覆。

　　企業的「三隻腳」就是營運活動、投資活動及融資活動。經理人必須利用財務報表尋求這三種活動的健全平衡，而四大報表之一的現金流量表，就是以這三種活動說明現金流量的來源與去處。就企業的經營而言，短期要看營運活動的順暢，中長期要看投資活動的眼光。在整個企業運轉時，必須確定融資活動資金供應的穩定。

5. 活用財務報表吐露的競爭力密碼，建構你的「戰情儀表板」。

　　企業隨時處於戰鬥當中，因此必須利用財務報表建構一套戰情儀表板。這套儀表板要能「究天人之際」── 顯示公司與主要競爭對手在市占率、營收、獲利、現金流量及股東權益報酬率等重要指標的相對位置；這套儀表板也要能「通古今之變」── 顯示公司與競爭對手過去至今各項關鍵指標的變化。本書比較了沃爾瑪與凱瑪特、沃爾瑪與亞馬遜的各種財務比率，可作為建構企業戰情儀表板的參考例子。而投資人則應養

成習慣，經常比較投資標的與其競爭對手的相對優劣點。

6. 企業的競爭力主要來自「貫徹力」、「成長力」與「控制力」等三種力量造成的優質成長。

　　營運活動現金流量的成長，代表企業具有「貫徹力」，因為收回現金是所有商業活動的最後一道考驗。沒有現金，就沒有企業存活的空間。營收成長代表企業具有「成長力」，能不斷地在新產品、新市場、新顧客之上攻城掠地。營收不能成長，只靠著成本控制擠壓出獲利的企業，會變得沉悶、沒有生機，也會流失優秀的人才。獲利成長代表企業具有「控制力」，能在營收成長的同時，控制成本的增加，如此才能確定企業有「成長而不混亂」的本領（grow without chaos，英特爾前總裁葛洛夫名言）。這種「三力彙集」的企業才能創造持續的優質成長。

7. 除了重視財務報表數字金額的大小，也要重視財務報表數字品質的高低。當經理人面對資產品質的問題時，要能「認賠」、「捨棄」及「重新聚焦」。

　　金額再高的資產，若品質不佳，可能會迅速地由磐石變成流沙。數目再大的獲利，若盈餘品質不佳，會使企業的績效暴起暴落，變成「一代拳王」。當經理人面對資產品質不佳時，要克服「認賠難，捨棄更難」的心理障礙（請參閱第一章「心智會計」的討論），在投資失利中學習「重新聚焦」（例如諾基亞聚焦於無線通訊）。要經理人「取」，比較容易；要經理人「捨」，比較困難。但不捨棄，就不能重新聚焦。

8. 讓財務報表成為培養未來企業領導人的輔助工具。

由史隆模型來看，企業領導人必須具備四種關鍵能力：正確認知現況、協調整合、形成願景，以及嘗試創新（請參閱第二章）。這些能力都能透過對財務報表的認識加以鍛鍊。企業應培養可能成為領導幹部的經理人（尤其是沒有會計、財務背景者），使其具有檢視財務資料來判斷企業競爭力強弱的能力。

9. 經理人必須養成閱讀「經典企業」年報的習慣。

在學習成長的過程中，經理人往往太過依賴所謂「管理大師」的企管著作，這些「大師」通常是管理顧問或學者身分。然而，真正的管理大師，其實是創造一個個卓越企業的執行長和其經營團隊。這些卓越企業所編製的年報，是這些管理大師「原汁原味」、坦誠的自我檢討，並不只是例行的法律及公關文件而已。找出你心儀的企業，閱讀它們從過去到現在的年報，尤其是面臨重要策略轉折前後期的討論。持之以恆地閱讀，你會看出財報數字背後更深沉的管理智慧。而投資人若能捨棄只聽明牌的習慣，多看看好公司的財務報表，自然可以逐漸培養辨識優質企業的能力。

10. 別忘了正派武功的不變心法──財務報表必須實踐「誠信」的價值觀。

一個令人尊敬的企業，是一個能創造「多贏」及「共好」的組織。檢驗企業實踐「誠信」的最好方法，便是觀察公司對待小股東的態度。

小股東在資本市場中處於財富弱勢與資訊弱勢，當弱勢團體在財務資訊公開透明等領域也被妥善照顧時，這家公司對於實踐「誠信」的努力就無庸置疑。

國家興亡，財報有責──路易十四的「財報故事書」

　　法國國王路易十四（1638-1715）號稱「太陽王」，是 17 世紀歐洲最有權勢的君主。而路易的心腹柯爾貝爾（Jean-Baptiste Colbert），是當時歐洲公認最傑出的財務大臣。路易 4 歲即位，1661 年親政時，國庫早已被長期把持朝政的大臣們貪污一空。1663 年，柯爾貝爾親手撰寫「法國財政事務歷史實務」文稿，教導路易如何學習「義大利會計方法」，並嚴肅地提醒國王：「由於以前的國王無法親自核驗帳冊，才會衍生貪污和管理不良等弊病。」年輕的路易顯然對於「讀財報」趣味盎然，在寫信給母親時提到：「我已經漸漸體會到親自處理財務事務的樂趣，即使未投以太多關注，我也能注意到以前幾乎未曾留意的重要事務，所有人都不應該懷疑我無法堅持到底。」

　　由 1669 年開始，路易隨身攜帶柯爾貝爾準備的會計帳冊（為法國財政分類帳，包括各種稅收、支出及庫存現金落差等重要事實與簡要說明），並由當時的手稿裝飾大師傑瑞（Nicolas Jarry）設計，是包覆著精美皮套的可攜式會計帳冊（長約 15 公分、寬約 6 公分）。路易喜歡將此帳冊放進口袋，在他和臣下開會、批閱重要文件、聽取地方首長報告時，適時參考其中內容，目前法國國家圖書館還收藏了 20 本路易的「財報故事書」。但路易顯然太高估自己堅持財務紀律的意志，1683 年柯爾貝爾

病逝後，他終於可以擺脫「財報故事書」中那些直指宮廷過度揮霍、戰爭費用驚人等令人不悅的數字。其實，早在 1715 年路易過世前，法國已經財政破產、負債累累；但因沒有人把財務數據切實登入柯爾貝爾所建立的國家帳簿，因此沒有任何人清楚法國整體的財政狀況，當然也提不出任何有效對策。在長達七十五年的金融危機後，法國大革命爆發，路易王朝至此終結。由此可見，小自個人理財、中至企業枯榮、大至國家興亡，財報及其背後所代表的紀律和理性，都扮演著極重要的角色。

最後，請記得「把問責練成絕招」—— 在本書中，要練的這一招是「用財報說故事」。而在上述路易十四的案例中，他不僅忽略財報背後的財務紀律，也違反了《孫子兵法》中分析組織間競爭勝敗五大力量「道天地將法」中的第一條，也就是「道」。「道」指的是創造志同道合上下一心的心態和情境，而非獨自壟斷利益。因此，在《財報就像一本兵法書》（2018，時報出版）中，我們要練的下一招是「用財報鍛鍊孫子兵法」。

財報就像一本故事書。創業家說它，必須講出獨特價值，企業才有存活機會；經理人寫它，必須聚焦聯結，才能寫得精彩；投資人讀它，必須確認所託得人（創業家與經理人），才會讀得安心。財報就像一本故事書，它顯現經營團隊商業智謀的高低、衡量企業競爭力的強弱，也刻劃企業的起伏興衰。

參考資料

1. Peter Lynch and John Rothchild, 1989, *One Up on Wall Street*, New York: Simon & Schuster.

2. M. E. Porter, 1996, "What Is Strategy?" *Harvard Business Review*, November-December.

3. Paul R. Niven, 2002, *Balanced Scorecard Step-by-Step: Maximizing Performance and Maintaining Results*, John Wiley & Sons, Inc.

4. Paul R. Niven, 2005, *Balanced Scorecard Diagnostics: Maintaining Maximum Performance*, John Wiley & Sons, Inc.

5. 瑞姆・夏藍（Ram Charan），2004，《成長力》（*Profitable Growth Is Everyone's Business: 10 Tools You Can Use Monday Morning*），李明譯，台北：天下文化。

6. 雅各・索爾（Jacob Soll），2017，《大查帳：掌握帳簿就是掌握權力，會計制度與國家興衰的故事》（*The Reckoning: Financial Accountability and the Rise and Fall of Nations*），陳儀譯，台北：時報出版。

Part 4 財報外一章

第十四章　用財報向法人說故事——何麗梅（台積電財務長）

用財報向法人說故事

台積電財務長　何麗梅

　　2018 年 4 月 19 日下午一點半，我像往常一樣走進遠企五樓的商務中心，等待兩位執行長的到來，一起進入三樓會場進行下午兩點開始的法說會。回頭細數，驚覺這已經是我第 58 次的法說會了。我在財務長的職位上，曾伴隨四任執行長出席法說會：2003 年 5 月，張忠謀董事長為執行長；2006 年 9 月，張董交棒蔡力行擔任執行長；2009 年 6 月，張董回任執行長；2013 年 11 月，劉德音及魏哲家擔任共同執行長。十五年的財務長生涯，增添了許多歷練和歲月的痕跡，唯一不變的是，每一季的法說會都以同樣認真的態度準備每一次的報告。但這次心情卻特別沉重，因為財報數字遠不如市場預期，我幾乎可以想像當我報告下一季財務展望時現場凝重的空氣。

法說會的目的與多元考量

　　法說會是企業實踐「問責」（accountability）的重要工具，其目的是藉由公司提供的資訊，予投資人作為投資股票時的參考。除了財務資訊以外，投資人也關心公司的產業前景、技術發展、競爭優勢、產能規劃、資本支出、獲利能力……等問題。每位分析師都有自己的財務模型，根

據每一季公司提供的數字，更新其財務模型之參數，來預測公司的股價，並做出買賣股票的評論。因此，法說會釋出的訊息對短期股價有相當直接的影響力。

　　誰是聽眾？他們關心的是什麼（未來成長、現金股利）？有各自不同的資訊需求與可能行動。由於台積電位居半導體產業鏈的樞紐位置，占台股權重高達 20%，因此外界相當重視台積電法說會所釋出的訊息。除了台積電的業務之外，投資人也想從台積電釋出的訊息，來預測半導體供應鏈的景氣好壞。半導體供應鏈包含半導體設備和原物料供應商、矽智財公司、晶圓代工公司、半導體設計公司、系統公司及晶片的使用者，乃至終端市場消費者的需求都有人關心。法說會的聽眾，不只是報導晶圓代工的產業分析師，也包含了競爭對手、客戶、供應商的產業分析師，以及國內外媒體和一般社會大眾。聽眾的組成相當多元，他們想獲得的資訊也相當廣泛：包含公司營收獲利變化可能對客戶、供應商和競爭對手的影響，公司的資本支出可能影響設備供應商的生意，某些長線投資人特別關心公司的股利政策，社會大眾有興趣知道公司對國內外重大政策的看法……等等。

　　因此在我們所揭露的訊息中，必須注意其敏感度。有些事涉及供應商及客戶的業務機密，並不適合公開討論；對政府政策的看法，亦可能被媒體斷章取義而做出偏頗的報導。

　　我們也了解，同一個資訊，在不同狀況與不同的人眼中，解讀可能很不一樣。例如公司的毛利率上升，對投資人而言是好消息，但對客戶來說，便可能認為是公司賣得太貴了。在景氣好的時候，資本支出增加

是正面消息；但景氣下滑時，增加支出可能是負面消息，若處理不當可能造成其他公司的股價變動或大眾的誤解。因此，執行長和財務長的發言必須非常精準，臨場的反應也是很大的挑戰。

如何準備法說會

台積電從 1997 年開始舉辦法說會，在這之後至 2010 年的十三年間，我們每季都有兩場法說會。下午場是對分析師、國內法人及媒體，以現場面對面的方式進行；晚上場則是對外資法人、分析師，以電話會議方式進行。2010 年起，為了讓資訊同步且提升效率，我們做了一些改革，改為只有下午一場，以現場直播和線上電話同時連線的方式進行。此種方式難度較高，因為要在眾目睽睽之下同時回應現場和遠端 call in 的提問，並全部以英文作答。後來發現，國內有些媒體無法完全掌握英文討論的真實內容，為了避免媒體因聽不清楚英文問答而錯誤報導，在每次法說會後，我們也會舉行三十至四十分鐘的媒體互動討論，以協助媒體正確報導法說會。

法說會的準備工作，通常在會前十天就開始了。這段期間，法人關係處、會計處，以及業務單位的許多同仁會相當忙碌，我們要收集分析師的問題、製作管理報表、準備新聞稿、召開審計委員會，以及準備法說當天的簡報資料。簡報資料的準備除了財務數字以外，更重要的是「重要訊息」（key message）的擬定。

「重要訊息」是公司主動提供給投資人的資訊，目的是預先回答多

數投資人共同關切的問題，以減少現場提問的次數，並增進溝通效率。另一個重要的目的，則是管理投資人的期望。投資人的預期太過樂觀或太過悲觀都是不好的，我們希望股價反應的是公司真實的價值，避免在資訊不明的狀況下令股價有太大起伏，致使投資人遭受無謂的損失。

討論「重要訊息」的會議通常分兩次進行，都由董事長主持。參加成員包含共同執行長、財務長，以及法人關係處的處長共五人。第一次會議會先把問題仔細看一次，決定「重要訊息」有哪些、其內容重點，並決定由誰負責。之後的幾天，執行長和財務長則各自準備所負責的「重要訊息」內容。第二次會議通常在法說會的前三天舉行，目的是仔細討論準備好的「重要訊息」，包含內容是否恰當、用字遣詞是否精確陳述事實、是否表現出信心，以及是否清楚的回答了投資人的問題等。

法說會的 DOs & DON'Ts

根據多年經驗，我們在此可歸納出幾個法說會的「DOs」和「DON'Ts」。

DOs

1. 對於財務資訊的揭露，以最高標準的透明度自我要求。（Highest standard of transparency.）

財務分析務必正確易懂，使讀者能清楚的了解公司的財務狀況，並

產生高度的信任感。

2. 回答問題的態度要誠懇誠實，並妥善的陳述事實。（Sincere and honest , tell the truth well!）

　　問題出現時，不論問題品質好壞，都要誠懇回應，避免實問虛答、敷衍了事。如果問題太敏感不能直接回答，也應誠懇告知。「tell the truth」比較簡單，真正困難的是「well」──尤其是負面的問題，必須留意如何不逃避事實，又能將問題導入正面的方向。若回答的不好，則可能造成誤解，反而衍生更多的問題。

3. 先聽清楚問題再回答。（Listen carefully before answer.）

　　因為線上同步連線，有時英文不太清楚，或者某些問題本身即是帶有陷阱的──提問者想問敏感或有爭議性的問題，但他也知道公司不便直接回答，便轉彎抹角、旁敲側擊，或挖個坑讓你跳下去，如不留意就可能說錯話。因此，必須先弄清楚問題的重點在哪裡，思考過後再回答。

4. 訊息的一致性。（Be consistent.）

　　公司每一次在法說會的發言，都有現場錄音並逐字翻譯，我們必須記得過去曾說過的話。若因景氣變化，公司必須修改財務預測，或其他原因，導致與過去提供的訊息不一致時，基於誠信原則，應清楚解釋變化的原因，使聽眾對這件事有較為完整的了解。

DON'Ts

1. 要知道什麼能說、什麼不能說。

　　雖然公司以誠信透明來自我要求，但某些資訊的過度揭露，將損害自身的競爭優勢，應適可而止。

2. 不評論競爭對手、特定供應商、特定客戶和公司生意往來的狀況，以及客戶和客戶之間競合的討論。

　　台積電在產業鏈的關鍵位置，使分析師有興趣取得更多資訊，以作為投資其他公司股票的參考。台積電的核心價值包括公平競爭、不評論競爭對手，以及保護供應商、客戶及其他公司的智慧財產權和營業秘密。逾越本分的評論，會替他人帶來困擾。

3. 對政治、公共政策或社會大眾關心的公眾議題，要仔細思考、謹慎發言。

　　考慮到台積電在全球市場營運及台灣的影響力，對公眾議題的看法影響層面會很廣，發言必須謹慎。

　　此外，由於半導體景氣循環非常明顯，每季之間業務變化可能很大，在面對投資人時，經理人的自我心理建設也非常重要。趨吉避凶、報喜不報憂是人的本性，在業務不好時、特別是狀況比市場預期更差的時候，還要能夠堅守原則，誠懇、誠實、妥善的陳述事實，對經理人來說是一

大考驗，但也是市場觀察公司品格的最好時機。當我們以正確的態度，盡最大的努力和投資人溝通後，便無需對股價的起伏過度反應了。股價的短期變化受很多因素影響，但從長期來看，公司的基本面才是決定股價的最大因素。

法說會的效益

雖然準備法說會要耗費許多時間，但也有相當大的好處。因參與提供資料的人跨越許多部門，形同每一季都對公司的營運做一個總整理，如此能對經營環境的變化有更好的掌握。透過和投資人的互動及分析師的報告，思考應採取哪些行動回應投資人的期許、哪些策略需要調整，如此才能穩健的往長期目標邁進。

張董事長非常重視法說會，他也要求台積電的主管都必須聆聽線上法說會。通常在法說會當天會開放一間大會議室，讓主管們可以一起聆聽現場法說會。法說會結束後的當晚，法人關係部門會收集分析師及媒體的報告；第二天早上，張董事長便會召集會議，和執行長、財務長一同檢討法說會的表現及討論改進事項。

多年來，由於高階主管長期對股東的重視，持續耕耘公司的基本面，每季透過法說會和投資人溝通，自公司成立三十年以來，原始股東的投資報酬率高達 951 倍；上市時購買台積電股票的股東，投資報酬率也高達 97 倍。法說會成功的扮演了提升公司價值的角色，並贏得了股東的長期信任。

一切回歸「問責」

公司的「問責」，展現於重視公司治理。公司治理的目的，是在維護各個利害關係人（stakeholders）的利益平衡。

台積電三個最重要的利害關係人依序為：股東、員工、社會。

股東的滿意度，來自股票的增值以及持續增加的現金股利。公司在經營過程中必須重視股東意見，而法說會在公司經營團隊和股東的溝通上扮演了重要的角色。一場悉心準備的法說會，也代表了經營團隊的「問責」。

張董事長的告別法說會

2018 年 6 月，張董事長退休了。早在八個月前、也就是 2017 年 10 月初，張董事長就向大家宣布了他的交棒計劃。他之所以提早宣布，完全基於一個有責任感的企業家，對股東、員工、社會負責任的心態。在過去幾個月，他也加速了對雙首長及高階主管的訓練，對未來五年的策略及挑戰殷殷叮嚀。

2018 年 1 月 18 日的法說會，是董事長最後一次參加法說會。全場法人坐無虛席，許多人更是專程為董事長而來。結束前，董事長向現場觀眾溫暖道別，說多年來他非常享受在法說會和大家的互動，他會想念大家。相信半導體的產業分析師、台積電的股東、客戶、員工，以及所

有關心台積電的人，也會永遠記得他！

　　法說會種種嚴謹的思慮、準備與執行，皆根植於台積電持續強調「問責」的企業文化。張董事長對企業文化極端重視，2002 年，他親自帶領數十位主管，花了七天下班時間，在台積三廠的訓練中心進行企業轉型（corporate transformation）的腦力激盪，重新檢討台積電的使命、願景與核心價值，並分組討論台積電的十大經營理念。台積電有今天的成就，張董事長一手建立的「問責」企業文化扮演著關鍵角色。

　　雖然張董事長退休了，當我經過總部八樓的董事長辦公室，將看不到銀髮的身影、聞不到熟悉的菸草味、聽不到寓意深遠的故事了，但張董事長留下的「問責」精神與文化，將持續激勵我自己與台積電同仁，以張董事長的標準來自我要求、努力工作。

謝詞——下一次，換「我們」說故事

　　《財報就像一本故事書》的第三版終於修訂完成。首先，我要感謝許士軍教授為本書撰寫精彩的序言。2018 年 6 月 2 日，台大管理學院舉辦七十週年院慶時，許教授以「問責」（accountability）為主題，對管理教育的未來方向發表演講，所提示者，與本書的主要關懷不謀而合。其次，我要感謝台積電財務長何麗梅跨刀相助，撰寫「財報外一章」，分享一家世界級公司如何利用財報，向資本市場最精明、最挑剔的一群分析師們說故事。此外，台大會計學系劉啟群、陳坤志及劉心才等三位教授對於本書進行校訂，提供許多寶貴的專業建議，在此深表感謝。我同時感謝協助本書寫作及編輯的諸多人士：我的研究助理許文龍及劉乃燊；時報出版董事長趙政岷及主編陳盈華。最後，我要感謝在經營管理學習之路上，不斷指導啟發我的前輩們；他們分別是施振榮、鄭崇華、林信義、周俊吉、張孝威五位董事長。

　　本書版稅悉數捐給「台大商學會計文教基金會」，本書也將作為台大會計學系「問責與領導」系列叢書的第一冊。同時，這也是我以個人名義最後一次為此書寫作。由第四版起，「我」將消失，「我們」將接棒。

《財報就像一本故事書》未來的持續修訂與擴充，將由台大會計學系專精財務會計的教授群聯合執筆，希望此書能成為大中華地區企業領袖與專業經理人，學習「問責」與財報知識的入門經典著作，作為台大會計學系對華人經營管理知識上的貢獻。

2005 年，《財報就像一本故事書》第一版問世；我特別挑選 6 月 6 日出版，作為婉菁 43 歲的生日禮物。在謝詞中，不識人生無常的我，天真的寫道：

> 對於我的妻子婉菁，我滿懷感恩。她用溫柔、堅持與智慧，成全我熱愛的每件事。我希望我的第一本書，會是她頸上珠鍊的第一顆珍珠。期盼有一天，我能用一整串的珍珠，回報她因我的寫作所必須忍受的寂寞。

如今，人已去，珠鍊已斷；情未了，此生半殘。千般不捨，萬種想念，化成如來菩薩座前一柱清香，飄去西方淨土，送去給她。而猛然回首，胸口佩帶的哀傷，當此書成，已然舒展成佛國蓮花一朵，白色白光微妙香潔。

財報就像一本故事書〔最新增訂版〕/ 劉順仁著；-- 三版 . -- 台北市：時報文化, 2018.9； 面； 公分（問責與領導；1）
ISBN 978-957-13-7536-6（平裝）

1.財務管理 2.財務報表

494.7 107014695

本書之版稅悉數捐贈予台大商學會計文教基金會

問責與領導 1

財報就像一本故事書〔最新增訂版〕

作者 劉順仁｜主編 陳盈華｜編輯協力 黃嬿羽、石璦寧｜校對 呂佳真｜美術設計 陳文德｜執行企劃 黃筱涵｜董事長 趙政岷｜出版者 時報文化出版企業股份有限公司 108019 台北市和平西路三段 240 號 3 樓 發行專線—(02)2306-6842 讀者服務專線—0800-231-705・(02)2304-7103 讀者服務傳真—(02)2304-6858 郵撥—19344724 時報文化出版公司 信箱—10899 臺北華江橋郵局第 99 信箱 時報悅讀網—http://www.readingtimes.com.tw｜法律顧問 理律法律事務所 陳長文律師、李念祖律師｜印刷 勁達印刷有限公司｜三版一刷 2018 年 9 月 21 日｜三版二十一刷 2023 年 9 月 11 日｜定價 新台幣 420 元｜版權所有・翻印必究——時報文化出版公司成立於 1975 年，並於 1999 年股票上櫃公開發行，於 2008 年脫離中時集團非屬旺中，以「尊重智慧與創意的文化事業」為信念（缺頁或破損書，請寄回更換）